应用型本科(农林类)"十二五"规划教材

园艺作物栽培总论

主　编　朱士农　张爱慧
副主编　陈　友　张长青

上海交通大学出版社

内 容 提 要

　　园艺作物栽培总论是一门多学科交叉的学科。本书共七章，分别论述了园艺植物的范围和特点、园艺植物的分类、园艺作物栽培的生物学基础、园艺作物的繁殖、园艺作物栽培的技术基础、园艺产品的周年生产与供应以及现代农业园区规划等内容。

　　本书除了介绍园艺作物栽培的传统理论和技术外，注重介绍近年来国内外园艺学领域的新理论、新技术、新知识，强调当前园艺业的新热点、新趋势，可作为应用型本科园艺专业的教材及园艺从业人员的参考书。

图书在版编目(CIP)数据

　　园艺作物栽培总论/朱士农，张爱慧主编. —上海：
上海交通大学出版社，2013(2023 重印)
　　应用型本科（农林类）"十二五"规划教材
　　ISBN 978-7-313-08682-2

　　Ⅰ. 园…　　Ⅱ. ①朱…　②张…　　Ⅲ. 园艺作
物—栽培技术—高等学校—教材　　Ⅳ. S6

　　中国版本图书馆 CIP 数据核字(2012)第 144657 号

园艺作物栽培总论

朱士农　　张爱慧　　主编

上海交通大学出版社出版发行

（上海市番禺路 951 号　邮政编码 200030）

电话：64071208

苏州市古得堡数码印刷有限公司 印刷　　全国新华书店经销

开本：787mm×1092mm 1/16　印张：14　字数：340 千字

2013 年 3 月第 1 版　　2023 年 6 月第 3 次印刷

ISBN 978-7-313-08682-2　定价：68.00 元

前　　言

我国是世界园艺业发展最悠久的国家之一，园艺作物栽培历史悠久。1949 年以来，全国各农业院校均开设了园艺学相关专业，园艺学科的专业教材分别按照果树、蔬菜和观赏园艺三个专业单独编写，1998 年后部分农业院校根据教育部对全国高等教育本科专业目录的调整，将果树专业、蔬菜专业和观赏园艺专业合并为大口径的园艺专业，重新制定了园艺专业人才培养方案、教学计划和课程设置，为我国园艺业发展培养了大批急需人才。近年来，随着我国农业产业结构调整的不断深化，园艺作物种植业得到了迅速发展，以园艺作物栽培为主的都市农业、观光休闲农业、现代农业示范园区等迅猛发展，园艺作物种植新技术、新模式不断涌现，因此各地对新型应用型园艺作物栽培管理人才的需求更加迫切。原有部分园艺栽培学内容已不适应应用型园艺本科人才培养的需求，因此，针对应用型本科园艺专业师生使用的《园艺作物栽培总论》教材编写应运而生了。

《园艺作物栽培总论》是园艺专业的必修课程和主干课程。为了适应应用型园艺本科人才培养的需要，紧紧围绕现代园艺产业发展方向，着力培养园艺业急需的"厚基础、宽口径、高素质、广适应"专业技术人才的要求。在编写过程中，《园艺作物栽培总论》编写组努力将园艺作物通用的栽培管理技术的基本理论、基本原理和基本技能有机融合起来，并汲取以往教材的精华，强化实践性和应用性教学，形成一个更加科学实用的教材体系。

在本书编写过程中，除了介绍园艺作物栽培的传统理论和技术外，特别注重介绍近年来国内外园艺业发展的新理论、新技术、新模式以及发展新趋势，注重理论知识与生产实践的结合，强化应用性与创新性教学，以保证本教材内容的新颖性和技术的实用性。同时，编写人员也注意园艺业发展的区域性，在重点介绍本区域园艺作物时又兼顾其他生态区园艺作物栽培特点，从而使本书内容更加科学、实用。

全书共分七个章节，绪论(朱士农、张长青)，第一章园艺植物分类(罗羽洧、张爱慧、孙淑萍)，第二章园艺作物栽培的生物学基础(朱士农、陈友、罗羽洧、金潇潇、郝振萍、张爱慧)，第三章园艺作物的繁殖(孙淑萍、张爱慧)，第四章园艺作物栽培的技术基础(张长青、郝振萍、罗羽洧)，第五章园艺产品的周年生产与供应(朱士农、孙淑萍、陈友)，第六章现代农业园区规划(孙丽娟)。

本教材适宜园艺专业应用型本科师生及广大生产一线的技术人员使用。本书在编写及出版过程中，所有参编人员都付出了辛勤的劳动，书中参考和引用了多名专家学者的有关资料，在此表示衷心的感谢。

由于时间仓促，对于书中存在的缺点和不足，恳请读者批评指正。

编　者

2013 年 3 月

目　录

0 绪 论

【学习重点】

通过本章节的学习,使学生了解"园艺作物栽培总论"这门课研究的范畴,掌握园艺植物的种类和特点,以及园艺植物栽培历史、发展现状及发展趋势。

0.1 园艺植物的范畴和特点

现代农业生产中,园艺业是一个重要的组成部分。随着社会的进步和人民生活水平的提高,园艺业所涉及的范畴越来越广,发挥的作用越来越重要。

园艺植物种类繁多,除常见的果树、蔬菜、观赏植物外,还包括药用植物、芳香植物和饮料植物等。果树是指能生产可供人类食用的果实、种子及其衍生物的木本或多年生草本植物的总称。蔬菜是指可供人类佐餐的草本植物、少数木本植物的嫩茎、叶芽,以及食用菌和海带的总称。观赏植物是指具有一定观赏价值,适用于室内外布置、美化环境并丰富人们生活的植物的总称,通常包括观叶、观花、观果、观姿的木本和草本植物。园艺植物栽培学是研究园艺植物栽培管理技术的一门科学,它是园艺学的一部分,同时也是园艺植物生产的主要理论基础。

园艺植物基本特点是利用形态多样、利用目的迥异。据粗略统计,我国园艺植物的主要利用形态包括嫩叶、叶球、嫩茎、块茎、球茎、鳞茎、根状茎、肉质茎、根、花、花球、果实、种子、种仁、植株等多种器官,而利用的目的则主要包括鲜食、加工、观光、美化环境,甚至健康疗复、民俗文化等。园艺植物的生产方式也相对复杂,它对生产的技术、资金、土地、劳动力等要求相对较高,包括园区土壤肥沃、疏松透气、保肥保水,水源充足,实行精耕细作,如作畦、起垄、支架、绑蔓、整枝、打杈、摘心、疏花、疏果、保花、保果等技术,需投入大量的人力和物力,才能完成管理环节多而精细的生产过程。此外,不同的园艺植物其生产各具特点,如果树存在着"生产周期长"、"一年定植、多年收益"的特点,而蔬菜和花卉存在着"育苗方式、栽培管理多样化"的特点。因此,在园艺植物生产中,应结合它们的具体特点进行合理决策和指导生产。

0.2　园艺植物的栽培简史

中国园艺植物的栽培历史悠久,源远流长。

神农时代(即农作物神化的时代),人类为生存而开始采集和驯化野生植物。叶菜类蔬菜和野生果树因采集方便、可食期长而成为重要选择,神农百草即是一个例证。而到了新石器时期(距今约 7 000 年),人类开始了真正的园艺生产,考古发现的榛、栗种子(西安半坡原始村落遗址)、印有花卉图案的盆栽陶片(浙江河姆渡遗址)和种植蔬菜的石制农具等可为此佐证。

公元前 11 世纪~公元前 6 世纪的《诗经》年代,园艺植物栽培已有明确的文字记载,如《魏风》中有"园中有桃,其实之殽"的记载。春秋战国时期(公元前 770 年~公元前 221 年),园艺技术发展很快,《周礼》(公元前 5 世纪~公元前 3 世纪)中第一次记载了灭虫;《氾胜之书》(公元前 1 世纪)最早记载了嫁接技术,当时已有大面积的梨、橘、枣、姜和韭菜的种植,如《夏小正》即有"囿有见杏"的记载。大约 2 000 年前,园艺生产上已有温室应用的记载。公元 5 世纪的《西京杂记》描述的果树和花卉植物就有 2 000 多种,其中梅花品种有侯梅、朱梅、紫花梅、同心梅和胭脂梅等,这些品种有的至今仍是很珍奇的观赏品种。西晋时代芍药开始大量栽培,同时从越南引入奇花异木十多种供宫廷赏玩。

我国唐朝时(公元 7 世纪~公元 10 世纪)园艺技术已达到很高的水平,人们开始栽培牡丹、兰花、桃花、玉兰、水仙、山茶等花卉,许多技术也是处于世界领先地位,而且有造诣很深的园艺理论著作,如《本草拾遗》、《平泉草木记》等。宋、明时期,园艺学专著如《荔枝谱》、《橘录》、《芍药谱》、《菊谱》、《群芳谱》、《兰谱》和《花镜》等相继问世,在这些专著中,不但记载和描绘了许多名贵园艺品种,还论述了风土驯化、选优去劣以及通过嫁接等无性繁殖方法保持原品种已有特性的育种和栽培技艺。这些理论著作都是中国乃至世界园艺史上极其辉煌的篇章。

中国和西方国家在园艺植物栽培上的交流,最早当数汉武帝时(公元前 141 年~公元前 87 年)张骞出使西城。他经著名的丝绸之路,为欧洲带去了中国的桃、梅、杏、茶、芥菜、萝卜、甜瓜、白菜和百合等,大大丰富了欧洲的园艺植物种质资源,同时也带回了葡萄、无花果、苹果、石榴、黄瓜、西瓜和芹菜等,丰富了我国的园艺植物种质资源。以后的交流不再局限于陆路,海路交流打开了更宽阔的通道。果树中重要树种柑橘类的甜橙,在 15~16 世纪从中国传入葡萄牙、西班牙,后传遍欧美各洲;宽皮橘在 12 世纪从中国传向日本,后传遍世界各地;柚在约 900 年前从中国传至地中海国家,再遍及世界各地。牡丹是中国的名特产花卉,724~749 年传入日本,1656 年传入荷兰,1789 年传入英园,1820 年以后传入美国。

中国现代园艺事业的发展主要在新中国成立以后,特别是 20 世纪 80 年代初以后。20 世纪 50~70 年代,国家农业发展的总方针是"以粮为纲",因此园艺业的发展受到一定限制。1978 年十一届三中全会之后,园艺业出现了根本性转变。据统计,从 1979~1998 年的 20 年间,蔬菜、果树的总面积和总产量的增长,在农业各行业(包括养殖业)中处于首位。20 世纪末的农业结构调整进一步解放了园艺业,并促进了其内部产业结构的日益合理,园艺产品出现了多元化、优质和无公害等趋势。现在我国农业种植业中,蔬菜产值已位居第二,果树位居第三。花卉业尽管产值和产量不高,但发展迅速,已成为一个新兴行业。

0.3 园艺植物在人类生活及国民经济中的意义

0.3.1 园艺植物在人类生活中的作用

0.3.1.1 园艺植物的营养价值

能量是人类赖以生存的基础。人们为了维持生命、生长、发育和从事各种活动,每天必需摄取一定量的营养素来获取能量,这包括糖、脂肪、蛋白质等产能化合物。而另外一些物质尽管在人体内需要量很少,但对维持健康却是必不可少的,包括维生素、矿物质、膳食纤维和黄酮、花青素等具有保健功能的物质。动物性食品可为人类提供部分的必需物质,但很多营养物质却主要是从植物尤其是从园艺植物中摄取。如糖除在蜂蜜等少量动物食品中含量较高外,其主要储存在大米、面粉等禾本科植物中,而一些园艺植物,如板栗、大枣、土豆等在特定条件下也是提供糖的主要作物。一些特定物质,包括维生素(尤其是水溶性维生素)、矿物质、膳食纤维和黄酮、花青素等功能物质则基本来自于蔬菜、水果、茶叶等园艺植物。中医中亦有"医食同源"的说法,如核桃仁可顺气补血、温肠补肾、止咳润肤,梨果可润肺清痰、降火除热,山楂可消食解毒、提神醒脑,香蕉可润肠、降压,柑橘可润肺理气,葡萄可降血脂,大枣可补脾胃,大蒜有广谱的杀菌功能,大葱有杀菌、通乳、利便功效,韭菜有活血、健胃、提神、散瘀和解毒作用,黄瓜有清热、利尿、解毒、美容及减肥等效果。因此,随着人们生活水平和对健康关注度的提高,园艺植物在食物构成中的比例将愈来愈大,其摄入量将逐步超出其他食物而成为主食。

0.3.1.2 美化环境与修身养性

适当的园艺活动,可以活动筋骨、锻炼身体、修身养性、陶冶情操。千百年前人们就发现,在花园里散步具有镇静情绪和促进康复的作用。现在,园艺疗法也被认为是补充现代医学的辅助疗法。园艺劳动,比如种植、浇水、锄草、观光、采摘等,能增加身体活动量,运动四肢和关节,改善神经系统和心血管系统功能,十分有益于机体健康;而一些园艺活动也可以丰富人们生活,调节人体的精神状态。因此,各种观赏花木、草坪、果树、蔬菜,除可美化居室、庭院、小区、城镇等生活环境外,还可以为人类创造赏心悦目的生活空间。

0.3.1.3 传情达意

千百年来,人们在长期的劳动实践中学会了用园艺植物作载体来表达各种感情,这包括流传民间的一些民俗文化、茶文化、花文化、语言文化及现代园艺业中逐渐兴起的果(蔬)字模、雕刻、观光装饰文化等,可谓一门独立的园艺文化。它们为病人、情人、新婚夫妇、高寿老人等各类特定人群所广泛运用,促进了人类文明的发展。

0.3.1.4 环境保护

园艺植物可以消减污浊空气、噪音、粉尘,吸收二氧化碳,补充氧气,为人类创造清新、洁净的空气和安静、舒适的生存环境。花卉、林木、草坪,甚至果树和蔬菜等园艺植物,均有增加地面覆盖、保持水土的作用。园艺植物还可增加生态系统的复杂性,对维持生态平衡、保护生物多样性起到了重要的作用。

0.3.2　园艺植物在国民经济中的意义

0.3.2.1　园艺植物是不可或缺的食品资源和药用资源

园艺植物在补充人类营养、增进人类健康中发挥着重要作用。在古代,我国就有"五谷为养,五果为助,五畜为益,五菜为充"的膳食指导。如今,人们的温饱问题已基本解决,蔬菜、果品等园艺植物因其营养和医疗价值,也逐渐占据了主食地位。

0.3.2.2　园艺植物是重要的工业原料

园艺产品作为工业原料已越来越广泛,有诸多果品、蔬菜、芳香植物和药用植物,甚至一些观赏植物的产品,都可作为原料供食品工业、饮料与酿酒业、医药工业等轻工业和化工部门使用。葡萄为原料的葡萄酒行业,茉莉、珠兰的鲜花配以茶叶熏制而成的花茶等均是重要表现。

0.3.2.3　园艺业是高效的种植业

园艺业可以显著地增加农民收益。据报道,我国园艺业的产值已达到了种植业总产值的45%,江苏、山东等地已达到70%。2004~2009年间,我国农产品进出口贸易逆差扩大到100多亿美元,但是园艺业每年顺差可达70亿~80亿美元。

0.3.2.4　园艺业促进旅游业的发展

随着人民生活水平的提高,以观光、休闲、采摘等为主的旅游园艺发展迅速。它把现代农业展示、旅游观光、科普教育等有机地结合在一起,集农业生产、生态建设和愉悦身心于一体,实现了城乡互动,拓展了城市发展空间。如今已日益成为大中城市经济和生态环境建设的重要组成部分。

0.4　我国园艺业的发展趋势

0.4.1　有机园艺产品必将迅速发展

有机食品是来源于有机农业生产体系,按照国际有机农业生产要求和相应标准生产加工的、并通过相关认证机构认证的无污染天然食品。由于消费者对自然、健康食品的钟爱以及健康食品自身的优良品质,我国有机园艺产品的生产前景广阔、发展空间巨大。

0.4.2　与高新技术科学结合日益密切

科学的发展使新兴和边缘科学不断增加,这些科学与技术也促进了园艺栽培学的发展。

完全由人工控制的促成栽培(提早成熟)和抑制栽培(延迟成熟)技术的完善,充分借助了物理、生理、化学和生物工程理论与技术手段。计算机已广泛用于园艺的科学研究,科学家们正在利用计算机进行和完善田间管理(如病虫害防治、灌水、施肥)的自动化试验。如随着果树生长发育和产量形成的数学模型日臻完善,将实现果树田间管理自动化、系列化和数量化。果树栽培与计算机、仿生学相结合,农民的田间作业时间逐渐减少,生产环节全部自动控制已不是梦想。蔬菜和花卉无公害工厂化生产正在深圳、上海等大城市实现。生物技术的发展将导致大量新品种乃至新物种出现,将实现果树无毒化与工厂化生产。

0.4.3　设施栽培将快速发展

运用现代化农业工程技术,为农作物生长提供相对可控环境条件,如最适宜的温度、湿度、光照、水肥等。从而在一定程度上摆脱了园艺生产对自然环境的依赖。这一方面克服了低温、高温、干旱等自然环境给园艺作物露地栽培带来的不利因素,解决了园艺产品生产季节性与人们对园艺产品需求的均衡性和多样性的矛盾;而另一方面可以培育出品质优良、外形美观的名优特园艺产品,如花卉的蝴蝶兰、君子兰、泰国兰,瓜果中的网纹甜瓜、七彩甜椒、乒乓葡萄、美国提子等。因此,在未来的园艺业中也必将占据一席之地。

0.4.4　区域化生产将进一步发展

由于受气候条件、土壤条件和技术条件的限制,园艺产品在不同地区的生产成本和生产质量存在一定差异,合理利用区域资源,在全国及全世界范围内进行专业分工生产园艺产品的趋势将进一步提高。当前,荷兰生产香石竹、郁金香;日本生产百合花和菊花;中国渤海湾地区生产苹果,新疆生产哈密瓜,四川涪陵生产榨菜,山东章丘生产大葱等的区域化雏形已经基本显现。

0.4.5　产品优质化、多样化和生产社会化

随着经济的快速发展,人们对园艺产品的质量和多样化要求越来越高。经济的全球化也进一步增强了这一趋势。部分地区的"数品种为龙头,多品种相辅助"的发展策略也反映了这一趋势。另外,园艺生产的高效率与其服务体系的社会化程度密切相关,这包括各种为农业服务的土壤和叶片分析、物资供应、机械修理、技术咨询、金融服务和生产保险等第三产业。在发达国家,这一服务体系已相对完善,我国随着经济的发展,这一趋势也将逐步得以体现。

思考题

1. 怎样理解园艺学的范畴和特点?
2. 简述国内外园艺业发展的现状。
3. 简述我国园艺业的发展趋势。

1 园艺植物分类

【学习重点】

通过本章的学习,要求学生了解蔬菜、花卉及果树常用的分类方法,掌握常见蔬菜的植物学分类及农业生物学分类方法,了解两种分类方法的优缺点;花卉分类方法中依据生活型与生态习性的分类、依据花卉原产地的气候特点分类;果树的生物学分类方法。

园艺植物种类繁多,形态特征、生长发育特性及对环境的适应性各有不同,为了便于对园艺植物进行栽培利用和科学研究的需要,生产中可以根据园艺植物的植物学特征、生物学特性、生态适应性及用途等,对其进行不同的分类。

1.1 果树的分类

果树的种类繁多,特性各异。为了研究和利用的方便,常根据生长特性、形态特征或果实的构造对果树进行分类。目前较常用的分类方法有植物学分类法和园艺学分类法。植物学分类法是按照植物系统分类法进行的,这种分类方法对于了解果树的亲缘关系和系统发育,进行果树的选种、育种或开发野生果树具有重要的意义。园艺学分类方法是按照生物学特性或生态适应性,对特征相近的果树进行分类。这种分类方法虽然不如植物学分类法那样严谨,但在果树的研究及果树栽培上具有实际应用价值,从而得到广泛的应用。下面介绍三种在果树栽培上常用的分类方法。

1.1.1 果树的植物学分类

1.1.1.1 蔷薇科 Rosaceae

1) 桃属 *Amygdalus* L.

山桃(山毛桃)*A. davidiana* (Carr) Yu [*Prunus davidiana* (Carr.) France.]

新疆桃(大宛桃)*A. ferganensis* (Kest. et Riab) Kov. et Kost. [*Prunus ferganensis* (Kost. et Riab) Kov. et Kost.]

甘肃桃(毛桃)*A. kansuensis* Skeels. (*Prunus kansuensis* Rehd.)

桃(普通桃)*A. persica* L. [*Prunus persica* (L.) Batsch., *Persica vulgaris* Mill.]

西藏桃(光核桃)*A. mira* (Koehne) Kov. et Kost. (*Prunus mira* Koehne)

2) 杏属 *Armeniace* Mill.

东北杏(辽杏)*A. mandshurica* (Maxim.) Skvortz. (*Prunus mandshurica* Koehne)

梅 *A. mume* Sieb. (*Prunus mume* Sieb. et Zucc.)

西伯利亚杏(山杏)*A. sibirica* (L.) Lam. (*Prunus sibirica* L.)

杏 *A. vulgaris* Lam. (*Prunus armeniace* L., *P. tiliaefolia* Salisb.)

3) 樱桃属 *Cerasus* Juss.

欧洲甜樱桃 *C. avium* L. (*Prunus avium* L.)

马哈利樱桃 *C. mahaleb* (L.) Mill. (*Prunus mahaleb* Borkh.)

中国樱桃 *C. pseudocerasus* (Lindl.) G. Don. (*Prunus paeudocerasus* Lindl. *P. involuerata* Koehne)

4) 木瓜属 *Chaenomeles* Lindl.

木瓜 *C. sinensis* (Thouin) Koehne

皱皮木瓜(贴梗海棠)*C. speciosa* (Sweet) Nakai [*C. lagenaria* (Loisel) Koidz.]

5) 山楂属 *Crataegus* L.

野山楂(小叶山楂)*C. cuneata* Sieb. et Zucc.

湖北山楂(猴山楂)*C. hupehensis* Sarg.

山楂(山里红)*C. pinnatifida* Bge.

红果山楂 *C. sanguinea* Pall.

云南山楂 *C. scabrifolia* (Fr.) Rehd.

6) 枇杷属 *Eriobotrya* Lindl.

光叶枇杷(云南枇杷)*E. bengalensis* (Roxb) Hook. f.

大花枇杷 *E. cavaleriei* (Levi.) Rehd. (*E. grandiflora* Rehd.)

台湾枇杷(赤叶枇杷)*E. deflexa* (Hemsl.) Nakai

普通枇杷 *E. japonica* Lindl.

7) 苹果属 *Malus* Mill.

垂丝海棠 *M. halliana* (Anon.) Koehne

苹果 *M. domestica* Borkh. (*M. pumila* Mill., *Pyrus Malus* L.)

丽江山定子(丽江山荆子)*M. rockii* Rehd.

三叶海棠 *M. sieboldii* (Reg.) Rehd.

8) 李属 *Prunus* Mill.

美洲李 *P. americana* March.

樱桃李(樱李)*P. cerasifera* Ehrh.

欧洲李(西洋李)*P. domestica* L.

李(中国李)*P. salicina* Lindl.

9) 梨属 *Pyrus* L.

杜梨 *P. betulaefolia* Bge.

白梨 *P. bretschneideri* Rehd.

豆梨 *P. calleryana* Dcne.

西洋梨 *P. communis* L.

砂梨 *P. pyrifolia*（Burm.）Nakai（*P. serotina* Rehd.）

1.1.1.2　芸香科 Rutaceae

绿檬（来檬）*Citrus. aurantifolia*（Christ.）Swing.

柚（文旦）*Citrus. grandis*（L.）Osbeck

佛手 *Citrus. medica* var. *sarcodactylis*（Nort.）Swing.

宽皮柑橘 *Citrus. reticulata* Blanco

甜橙 *Citrus. sinensis*（L.）Osbeck

1.1.1.3　无患子科 Sapindaceae

龙眼 *Dimocarpus. longana* Lour.［*Nephelium longana*（Lam.）Combes.］

荔枝 *Litchi chinensis* Sonn.（*Nephelium litchi* Cambes.）

1.1.1.4　葡萄科 Vitaceae

山葡萄 *Vitis. amurensis* Rupr.

美洲葡萄 *Vitis. labrusca* L.

欧洲葡萄 *Vitis. vinifera* L.

1.1.1.5　凤梨科 Bromeliaceae

菠萝（凤梨）*Ananas. comosus* Merr.

1.1.1.6　芭蕉科 Musaceae

香蕉 *Musa.*（M. nana Lour)(M. sapientium L.）

1.1.2　根据果树生物学特性分类

1.1.2.1　落叶果树

落叶果树在冬季叶片全部脱落,具有明显的休眠期,到翌年再次萌发。我国北方地区露地栽培的果树都属于此类。

1) 仁果类

包括苹果、梨、山楂、沙果和木瓜等。果实主要由子房及花托膨大形成,主要的食用部位是花托。

2) 核果类

包括桃、李、杏、梅、樱桃等。果实由子房发育而成。子房外壁发育形成外果皮,子房中壁发育形成中果皮,子房内壁发育形成木质化的内果皮(也叫果核)。可食用部分是中果皮和外果皮。

3）浆果类

包括葡萄、猕猴桃、草莓、树莓、石榴、无花果、醋栗等。果实由子房发育而来。子房外壁发育形成外果皮,子房中内壁发育形成柔软多汁的果肉。可食用部分主要是中内果皮。草莓、无花果有些例外,主要的食用部分为花托和种子。

4）坚果类

包括核桃、山核桃、板栗、榛子、阿月浑子、扁桃、银杏等。可食用部分为种子。

5）柿枣类

包括柿、枣、酸枣等。可食用部分为果皮。

1.1.2.2　常绿果树

常绿果树全年叶片全绿,一般不会集中落叶,我国南方栽培的果树大部分属于此类。

1）柑果类

包括柑橘、甜橙、柠檬、柚、金柑、金橘等。主要食用部分为内果皮和汁胞,金柑的食用部分为中外果皮。

2）荔枝类

包括荔枝、龙眼和番荔枝等。主要食用部分为假种皮。

3）核果类

包括橄榄、杨梅、油梨和椰枣等。主要的食用部位是外果皮,也有的是中果皮或外果皮。

4）坚果类

包括腰果、椰子、槟榔、澳洲坚果、榴莲、香榧等。多数食用部分为种子、种皮或汁液。

1.1.2.3　多年生草本类

包括香蕉、菠萝等。

1.1.3　根据果树生态适应性分类

根据果树生态的适应性将其分为寒带果树（包括山葡萄、秋子梨、榛子、醋栗、树莓等）、温带果树（包括苹果、梨、桃、李、葡萄、柿、枣、核桃等）、亚热带果树（包括柑橘类、荔枝、龙眼、杨梅、枇杷等）、热带果树（包括香蕉、菠萝、椰子、腰果、槟榔、榴莲等）。

1.2　蔬菜的分类

蔬菜种类丰富,形态、特性各异。据统计,我国栽培的蔬菜超过 200 种,其中普遍栽培的有 50～60 种。同一种类的蔬菜有许多变种,每一变种又有许多品种。为了更好地认识、利用和研究各种种质资源,要对这些蔬菜进行系统的分类。蔬菜的分类方法较多,目前常用的分类方法有植物学分类法、食用器官分类法和农业生物学分类法等 3 种。

1.2.1　植物学分类法

植物学分类法是根据蔬菜的形态特征,按照科、属、种、变种进行分类。目前我国栽培的蔬菜种类(包括种、亚种及变种),粗略统计共有 35 科 180 多种。其中多数属于种子植物,包括双子叶植物和单子叶植物。在双子叶植物中,以十字花科、豆科、茄科、葫芦科、伞形科、菊科为主;单子叶植物中,以百合科、禾本科为主,详见表1.1。

表 1.1　中国主要蔬菜的植物学分类

种子植物门	拉　丁　名
一、双子叶植物纲	Dicotyledoneae
(一)藜科	Chenopodiaceae
1. 菠菜	*Spinacia oleracea* L.
2. 叶用甜菜(牛皮菜)	*Beta uvlgaris* L. var. *cicla* L.
3. 根用甜菜(红菜头)	*Beta vulgaris.* var. *rapacea* Koch.
(二)番杏科	Aizoaceae
番杏	*Tetragonia expansa* Murray.
(三)落葵科	Basellaceae
1. 红花落葵	*Basella rubra* L.
2. 白花落葵	*Basella alba* L.
(四)苋科	Amaranthaceae
苋菜	*Amaranthus tricolor* Linn
(五)豆科	Leguminosae
1. 菜豆	*Phaseolus vulgaris* L.
2. 矮生菜豆	*P. vulgaris* L. var. *humilis* Alef.
3. 普通豇豆(矮豇豆)	*Vigna sinensis* Endb.
4. 长豇豆	*Vigna. sesquipedalis* (L.) Wight
5. 角豆(饭豆)	*Vigna unguiculata* W. ssp. *catjang* Walp.
6. 蚕豆	*Vicia faba* L.
7. 毛豆	*Glycine max* Merrill.
8. 豌豆	*Pisum sativum* L.
(1)菜用豌豆	var. *hortense* Poir
(2)软荚豌豆	var. *macrocarpon* Ser.
9. 刀豆	*Canavalia gladiata* D. C.
10. 矮刀豆	*Canavoia ensiformis* D. C.

种子植物门	拉　丁　名
11. 藜豆	*Stizolobium capitatum* Kuntze.
12. 四棱豆	*Psophocarpus tetragonolobus* DC.
13. 扁豆	*Dolichos lablab* L.
14. 苜蓿（金花菜）	*Medicago hispida* Gaertn.
15. 葛	*Pueraria hirsute* Schnid.
16. 豆薯	*Pachyrhizus erosus* Urban.
（六）锦葵科	Malvaceae
1. 黄秋葵	*Hibiscus esculentus* L.
2. 冬寒菜	*Malva verticillata* L.
（七）十字花科	Cruciferae
1. 芸薹	*Brassica campestris* L.
（1）白菜	ssp. *chinensis*（L.）Makino
普通白菜	var. *communis* Tsen et Lee
乌塌菜	var. *rosularis* Tsen et Lee
菜薹	var. *utilis* Tsen et Lee
（2）大白菜	ssp. *pekinensis*（Lour）Olsson
散叶大白菜	var. *dissoluta* Li.
半结球大白菜	var. *infacta* Li.
花心大白菜	var. *laxa* Tsen et Lee
结球大白菜	var. *cephalata* Tsen et Lee
（3）芜菁	ssp. *rapifera* Matzg.（*syn.* B. rapa L.）
2. 芥菜	*Brassica juncea*. Coss.
（1）叶用芥	
大叶芥	var. *rugosa* Bailey
结球芥	var. *capitata* Hort. ex Li
分蘖芥（雪里蕻）	var. *multiceps* Tsen et Lee
卷心芥	var. *involutus* Yang et Chen
花叶芥	var. *multisecta* Bailey
（2）茎用芥菜（榨菜）	var. *tumida* Tsen et Lee *syn.* Tsatsai Mao
（3）薹用芥	var. *utilis* Li（*syn.* Scaposus Li）
（4）根用芥菜（大头菜）	var. *megarrhiza* Tsen et Lee *syn. napiformis* Pall et Bols

（续表）

种子植物门	拉　丁　名
3. 甘蓝	*Brassica oleracea* L.
（1）羽衣甘蓝	var. *acephala* D. C.
（2）结球甘蓝	var. *capitata* L.
（3）赤球甘蓝	var. *rubra* D. C.
（4）皱叶甘蓝	var. *Bullata* D. C.
（5）抱子甘蓝	var. *germmifera* Zenk.
（6）球茎甘蓝（茎蓝）	var. *caulorapa* D. C.
（7）花椰菜	var. *botrytis* L.
（8）青花菜	var. *italica* P.
4. 芥蓝	*Brassica alboglabra* Bailey.
5. 芜菁甘蓝	*Brassica napobrassica* Mill.
6. 萝卜	*Raphanus sativus* L.
（1）中国萝卜	var. *longipinnatus* Bailey.
（2）四季萝卜	var. *rabiculus* Pers.
7. 辣根	*Cochlearia armoracia* L.
8. 豆瓣菜	*Nasturtium officinale* R. Br.
9. 荠菜	*Capsella bursa-pastoris* L.
（八）葫芦科	Cucurbitaceae
1. 黄瓜	*Cucumis sativus* L.
2. 甜瓜	*Cucumis melo* L
（1）普通甜瓜	var. *makuwa* Makino.
（2）网纹甜瓜	var. *reticulatus* Naud.
（3）硬皮甜瓜	var. *cantalupensis* Naud.
（4）哈密瓜	var. *saccharinus* Naud.
（5）越瓜	var. *conomon* Makino.
（6）菜瓜	var. *flexuosus* Naud.
3. 冬瓜	*Benincasa hispida* Cogn.
4. 节瓜	*Benincasa hispida* var. *chiec-qua* How.
5. 瓠瓜	*Lagenaria vulgaris* Ser.
（1）长瓠瓜	var. *calvata* Makino
（2）葫芦	var. *gourda* Makino

（续表）

种子植物门	拉 丁 名
6. 南瓜	*Cucurbita moschata* Duch.
7. 笋瓜	*Cucurbita maxima* Duch.
8. 西葫芦	*Cucurbita pepo* L.
9. 黑籽南瓜	*Cucurbita ficifolia* Bouch.
10. 西瓜	*Citrullus vulgaris* Schrad.〔syn. *C.* lanatus（*Thunb*）M.〕
11. 丝瓜	
（1）普通丝瓜	*Luffa cylindrica* Roem
（2）有棱丝瓜	*Luffa acutangula* Roxb
12. 苦瓜	*Momordica charantia* L.
13. 佛手瓜	*Sechium edule* Sw.
14. 蛇瓜	*Trichosanthes anguina* L.
（九）伞形花科	Umbelliferae
1. 胡萝卜	*Daucus carota* var. *sativa* D. C.
2. 美国防风	*Pastinaca sativa* L.
3. 芹菜	*Apium graveolens* L.
（1）西洋芹菜	var. *dulce* D. C.
（2）根芹菜	var. *rapaceum* D. C.
4. 茴香	*Foeniculum vulgare* Mill.
5. 芫荽	*Coriandrum sativum* L.
6. 香芹	*Petroselinum hortense* Hoffm.
7. 水芹	*Oenanthe stolonifera* D. C.
（十）菱科	Trapaceae
1. 四角菱	*Trapa quadrispinosa* Roxb.
2. 两角菱	*Trapa bispinosa* Roxb.
3. 无角菱	*Trapa natans* L. var. *inermis* Mao
（十一）茄科	Solanaceae
1. 茄子	*Solanum melongena* L.
（1）圆茄	var. *esculentum* Bailey.
（2）长茄	var. *serpentinum* Bailey.
（3）矮茄	var. depressum Bailey.
2. 番茄	*Lycoperisicon esculentum* Mill.

种子植物门	拉 丁 名
（1）普通番茄	var. *commune* Bailey
（2）梨形番茄	var. *pyriforme* Alef
（3）樱桃番茄	var. *cerasiforme* Alef.
（4）大叶番茄	var. *grandifolium* Bailey
（5）直立番茄	var. *validum* Bailey
3. 辣椒	*Capsicum annuum* L.
（1）灯笼椒	var. *grossum* Bailey.
（2）长辣椒	var. *Longum* Bailey.
（3）樱桃椒	var. *Cerasiforme* Bailey.
（4）簇生椒	var. *fasciculatum* Bailey.
（5）朝天椒	var. *Conoides* Bailey.
4. 马铃薯	*Solanum tuberosum* L.
5. 枸杞	*Lycium chinense* Mill.
6. 酸浆	*Physalis pubesens* L.
（十二）唇形科	Labiatae
1. 草石蚕	*Stachys sieboldii* Miq.
2. 薄荷	*Mentha arvensis* L.
3. 紫苏	*Perilla mankinensis* Denc.
（十三）楝科	Meliaceae
香椿	*Toona sinenis* Roem.
（十四）旋花科	Convolvulaceae
蕹菜	*Ipomoea aquatica* Forsk.
（十五）菊科	Compositae
1. 莴苣	*Lactuca sativa* L.
（1）长叶莴苣	var. *Longifolia* Lam.
（2）皱叶莴苣	var. *crispa* L.
（3）结球莴苣	var. *capitata* L.
（4）莴笋	var. *angustana* Irish.（*syn.* var. *asparagina* Bailey）
2. 茼蒿	*Chrysanthemum coronarium* L.
3. 菊芋	*Helianthus tuberosus* L.
4. 苦苣	*Cichorium endivia* L.

（续表）

种子植物门	拉　丁　名
5. 牛蒡	*Arctium lappa* L.
6. 婆罗门参	*Tragopogon porriflius* L.
7. 菊牛蒡	*Cirsium dipsacolepis* Matsum.
8. 菊花脑	*Chrysanthemum nankingense* H. M.
9. 紫背天葵	*Gynura bicolor* D. C.
10. 朝鲜蓟	*Cynara scolymus* L.
（十六）睡莲科	Nymphaeaceae
1. 莲藕	*Nelumbo nucifera* Gaertn.
2. 芡实	*Euryale ferax* Salisb.
3. 莼菜	*Brasenia schreberi* Gmel.
二、单子叶植物纲	Moncotyledonea
（一）泽泻科	Alismataceae
慈姑	*Sagittaria sagittifolia* L.
（二）百合科	Liliaceae
1. 韭菜	*Allium tuberosum* Rottler *ex* Spr.
2. 葱	*Allium fistulosum* L.
（1）大葱	var. *giganteum* Makino
（2）分葱	var. *caespitosum* Makino
3. 圆葱（洋葱）	*Allium cepa* L.
4. 大蒜	*Allium sativum* L.
5. 南欧蒜	*Allium ampeloprasum* L.
6. 薤	*Allium chinensis* G. Don.
7. 细香葱	*Allium schoenoprasum* L.
8. 韭葱	*Allium. porrum* L.
9. 石刁柏（芦笋）	*Asparagus officinalis* L.
10. 黄花菜（金针菜）	*Hermerocallis. citrina* Baroni
11. 百合	*Lilium tigvinum* Ker. -Garl
（三）莎草科	Cyperaceae
荸荠	*Eleocharis tuberosa*（Roxb.）Roem. et Schult
（四）薯芋科	Dioscoreaceae
1. 山药	*Dioscorea batatas* Decne

（续表）

种子植物门	拉　丁　名
2. 大薯（田薯）	*Dioscorea alata* L.
（五）姜科	Zingiberaceae
1. 姜	*Zingiber officinale* Rosc.
2. 蘘荷	*Zingiber mioga* Rosc.
（六）禾本科	Gramineceae
1. 毛竹	*Phyllostachys pubescens* Mazel. *ex* H. de Lehaie
2. 刚竹	*Phyllostachys bambusoides* f. *tanakae* Makino.
3. 麻竹	*Slnocalamus latiflorus* （Munro） Mc Clure
4. 绿竹	*Slnocalamus oldhami* （Munro） McClure
5. 甜玉米	*Zea mays* L. var. *rugosa* Bonaf
6. 茭白	*Zizania caduciflora* Hand-Mazz. （syn. Z. *latifolia* Turcz）
7. 茭儿菜	*Zizania aquatica* L.
（七）天南星科	Araceae
1. 芋	*Colocasia esculenta* Schott.
2. 魔芋	*Amorphophallus* ssp.
（1）花魔芋	*Amorphophallus rivicri* Durieu.
（2）白魔芋	*Amorphophallus albus* Liu *et* Chen
（八）香蒲科	Typhaceae
蒲菜	*Typha oatifolia* L.

植物学分类方法的优点是能了解各种蔬菜间的亲缘关系。凡是进化系统和亲缘关系相近的各类蔬菜，在形态特征、生物学特性以及栽培技术、病虫害等方面都有相似之处。尤其在杂交育种、培育新品种及种子繁育等方面意义更为重要。

1.2.2　食用器官分类法

食用器官分类法是根据蔬菜食用器官的不同进行分类，因为蔬菜生产中必须满足其食用器官发育所需的环境条件，才能获得丰产。而食用器官相同的蔬菜，对环境条件的要求、生物学及生理特性具有相似性。这种分类方法的缺点是有的蔬菜类别尽管食用器官相同，但生长习性及栽培方法却相差甚远，如莴笋与茭白、姜与藕，同为茎菜类，但其栽培方法和生长习性差异较大。

1.2.2.1　根菜类

以肥大的肉质根或块根为产品器官的蔬菜，可分为以下几种。

（1）直根类：以肥大主根为产品，如萝卜、芜菁、芜菁甘蓝、胡萝卜、根用芥菜、牛蒡、根用甜菜、大头菜、辣根等。

（2）块根类：以肥大的块根或营养芽发生的根为产品器官的蔬菜，如山药、豆薯、葛等。

1.2.2.2 茎菜类

以肥大的茎部为产品的蔬菜，可分为以下几种。

（1）肉质茎类：以肥大的地上茎为产品，有莴笋、茭白、茎用芥菜、球茎甘蓝等。

（2）嫩茎类：以萌发的嫩芽为产品，有石刁柏、竹笋等。

（3）块茎类：以肥大的地下茎为产品，有马铃薯、菊芋、山药、草石蚕等。

（4）根茎类：以地下的肥大根茎为产品，有姜、莲藕等。

（5）球茎类：以球茎为产品，有慈姑、芋、荸荠等。

（6）鳞茎类：以肥大的鳞茎为产品，有大蒜、洋葱、百合等。

1.2.2.3 叶菜类

以叶片及叶柄为产品的蔬菜，可分为以下几种。

（1）普通叶菜类：有小白菜（不结球白菜）、叶用芥菜、菠菜、茼蒿、苋菜、莴苣、蕹菜、芹菜、落葵等。

（2）结球叶菜类：形成叶球的蔬菜，有大白菜、结球甘蓝、结球莴苣、包心芥菜等。

（3）香辛叶菜类：叶有香辛味的蔬菜，有葱、韭菜、芫荽、茴香等。

1.2.2.4 花菜类

以花器或肥嫩的花枝为产品的蔬菜，可分为以下几种。

（1）花器类：如金针菜等。

（2）花枝类：如花椰菜、菜薹等。

1.2.2.5 果菜类

以果实和种子为产品器官的蔬菜，可分为以下几种。

（1）瓠果类：如南瓜、黄瓜、冬瓜、丝瓜、苦瓜、瓠瓜、西瓜、佛手瓜等。

（2）浆果类：如茄子、番茄、辣椒等。

（3）荚果类：如菜豆、豇豆、刀豆、蚕豆、豌豆、毛豆等。

（4）杂果类：如甜玉米、菱角等。

1.2.3 农业生物学分类法

农业生物学分类法是以蔬菜的农业生物学特性作为分类的依据，将生物学特性和栽培技术基本相似的蔬菜归为一类。这种分类方法综合了植物学分类和农业生物学分类的特点，更适合蔬菜生产的实际。这一分类方法将蔬菜分为 11 类。

1.2.3.1 白菜类

白菜类包括白菜、大白菜、芥菜、甘蓝、花椰菜、青花菜、芥蓝、球茎甘蓝等。这类蔬菜变种、品种很多,以柔嫩的叶片、叶球、花薹、花球等为食用部分。植株生长迅速,根系较浅,栽培时要求保水保肥力良好的土壤,对氮肥要求较高。大多为二年生植物,第一年形成产品器官,第二年抽薹开花。生长期间要求湿润温和的气候条件,耐寒而不耐热。均用种子繁殖,适于育苗移栽。

1.2.3.2　根菜类

包括萝卜、胡萝卜、根用芥菜、根用甜菜等。以其肥大的肉质直根为食用部分,均为二年生植物,种子繁殖,不宜移栽。它们都起源于温带,要求温和的气候,耐寒而不耐热,由于产品器官在地下形成,要求土层疏松深厚,以利于形成良好的肉质根。

1.2.3.3　茄果类

包括茄子、辣椒、番茄等。均为喜温的一年生茄科蔬菜,不耐寒冷,只能在无霜期生长,根群发达,要求有深厚的土层。对日照长短的要求不严格。一般采用种子繁殖,早春利用保护地育苗,到终霜结束后才定植到露地。也可以利用设施进行秋延后及越冬栽培。

1.2.3.4　瓜类

包括黄瓜、冬瓜、南瓜、丝瓜、瓠瓜、苦瓜等所有葫芦科植物。茎为蔓生,雌雄同株异花。生育期要求温暖的气候,不耐寒,开花结果要求较高的温度和充足的光照。栽培上通常需整枝和支架,一般用种子繁殖。

1.2.3.5　豆类

包括菜豆、蚕豆、豌豆、扁豆、毛豆等豆科植物。除蚕豆和豌豆要求冷凉气候外,其余都要求温暖的环境条件。豇豆和扁豆等耐夏季高温。它们属于一年生作物,有发达的根群,能充分利用土壤中的水分和养料,又有根瘤菌固氮,故需氮肥较少。种子直播,根系不耐移植,蔓生,需支架。

1.2.3.6　薯芋类

以地下块根及地下块茎为产品器官的一类蔬菜,包括马铃薯、芋、生姜、山药等,含丰富淀粉,耐贮藏。除马铃薯不耐炎热外,其余的都喜温耐热。要求湿润肥沃的疏松土壤。生产上多用无性繁殖。

1.2.3.7　绿叶菜类

以幼嫩的绿叶或嫩茎为产品的蔬菜,包括莴苣、芹菜、菠菜、茼蒿、蕹菜、苋菜、茴香、落葵等。这类蔬菜生长迅速,植株矮小,适于间套作。种子繁殖。除芹菜、莴苣外,一般不育苗移栽。要求肥水充足,尤以速效性氮肥为主。对温度的要求差异很大,苋菜、蕹菜、落葵等耐热,其他大部分喜温和较耐寒。

1.2.3.8　葱蒜类

包括大蒜、洋葱、大葱、韭菜等,都属于百合科。根系不发达,要求土壤湿润肥沃,生长期间要求温和气候,但耐寒性和抗热力都很强,对干燥空气的忍耐力强,鳞茎形成需长日照条件,其中大蒜、洋葱在炎夏时进入休眠,一般为二年生作物。种子繁殖或无性繁殖。

1.2.3.9　水生蔬菜

这类蔬菜都生长在沼泽或浅水地区,包括莲藕、慈姑、茭白、荸荠等。大部分用营养器官繁殖,为多年生植物,每年在温暖和炎热季节生长,到气候寒冷时地上部分枯萎。

1.2.3.10　多年生蔬菜

包括金针菜、竹笋、石刁柏、香椿等。繁殖一次,可连续收获若干年。在温暖季节生长,冬季休眠,对土壤条件要求不太严格,管理粗放。

1.2.3.11　其他蔬菜类

包括芽菜类、野菜类、甜玉米、黄秋葵、苜蓿、朝鲜蓟等作物。它们分属不同的科,食用器官、对环境条件的要求均不相同,因此栽培技术差异较大。

1.3　观赏植物分类

传统意义上的花卉是指以赏花、观叶为主的草本植物。随着时代的发展,花卉的概念发生了很大变化。目前,人们普遍认为花卉是指具有一定观赏价值的草本植物、部分木本植物以及藤本植物。花卉种类繁多,习性各异,各自有着不同生态要求。为了培育好花卉,必须对花卉的生态习性进行归纳、分类,以创造不同的生态环境,适应它们的生长发育。

为了便于对花卉的识别和应用,将花卉进行分类。花卉的分类方法很多,有的按植物进化系统分类,有的依据其生物学特性、观赏特性、园林用途和应用方式、自然分布等进行分类。下面介绍几种常用的分类方法。

1.3.1　依据花卉原产地的气候特点分类

花卉原产地的自然环境条件很复杂,包括气候、地理、土壤、生物及历史诸方面,但以气候条件为主。故可根据花卉原产地的气候型将其分成如下几类。

1.3.1.1　中国气候型(大陆东岸气候型)

此气候特点是冬寒夏热,年温差较大,雨季多集中在夏季。根据冬季气温的高低又分为温暖型与冷凉型。

1)温暖型(低纬度地区)

包括我国长江以南、日本西南部、北美洲东南部、巴西南部、大洋洲东部及非洲东南角附近等地区。本区是部分喜温暖的一年生花卉、球根花卉和不耐寒宿根、木本花卉的自然分布中心,如中华石竹、凤仙、一串红、半支莲、矮牵牛、福禄考、天人菊、麦秆菊、中国水仙、石蒜、百合、马蹄莲、唐菖蒲、春兰、萱草、非洲菊、松叶菊、堆心菊、山茶、杜鹃、紫薇、三角花、南天竹、南洋杉等。

2）冷凉型（高纬度地区）

包括中国华北及东北南部、日本东北部、北美洲东北部等地区。本区是较耐寒宿根、木本花卉的自然分布中心，如菊花、芍药、随意草、鸢尾、金光菊、蛇鞭菊、牡丹、贴梗海棠、丁香属植物、蜡梅、栾树、广玉兰等。

1.3.1.2　欧洲气候型（大陆西岸气候型）

此气候特点是冬暖夏凉，夏季温度一般不超过15～17℃。雨水四季都有。属于这一气候型的地区有欧洲大部、北美洲西海岸中部、南美洲西南角及新西兰南部。本区是较耐寒的一二年生花卉及部分宿根花卉的自然分布中心，代表种类有三色堇、勿忘我、雏菊、矢车菊、紫罗兰、羽衣甘蓝、霞草、宿根亚麻、香葵、铃兰、毛地黄、耧斗菜等。

1.3.1.3　地中海气候型

此气候特点是冬不冷、夏不热，冬季最低温度6～7℃，夏季温度20～25℃；夏季少雨，为干燥期。属于这一气候型的地区有地中海沿岸、南非好望角附近，大洋洲东南和西南部、南美洲智利中部、北美洲加利福尼亚等地。本区由于夏季干燥，故形成了夏季休眠的秋植球根花卉的自然分布中心。代表种类有水仙、郁金香、风信子、花毛茛、番红花、小苍兰、唐菖蒲、网球花、葡萄风信子、球根鸢尾、雪滴花、地中海蓝钟花、银莲花等。

1.3.1.4　墨西哥气候型（热带高原气候型）

此气候特点是四季如春，温差小，四季有雨或集中于夏季。属于这一气候型的地区包括墨西哥高原、南美洲安第斯山脉、非洲中部高山地区及中国云南等地。本区是不耐寒、喜凉爽的一年生花卉、春植球根花卉和温室花木类的自然分布中心，著名花卉有百日草、波斯菊、万寿菊、旱金莲、霍香蓟、报春类、大丽花、晚香玉、球根秋海棠、老虎花、一品红、云南山茶、常绿杜鹃类、月季花、香水月季、鸡蛋花等。

1.3.1.5　热带气候型

此气候特点是周年高温，温差小；雨量丰富，但不均匀。属于本气候型的地区有亚洲、非洲、大洋洲、中美洲及南美洲的热带地区。本区是一年生花卉、温室宿根、春植球根和温室木本花卉的自然分布中心，如鸡冠花、彩叶草、凤仙花、紫茉莉、长春花、牵牛花、虎尾兰、蟆叶秋海棠、竹芋科植物、凤梨科植物、气生兰、美人蕉、大岩桐、朱顶红、红桑、变叶木、五叶地锦、番石榴、番荔枝等。

1.1.3.6　沙漠气候型

此气候特点为周年少雨。属于本气候型的地区有阿拉伯、非洲、大洋洲及南北美洲等的沙漠地区。本区是仙人掌及多浆植物的自然分布中心。常见观赏植物有仙人掌、龙舌兰、芦荟、十二卷、伽蓝菜等。

1.3.1.7　寒带气候型

此气候特点为冬季长而冷，夏季短而凉，植物生长期短。属于这一气候型的地区包括寒带地区和高山地区,故形成耐寒性植物和高山植物的分布中心,如绿绒蒿、龙胆、雪莲、细叶百合、点地梅等。

1.3.2 依据生活型与生态习性分类

1.3.2.1 露地花卉

在自然条件下,在露地完成其整个生命周期的花卉,或主要生长发育时期能在露地进行的花卉均属此类。

1) 一年生花卉

指在一个生长季内完成生活史的草本花卉。又称春播花卉,即春天播种、夏秋开花、结实,后枯死。耐寒性差,耐高温能力强,夏季生长良好,冬季来临遇霜枯死。多属于短日照花卉。大多原产于热带或亚热带地区。常见的一年生花卉有凤仙花、鸡冠花、千日红、半支莲、一串红、波斯菊、翠菊、百日草、万寿菊、孔雀草等。

2) 二年生花卉

指在两个生长季内完成生活史的草本花卉。一般秋季播种,春夏开花,所以又称秋播花卉。虽其生活周期不足一年,但因跨越两个年度,故称为二年生花卉。耐寒性较强,耐高温能力差,秋季播种,以小苗状态越冬,翌年春夏开花、结实,进入高温期遇高温则枯死。多为长日照花卉,在春夏日照增长后迅速开花。多原产于温带、寒温带及寒带地区。常见的二年生花卉有三色堇、金盏菊、石竹、金鱼草、虞美人、雏菊、桂竹香、羽衣甘蓝等。

有些花卉在热带亚热带地区属于多年生花卉,但由于其繁殖快、易于种子繁殖,在北方地区常作为一年生花卉栽培,例如一串红、长春花。有些二年生花卉,在北方地区栽培也可作为一年生花卉栽培,但应在早春及早播种,或在播种前作低温处理。

3) 多年生花卉

这类花卉的地下茎和根连年生长,地上部分多次开花、结实,即其个体寿命超过两年。又因其地下部分的形态不同,可分为宿根花卉和球根花卉两类。

(1) 宿根花卉:地下部分形态正常,不发生变态。地上部分表现出一年生或多年生性状,如菊花、芍药、蜀葵、楼斗菜、玉簪、萱草、薹草属植物、紫菀属植物、金鸡菊、宿根天人菊、金光菊、紫松果菊、一枝黄花、蛇鞭菊、乌头、铁线莲、荷苞牡丹、福禄考、剪秋罗、随意草、桔梗、沙参、费菜、鸢尾属、射干、火炬花、万年青、吉祥草、麦冬、沿阶草等。

(2) 球根花卉:地下部分的根或茎发生变态,肥大呈球状或块状等,成为植物体的营养贮藏器官,助其渡过逆境,待环境适宜时再度生长、开花。因其形态不同,可分为以下五大类。

① 球茎类:地下茎呈球形或扁球形,其上有环状的节,节上着生膜质鳞叶和侧芽;球茎基部常分生多数小球茎,称子球,可用于繁殖。如唐菖蒲、小苍兰、番红花等。

② 鳞茎类:地下肥大的营养贮藏器官是由叶片基部或叶片肉质化、肥厚并互相抱合而形成的。地下茎则肉质扁平短缩,形成鳞茎盘。顶芽生于鳞茎盘的中央,被一至多枚的肉质鳞叶包围。由顶芽抽生叶片和花葶。根据外侧有无膜质鳞片包被而分为有皮鳞茎和无皮鳞茎两种类型。有皮鳞茎类花卉,在鳞茎的最外层有一至几层干膜质的鳞片叶包被,其内的肉质鳞叶封闭成筒,层状抱合呈球形,如郁金香、风信子、水仙、葱兰、石蒜等。无皮鳞茎的外表无膜质鳞片

叶包被,肉质鳞叶呈鳞片状,旋生于鳞茎盘上,抱合呈球形,如百合、贝母等。

③ 块茎类:地下茎呈不规则的块状或球状,上面具螺旋状排列的芽眼,无干膜质鳞叶。如马蹄莲、白及、花叶芋、球根秋海棠等。

④ 根茎类:地下茎肥大呈根状,形态上与根有明显的区别,其上有明显的节、节间、芽和叶痕。如美人蕉、鸢尾、铃兰等。

⑤ 块根类:由不定根或侧根膨大而成块状。块根不能萌生不定芽,繁殖时须带有能发芽的根颈部。如大丽花、花毛茛等。

4) 水生花卉

指生长在水中或沼泽地或耐水湿的花卉,地下部分多肥大呈根茎状。如荷花、睡莲、萍蓬草、芡、千屈菜、菖蒲、黄菖蒲、香蒲、水葱、凤眼莲等。

5) 岩生花卉

指耐旱性强,适合在岩石园栽培的花卉,一般为宿根性或基部木质化的亚灌木类植物,还有蕨类等好阴湿的花卉。如虎耳草、香堇、蓍草、景天类等。

6) 草坪地被花卉

主要指覆盖地表面的低矮的、具匍匐状、质地优良、扩展性强的禾本科植物、莎草科植物、一些多年生、适应性强的其他草本植物和茎叶密集的低矮灌木、竹类、藤本植物等。如结缕草、马尼拉、细叶结缕草、狗牙根、百慕达、天堂草、假俭草、早熟禾、高羊茅、紫羊茅、匍匐剪股颖(四季青)、黑麦草、多年生黑麦草、白三叶、红三叶、马蹄金等。

7) 木本花卉

(1) 落叶木本花卉:大多原产于暖温带、温带和亚寒带地区,按其性状又可分为以下三类。

① 落叶乔木类:地上有明显的主干,侧枝从主干上发出,植株直立高大,如桃花、紫薇、樱花、海棠、梅花、石榴、红叶李等。

② 落叶灌木类:地上部无明显主干和侧生枝,多呈丛状生长,如月季、牡丹、迎春、绣线菊类、贴梗海棠等。

③ 落叶藤本类:地上部不能直立生长,茎蔓攀援在其他物体上,如葡萄、紫藤、凌霄、木香等。

(2) 常绿木本花卉:多原产于热带和亚热带地区,也有一小部分原产于暖温带地区,有的呈半常绿状态。在我国华南、西南部分地区可露地越冬,有的在华东、华中也能露地栽培。在长江流域以北地区则多数作温室栽培。按其性状又可分为以下四类。

① 常绿乔木类:四季常青,树体高大。其中又分阔叶常绿乔木和针叶常绿乔木。阔叶类多为暖温带或亚热带树种,针叶类在温带及寒温带亦有广泛分布。前者如云南山茶、白兰花、橡皮树、棕榈、广玉兰、桂花等,后者如白皮松、华山松、雪松、五针松、柳杉等。

② 常绿灌木类:地上茎丛生,或没有明显的主干,多数为暖地原产,不少还需酸性土壤,如杜鹃、山茶、含笑、栀子、茉莉、黄杨等。

③ 常绿亚灌木类:地上主枝半木质化,髓部常中空,寿命较短,株形介于草本与灌木之间,如八仙花、天竺葵、倒挂金钟等。

④ 常绿藤本类:株丛多不能自然直立生长,茎蔓需攀援在其他物体上或匍匐在地面上,如常春藤、络石、非洲凌霄、龙吐珠等。

(3) 竹类:竹类是园林植物中的特殊分支,它在形态特征、生长繁殖等方面与树木不同,在园林绿化中的地位及其在造园中的作用也非树木所能取代。根据其地下茎的生长特性,又有丛生竹、散生竹、混生竹之分。常见栽培的有佛肚竹、孝顺竹、凤尾竹、紫竹、刚竹、茶秆竹等。

1.3.2.2　温室花卉

原产热带、亚热带及南方温暖地区的花卉,在北方寒冷地区栽培必须在温室内培育,或冬季需要在温室内保护越冬。通常可分为以下几类。

1) 一二年生花卉

如瓜叶菊、蒲包花、彩叶草、报春花等。

2) 宿根花卉

如君子兰、非洲紫罗兰、鹤望兰、百子莲、非洲菊、蜘蛛抱蛋、文竹、吊兰和天南星科、秋海棠科、鸭跖草科、竹芋科、凤梨科、苦苣苔科、荨麻科、椒草科的植物等。

3) 球根花卉

如仙客来、朱顶红、香雪兰、马蹄莲、大岩桐、球根秋海棠、彩叶芋等。

4) 兰科植物

指兰科中具有较高观赏价值的植物,因其种类繁多、习性相近,一般将其单列一类。依其生态习性不同,又可分为地生兰类:如春兰、蕙兰、建兰、墨兰、寒兰等;附生兰类:如卡特兰、蝴蝶兰、石斛、兜兰等。

5) 仙人掌及多浆植物

这类植物多原产于热带半荒漠地区,茎、叶肥厚多汁,具有发达的贮水组织,以适应干旱的环境条件。仙人掌科常见的有仙人掌、白毛掌、黄毛掌、仙人球、金琥、昙花、令箭荷花、蟹爪兰等。多浆植物类常见的有落地生根、仙人笔、生石花、十二卷、霸王鞭、龙舌兰、虎尾兰等。

6) 蕨类植物

又称羊齿植物,属于有维管束和真根的植物,繁殖依然靠孢子,植物体(孢子体)多为草本,少数为木本(如树蕨)。如铁线蕨、肾蕨、巢蕨、鹿角蕨、铁线蕨、卷柏等。

7) 食虫植物

指具有捕食昆虫能力的植物,典型的如猪笼草、捕蝇草、茅膏菜、瓶子草等。

8) 热带木本花卉类

(1) 灌木类:如虾夷花、三角花、山茶、扶桑、含笑、茉莉、杜鹃、瑞香等。也包括亚灌木类的倒挂金钟、香石竹、天竺葵、竹节海棠等。

(2) 小乔木类:如一品红、米兰、白兰花等。

(3) 观叶植物:如袖珍椰子、大王椰子、龙血树、龟背竹、橡皮树、榕树、棕竹、蒲葵、针葵、鸭掌木、马拉巴栗、散尾葵、巴西铁、变叶木、苏铁、南洋杉、孔雀木等。

(4) 观赏竹类:如佛肚竹、观音竹、龟甲竹等。

1.3.3　依观赏部位分类

按花卉可观赏的花、叶、果、茎等器官进行分类。

1.3.3.1　观花类

以观花为主的花卉,欣赏其色、香、姿、韵。如牡丹、月季、虞美人、菊花、荷花、霞草、飞燕草、晚香玉等。

1.3.3.2　观叶类

以观叶为主。花卉的叶形奇特或带彩色条斑,富于变化,具有很高的观赏价值,如龟背竹、花叶芋、彩叶草、五色草、蔓绿绒、旱伞草、蕨类等。

1.3.3.3　观果类

以果实为主要观赏部位。植株的果实形态奇特、艳丽悦目,挂果时间长。如五色椒、金银茄、冬珊瑚、金橘、火棘、佛手、乳茄、气球果等。

1.3.3.4　观茎类

以茎、枝为主要观赏部位。这类花卉的茎、分枝或带状叶常发生变态,表现出婀娜多姿,具有独特的观赏价值。如仙人掌类、竹节蓼、文竹、光棍树等。

1.3.3.5　观芽类

主要观赏其肥大的叶芽或花芽,如结香、银芽柳等。

1.3.3.6　其他

有些花卉的其他部位或器官具有观赏价值,如马蹄莲观赏其色彩美丽、形态奇特的苞片;海葱则观赏其硕大的绿色鳞茎。

1.3.4　依花卉园林用途分类

1.3.4.1　花坛花卉

指可以用于布置花坛的花卉。凡花期一致、色彩艳丽、株高整齐、并能适应本地区自然环境而露地栽培的花卉,都为较好的花坛花卉,如一二年生草花、球根花卉等。

1.3.4.2　花境花卉

用于布置花境的花卉。花境一般利用露地宿根花卉、球根花卉和一二年生花卉,栽植在树丛、绿篱、栏杆、绿地边缘、道路两旁及建筑物前,以带状自然式栽种。多年生草本花卉,如芍药、萱草、鸢尾等。

1.3.4.3　盆栽花卉

主要作盆花生产的花卉。此类花卉观赏期长、观赏价值高,适于盆栽,如菊花、一品红、非洲紫罗兰、天竺葵、秋海棠属和其他大量的观叶、观茎及肉质多浆花卉。

1.3.4.4　切花花卉

切花是指剪切下来用于花卉装饰的花材。凡适合于切花生产的花卉,都可归于切花花卉类。常见的有香石竹、菊花、月季、唐菖蒲、非洲菊、百合、马蹄莲、花烛、鹤望兰等。

1.3.4.5　观叶花卉

主要根据观赏部位来定。如绿巨人、铁树、蕨类植物等。

1.3.4.6　荫棚花卉

在园林设计中,亭台树荫下生长的花卉。麦冬草、红花草和蕨类植物皆可作为荫棚花卉。

1.3.4.7　岩生花卉

适于布置假山或岩石园的花卉。多为原产于山野石隙间的花卉植物,如鸢尾、白头翁、铁线蕨等。

1.3.4.8　水生花卉

适于绿化园林中水面或浅水沼泽地的花卉。如荷花、睡莲、千屈菜、凤眼莲等。

1.3.4.9　地被植物

用以被覆不规则地形或坡度太陡的地面,如细叶美女樱、蔓长春花、络石等。

1.3.5　依经济用途分类

1.3.5.1　药用花卉

例如牡丹、芍药、桔梗、牵牛、麦冬、鸡冠花、凤仙花、百合、贝母和石斛等为重要的药用植物,金银花、菊花、荷花等均为常见的中药材。

1.3.5.2　香料花卉

香花在食品、轻工业等方面用途广泛。如桂花可作食品香料和酿酒,茉莉、白兰花等可熏制茶叶,菊花可制高级食品和菜肴,白兰花、玫瑰、水仙花、蜡梅等可提取香精,其中玫瑰花中提取的玫瑰油在国际市场上被誉为"液体黄金"。

1.3.5.3　食用花卉

利用花卉的叶或花朵直接食用。如百合,既可作切花,又可食用;菊花脑、黄花菜既可用于绿化,又可以食用。

1.3.5.4　其他有经济价值的花卉

可生产纤维、淀粉及油料的花卉,如黄秋葵、鸡冠花、扫帚草、含羞草、马蔺、蜀葵等。

1.3.6　依自然分布分类

依自然分布,可分为热带花卉、温带花卉、寒带花卉、高山花卉、水生花卉、岩生花卉和沙漠花卉。

1.3.7　依栽培方式分类

依栽培方式,可分为露地花卉、温室花卉、切花栽培、促成栽培、抑制栽培、无土栽培、荫棚栽培和种苗栽培等 8 种。

思考题

1. 根据栽培学分类法果树可分为哪几类,各有哪些代表种类?

2. 根据我国气候类型和地形、地貌分布特点,果树植物一般可划分为哪几个分布带,各有哪些代表种类?

3. 根据食用器官分类法和农业生物学分类法,蔬菜分别可分为哪些类型? 各自代表种类有哪些?

4. 根据生态习性分类,花卉原产地气候型有哪几个? 各自的气候特点和代表种类有哪些?

5. 观赏植物根据栽培习性如何分类?

2 园艺作物栽培的生物学基础

【学习重点】

通过本章的学习,要求学生了解主要园艺作物的起源、演化及分布;园艺作物营养器官及生殖器官的生长发育特点,各器官生长发育的相关性,掌握园艺作物花芽分化的概念、花芽分化的类型,掌握温度、光照、水肥等环境条件对园艺作物生长发育的影响。

2.1 园艺作物的起源、演化与分布

2.1.1 园艺作物的起源

现有栽培的蔬菜、果树和花卉均起源于相应的野生植物。一般通过采集野生到垃圾场野生或管理野生,再逐渐进入驯化栽培。早期人类从野外采集野生果实、根茎和幼嫩的茎叶时,把种核、植株扔到附近的垃圾场,使那里形成了有用植物的自然繁育场地,有人称为"垃圾堆农业",然后再逐渐演变为原始的驯化栽培。另外一种方式是在野外清除无用植物,保留某些有用的植物即管理野生,然后逐步演化为原始的驯化栽培。原始农业产生以后,这些有用植物随着人类的迁徙而离开了它们的故土,在新的生态环境下发生了类型间杂交重组、变异,新的选择和隔离因素促进了植物的驯化和多样性的发生。园艺植物早期驯化的种类相对较少,而品质和种类的多样化比较重要,因此后期驯化的种类相对较多,如凤梨、草莓、树莓、猕猴桃等都是18世纪以来陆续驯化成栽培植物的。大约200年前的植物驯化主要由产品的生产者农民来承担。近代驯化工作逐渐由育种工作者来承担,驯化过程比以前要快很多。在驯化对象方面,园艺植物特别是观赏植物、工艺植物和能源植物等具有更大的潜力。

2.1.2 园艺作物的起源中心

现在栽培的园艺作物都由野生植物通过人类长期的栽培驯化与选择衍生的。它们的生物学特性虽比野生种有显著的改变,但由于生物具有遗传性,它们仍然保持着原来的一些基本特

性。因此,了解各种园艺作物的起源地和栽培驯化地区的自然条件,就能从生物的系统发育方面来认识园艺作物的生物学特性的形成,对优化栽培管理技术、种质资源的利用具有十分重要的意义。

根据植物学家多年来对植物起源地的考察和研究,绝大多数园艺作物起源于热带、亚热带和温带的南部。这一方面是因为野生的柔嫩多汁植物很难在严寒的自然条件下生存;另一方面,人类最初的农业活动也始于温暖地区。

前苏联瓦维洛夫在《育种的植物地理学基础》(1935 年)一书中,确立了主要栽培植物的 8 个起源中心。英国达林顿(C. D. Darlington)和阿玛尔(Janaki Ammal)在《栽培植物染色体图集》(1945 年)一书中又提出了栽培植物的 12 个起源中心。前苏联茹科夫斯基在《育种的世界植物基因资源》(1970 年)一书中提出了"栽培植物大基因中心和小基因中心"学说,他认为必须扩大和补充瓦维洛夫关于地理基因中心起源的概念,确定增加了 4 个新的起源基因中心,成了 12 个栽培植物的起源大中心。在前人工作和研究的基础上,荷兰的译文(A. C. Zeven)和前苏联的茹科夫斯基于 1975 年共同著述了《栽培植物及其多样化中心辞书》,书中就 12 个基因中心补充了栽培的园艺作物和其近缘野生植物,他们的工作对以后世界植物种质资源的考察、研究、鉴定和保存等工作的开展有一定的指导意义。这些植物起源中心也是园艺作物的起源中心。

2.1.2.1　中国中心(Ⅰ)

包括我国的中部、西南部平原及山岳地带,为世界作物最大、最古老的一个中心。是许多温带、亚热带作物的起源地。气候属亚热带季风区,温和湿润,季节变化明显,冬季温度较低,但不十分严寒,夏季炎热多雨。起源的主要园艺作物有白菜、芥菜、大豆、长豇豆、竹笋、山药、草石蚕、萝卜、芋、牛蒡、苋菜、黄花菜、紫苏、荸荠、莲藕、茭白、薤菜、丝瓜、茼蒿、赤豆、大头菜、魔芋、慈姑、葱、荞头、茄子、葫芦、丝瓜、落葵、中国水仙、芍药、牡丹、菊花、桃、杏、梅、猕猴桃、山楂、贴梗海棠、榆叶梅、木瓜、银杏、柿、枇杷、杨梅、荔枝、龙眼、甜橙、香橙、温州蜜柑、焦柑、柚、金柑、香榧、蜡梅、苏铁、樟、杜仲、桃金娘、山茶、茶、桑、刚竹、青篱竹等。它们要求温和湿润的气候,不耐炎热和干燥。该中心还是豇豆、甜瓜、南瓜等蔬菜的次生中心。

2.1.2.2　印度—缅甸中心(Ⅱ)

包括除印度西北部以外的阿萨姆、傍遮普及印度的大部分及缅甸,为许多重要蔬菜和香辛植物的起源地。此区是海洋性气候,全年温暖多雨,无严寒酷暑及干湿的季节性差别,同时,空气湿度大。起源的作物主要有黄瓜、苦瓜、葫芦、有棱丝瓜、茄子、魔芋、芋、苋菜、豆薯、四棱豆、扁豆、绿豆、米豆、藕、矮豇豆、高刀豆、印度莴苣(*Lactuce indica* L.)、山药、鼠尾萝卜(*Raphanus indicus*)、胡椒、蛇瓜、落葵、海芋、姜黄、芒果、柠檬、柑橘、酸橙、余甘子、山奈、椰子、香蕉、檀香、印度橡皮树、散沫花、虎尾兰等。该中心还是芥菜、黑芥等蔬菜的次生中心。它们都要求温暖、湿润的气候和充足的土壤水分。

2.1.2.3　印度—马来亚中心(Ⅱa)

包括印度半岛、马来半岛、爪哇、婆罗洲(现称加里曼丹)及菲律宾。该中心的气候与印度—缅甸中心相似,属热带海洋性气候。这一地区,可认为从属于"印度中心"的一部分。原产的主要园艺作物有竹类、山药、生姜、冬瓜、黄秋葵、柚、槟榔、红毛丹、面包果、硕竹、豆蔻、依兰等。

2.1.2.4 中央亚细亚中心（Ⅲ）

包括印度的西北部、克什米尔、阿富汗斯坦、乌兹别克、黑海地带的西部。这一中心比中国及印度的中心较小，为一个重要的蔬菜及果树的原产地。属于大陆性气候。全年温差与昼夜温差都很明显。夏季炎热多雨，冬季严寒多雪。起源的园艺作物主要有菠菜、蚕豆、豌豆、绿豆、芥菜、芫荽、洋葱、大蒜、四季萝卜、油菜(*Brassica campestris* var. *oleifera*)、胡萝卜、洋梨、扁桃、枣、葡萄、苹果、胡桃、阿月浑子等。该中心还是独荇菜、甜瓜、葫芦等蔬菜的次生中心。此区土壤水分不足，起源该地的园艺作物喜温和气候，对严寒和炎热气候的忍耐力较强，对空气和土壤湿度的要求不高。

2.1.2.5 近东中心（Ⅳ）

包括小亚细亚内陆、外高加索、伊朗等古代波斯国等地，是麦类和许多蔬菜、许多重要果树的原产地。该地区属大陆性气候，但温度和雨量较为均衡。起源的园艺作物主要有甜瓜、南瓜、菜瓜、韭菜、韭葱、胡萝卜、蚕豆、油菜、莴苣、甘蓝、无花果、石榴、葡萄、洋梨、胡桃、扁桃、欧洲甜樱桃、月桂、罂粟、番红花等。该中心还是豌豆、芸薹、芥菜、芜菁、甜菜、洋葱、香芹菜、独荇菜等蔬菜的次生中心。起源于该地的园艺作物虽喜温和气候，但也耐热、抗寒。根系不发达，要求肥沃、湿润的土壤。

2.1.2.6 地中海中心（Ⅴ）

包括欧洲南部和非洲北部地中海沿岸地带。它与中国并列为世界重要的蔬菜原产地。此区属海洋性气候，但是夏季炎热干燥，冬季温和多雨，起源该地的蔬菜多在冬季温和多雨的季节生长，形成了要求温和湿润、水分充足的土壤和能耐寒不耐旱的特性。起源的园艺作物主要有甘蓝(包括结球甘蓝、球茎甘蓝、花椰菜、皱叶甘蓝、青花菜等)、芜菁、黑芥、白芥、芝麻菜、甜菜、香芹菜、朝鲜蓟、韭菜、大蒜、洋葱、韭葱、细香葱、莴苣、苦苣、芹菜、石刁柏、美国防风、球茎茴香、萝卜、莳萝、婆罗门参、菊牛蒡、食用大黄、酸模、蚕豆、豌豆、油菜、荆豆、麝香草、薰衣草、油橄榄、月桂等。该中心还是洋葱、大蒜、独荇菜等蔬菜的次生中心。

2.1.2.7 阿比西尼亚中心（Ⅵ）

包括阿比西尼亚(现在的埃塞俄比亚)、索马里等，从农业的范围而言，是个比较狭小的地带，但为多种独特作物的起源地。此区为热带大陆性气候，全年温暖，空气干燥，阳光充足，有明显的旱季和雨季。起源的园艺作物主要有西瓜、甜瓜、豇豆、豌豆、扁豆、蚕豆、葫芦、细香葱(*Allium ascalonicum* L.)、芫荽、黄秋葵、埃塞俄比亚巴蕉、咖啡、油棕等。它们要求温暖干燥的气候和充足的阳光，抗热，耐旱。

以上通称为旧大陆的中心。自美洲发现以后，又有许多新的栽培植物，称为新大陆的中心。

2.1.2.8 墨西哥南部—中美中心（Ⅶ）

为玉米、甘薯和番茄的原产地，给世界的作物以极大的贡献。此地区的气候温暖干燥、阳光充足,原产的园艺作物主要有番茄、辣椒、南瓜、佛手瓜、菜豆、多花菜豆、莱豆、甘薯、大豆薯、玉米、矮刀豆、甘薯、苋菜、仙人掌、龙舌兰、虎皮兰、凤梨等。起源该中心的园艺作物要求温暖和阳光充足的气候,但它们的抗热和耐旱能力较西瓜和甜瓜弱。

2.1.2.9　南美洲中心(Ⅷ)

包括秘鲁、厄瓜多尔—玻利维亚等安第斯山脉地带,为马铃薯的野生种及烟草的原产地。气候温和,无明显的寒暑,雨量少而集中,属热带高山植物区。起源的园艺作物主要有马铃薯、笋瓜、秘鲁番茄、玉米、普通番茄、辣椒、番石榴等。该中心还是菜豆、莱豆的次生中心。它们通常要求温和的气候和湿润的土壤,地上部不耐霜冻。

2.1.2.10　智利中心(Ⅷa)

为马铃薯及草莓的原产地之一。

2.1.2.11　巴西—巴拉圭中心(Ⅷ)

为凤梨的原产地,也是木薯、花生、金鸡纳树、番樱桃、凤梨、西番莲等的原产地。

2.1.2.12　北美洲中心—主要为美国的中北部

为向日葵、菊芋的原产地。

在全世界范围内,地理及气候环境相差很大,不同起源地的园艺作物,对环境条件有不同的要求。其生物学特性都与起源地的自然条件有着相当密切的关系。但由于遗传变异的存在,所以各种原始类型和栽培类型的园艺作物,经过长期自然选择和人工选择的作用,形成了许多优良的品种。

2.1.3　园艺作物的演化

2.1.3.1　演化的基础和方向

人类依靠植物自身具有的适应性和变异性,将野生植物驯化,或者把外来园艺作物引入并栽培成功,从而形成了形形色色的各种类型。栽培类型在田间通过自然杂交和重新组合,使作物具有优良的性状,这可能是变异的重要来源,而这种变异又通过人们的长期定向选择得以稳定。野生植物变成栽培类型的另一个原因,可能是基因突变,人类利用其优良性状进行选择、提纯,逐步稳定后加以利用。由于植物的变异性和长期的人工选择,在漫长的演化过程中,与野生植物相比,栽培的园艺作物在进化过程中逐渐积累了许多有价值的性状。

(1) 器官大型化,野生种都比较小而且瘦弱;栽培作物都有比较大、宽和厚的叶片,苗壮而比较少的茎,较大的花和果实。这种大小的增加,可能是细胞体积的增大,也可能是细胞数目的增加,或者是因为细胞体积和数目共同增加的作用。

(2) 栽培植物的种子变大,但种子数减少,种子休眠性消失或减弱。大粒种子在其发芽时可提供充足的营养物质,有利于种子发芽迅速、均匀,幼苗生长健壮。种子数减少,降低了植株的传播能力。种子休眠则是野生植物遗留下来的一种特性。

（3）果实成熟早而集中，是园艺作物进化的又一种性状。这种性状对人类是有利的，也是人们长期选择的结果。而陆续成熟则更有利于植物的生存。

（4）细胞结构和内含物发生了变化。栽培植物经人类不断地选择和培育，机械组织少了，薄壁细胞多了，水分含量增多。其化学成分也发生了变化，苦味或毒素物质减少，含糖量提高，这种变化导致品质得到改进与提高。

（5）栽培植物的保护组织大为消失，如刺及硬的果皮或种皮的消失。常见的菠菜种子上的刺就是一种野生状态的特征。

（6）多态型变异。各种园艺作物被人类引种和栽培，经长期人工和自然选择，在外部形态上与原来的野生种相比，形态特征和产品器官发生了很大的差异。如原产中国的芥菜（*Brassica juncea* Coss.）最初是以种子作为香辛调料，后来除了演化为芥末菜和芥菜型油菜外，在蔬菜方面还演化成以发达的叶为产品的大叶芥、花叶芥、紫叶芥、结球芥和分蘖芥；以肥大嫩茎为产品的茎用芥；以肥大直根为产品的根用芥；以花薹为产品的薹用芥等变种。又如甘蓝（*Brassica oleracea* L.）经几千年的选择，已演变成羽衣甘蓝、结球甘蓝、花椰菜、青花菜、抱子甘蓝、球茎甘蓝。

2.1.3.2　地域与园艺作物演化的关系

世界各地生态条件差异很大，在不同地区栽培的作物，长期受不同环境条件影响而形成具有不同遗传性的生态类型。这些类型在形态、生理和生态特性上都有一定的差异。生态分布区域越广的种（或变种）产生的生态型越多，适应性也强。例如原产于非洲的西瓜，原是典型的热带大陆性气候生态型的植物，被引入中国西北部和中部大陆性气候地区栽培的，仍保持着原来的生态特性，即要求昼夜温差大、空气干燥、阳光充足，而且生长期长、果型大。但长期在东南沿海各省栽培的种类则发生了生态变异，产生了能适应昼夜温差小、湿润多雨、阴天多的气候，而且产生了生长期短、果型小的生态型。又如起源于中国的萝卜，有秋冬萝卜、春萝卜、夏萝卜、四季萝卜等适应于不同气候和季节栽培的温带生态型品种群。又如菜豆，北方的品种多属无限生长且晚熟，对光周期要求严格，属短日照作物；而南方的菜豆品种多属有限生长的早熟品种，对短日照要求不严格，往往能春、秋两季栽培。

不同作物生态型反映了它们对不同地区的自然条件、耕作制度的适应性。在生产上一定要根据生态型在遗传特性上的要求，通过各种栽培技术改善生态条件，才能充分发挥生态型的效能。引种时尤其要考虑引用适应当地生态条件的生态型品种。引种不当不但会造成减产，有的甚至绝收。

2.1.4　园艺作物的分布区域

目前我国有丰富的园艺作物种质资源，发展园艺作物生产的自然资源也十分丰富，就地理平面而言，从最南的北纬3°59′到最北的53°32′，南北纬度相差49°33′，直线距离4 000 km，包括热带、亚热带、温带以至寒带，纬度每相差1°，年平均温度降低0.5℃。就地势而言，地势越高温度越低，海拔每升高100 m，气温平均降低0.5℃。云贵高原处于低纬度高海拔地区，园艺作物生产的温光资源十分优越。西北一带，气候干燥，阳光充足，昼夜温差大，为大陆性气候；东南沿海一带，气候潮湿，雨水多，昼夜温差较小，为海洋性气候。土壤的特性，在秦岭、淮河以北,带碱性,腐殖质较多;秦岭、淮河以南,带酸性,腐殖质较少。

2.1.4.1 蔬菜植物的分布

根据自然地理环境和蔬菜生产特点,按照蔬菜露地栽培的主作茬数,全国大体可划分为七个区域。

1) 华南多主作区

主要包括台湾、海南、广东、广西、福建南部。气温高,全年无霜,雨量充沛,生长季节长,同一种蔬菜一年可以栽培多次,茄果类、豆类等喜温蔬菜可以在冬季露地栽培。台湾、海南冬季可栽培西瓜和甜瓜。

2) 长江中下游三主作区

主要包括湖南、湖北、江西、浙江、上海、江苏和安徽的淮河以南、福建北部、四川盆地。夏季高温,7~8 月最高温度在 30℃ 以上,冬季 1 月平均温度 0~12℃,有雪霜,年降水量 1 000~1 500 mm,无霜期 240~340 d。耐寒的白菜和绿叶菜可以越冬栽培,番茄、黄瓜、菜豆等喜温蔬菜可春、秋两季栽培。这一地区集中了我国的大小湖泊、江河,水面宽广,是水生蔬菜主要产区。这一地区经济繁荣,发展大、中、小棚、遮阳网及多层覆盖栽培潜力很大,蔬菜生产的经济效益和社会效益十分显著。

3) 华北双主作区

包括北京、天津、山东、河南、河北、山西、陕西的长城以南、江苏和安徽的淮河以北及辽东半岛。这一地区降水量少,年平均在 750 mm 以下,冬季寒冷,夏季炎热,但昼夜温差大,阳光充足,一年内可以种植一茬番茄、黄瓜、菜豆等喜温蔬菜和一茬大白菜、萝卜、胡萝卜等喜冷凉气候的蔬菜。这一地区也是我国发展大棚、温室,特别是日光温室等保护地生产的重要地区。

4) 东北单主作区

包括黑龙江、吉林、辽宁北部及内蒙古东部。本区气候寒冷,每年有 4~5 个月平均温度在 0℃ 以下,无霜期只有 90~165 d,生长期很短,年降水量 500 mm 左右,土壤肥沃,富含有机质,每年仅种一茬,喜温蔬菜和喜冷凉的蔬菜可以同时生长,一般 4~5 月播种,9~10 月收获。

5) 西北单主作区

包括甘肃、内蒙古、宁夏、新疆等地。本区干燥少雨,年降水量 100 mm 以下,冬冷夏热,但阳光充足,昼夜温差大,适合瓜果生长,善鄯的哈密瓜全国有名。每年仅种一茬,喜温蔬菜和喜冷凉的蔬菜在同一季节生长;茄果类、根菜类单季单位面积产量很高,品质极好。

6) 西南高原多主作区

包括四川的西南部、云南、贵州等地。本区纬度低而海拔高,地形复杂,气候多样。四川和贵州高原是全国云雾最多、日照最少的地方;滇东气候冬暖夏凉,四季如春,蔬菜播种期无严格限制,喜温蔬菜 2~7 月随时播种,喜冷凉的蔬菜全年可以栽培;元江、元谋番茄可以越冬露地栽培,是我国生产蔬菜天然条件最好的地方之一。

7) 青藏高原单主作区

包括青海、西藏和四川的西北部。本区海拔高,气温低,空气稀薄,生长季节短。因夏季夜温低,白菜、萝卜极易抽薹;西藏东南的墨脱、察隅等地海拔低,气温高,雨量多,蔬菜资源丰富,无污染,有一定开发潜力;拉萨、山南、日喀则、林芝等地人口相对集中,已建立专业蔬菜生产基地。

我国丰富的自然资源为蔬菜的产业化规模生产提供了天然条件,近几年来,随着国民经济的飞速发展,交通运输业有了极大的改善,冬季的南菜北调,夏季的西菜东调不断增加;塑料大棚、日光温室、遮阳网等覆盖技术的发展,大大拓宽了蔬菜生产在季节、地域上的时空范围;随着采后技术和保鲜运输技术及能力的提高,蔬菜基地大范围合理布局和调配系统的形成必将促进我国蔬菜业现代化的进程。

2.1.4.2　果树的分布

果树与自然环境的关系非常密切,其自然分布的地带性,不仅反映果树分布受不同自然环境条件的制约,而且可以作为制订果树发展规划,选种、引种、育种、建立果树生产基地以及确定果树增产措施的理论依据。

根据我国复杂的自然条件和果树分布的特点,通常把中国果树目前的分布划分为以下八个果树带。

1) 热带常绿果树带

位于北纬 24°以南,西从云南开远、临沧、盈江,经广西百色、梧州,广东从化、潮安,福建漳州、泉州,至台湾台中一线以南。为中国热量、雨量最丰富的地带,年平均气温 19.3～25.5℃,7 月平均气温 23.8～29.0℃,1 月平均气温 11.9～20.8℃,绝对最低气温多在－1℃以上,年降水量 832～1 666 mm,无霜期 340～365 d,大多终年无霜。主要栽培有热带果树香蕉、菠萝、椰子、芒果、番木瓜、番石榴和亚热带果树荔枝、龙眼、橄榄、杨梅、桃树、枇杷等。还有人参果、番荔枝、菠萝蜜、黄皮、乌榄、腰果、油梨、桃、李、砂梨、柿、枣、无花果等。本区野生果树资源丰富,主要有野生荔枝、野生龙眼、野生杨梅、猕猴桃、桃金娘、多花山竹子、金豆等。

2) 亚热带常绿果树带

位于热带常绿果树带以北,包括广东,广西北部,福建西北部,湖北广济、崇阳地区,湖南黔阳以东,江西全部,安徽屯溪、宿松,浙江金华、宁波以南地区。年平均气温 16.2～21.0℃,7 月平均气温 27.7～29.2℃,1 月平均气温 4.0～12.3℃,绝对最低温度－1.1～－8.2℃;年降水量 1 281～1 821 mm,无霜期 240～331 d,主要有亚热带常绿果树柑橘、枇杷、杨梅、香榧,落叶果树砂梨、桃、李、梅、枣、柿、栗、银杏、山核桃、葡萄等,野生果树有湖北海棠、豆梨、毛桃、锥栗、胡颓子、金豆、枳壳、宜昌橙、猕猴桃、酸枣、岭南酸枣、枳椇等。此带东南沿海局部地区有荔枝、龙眼、橄榄、番石榴等。

3) 云贵高原常绿落叶果树混交带

位于亚热带常绿果树带以西,包括云南大部,贵州全部,四川平武、泸定、西昌以东,湖南黔阳、慈利,湖北宜昌、郧县以西,以及陕西、甘肃秦岭以南和西藏察隅地区,海拔自 99.0～2 109 m,具明显的垂直地带性气候。年平均气温 11.6～19.6℃,7 月平均气温 18.6～28.7℃,1 月平均气温 2.1～12.0℃,绝对最低气温 0～－10.4℃,年降水量 467～1 422 mm,无霜期 202～341 d。大体在海拔 800 m 以下,气温高,降水量多,终年无霜地区,如云南西双版纳有热带果树香蕉、凤梨、芒果、椰子、番木瓜、番荔枝等;海拔 800～1 200 m 地区有亚热带果树柑橘、荔枝、龙眼、枇杷、无花果等;海拔 1 300～3 000 m 地区分布各种落叶果树梨、花红、海棠果、桃、李、杏、栗、柿、枣、石榴、葡萄、银杏、刺梨、猕猴桃等,是柑橘、枇杷、龙眼、荔枝的原产地。

4) 温带落叶果树带

位于亚热带常绿果树带、云贵高原常绿落叶果树混交带以北、包括江苏、安徽、河南大部,山东全部,河北承德、怀来,山西武乡,辽宁鞍山、北票以南,陕西大荔、商县、佛坪一带,浙江北部,湖北北部地区。本带大多属平原,海拔一般不超过 400 m,年平均气温 8.0～16.6℃,7 月平均气温 22.3～28.7℃,1 月平均气温—10.9～4.2℃,绝对最低温度—10.1～—29.9℃,年降水量 499～1 215 mm,东部多,西部少,无霜期 175～256 d,为中国落叶果树主要分布区,有苹果、梨、桃、李、杏、樱桃、枣、栗、柿、核桃、榛、山楂、海棠果、沙果、石榴、无花果、银杏、山核桃、文冠果等,野生果树有山定子、山桃、酸枣、君迁子、杜梨、麻梨等。在此带南缘局部地区有柑橘、杨梅、枇杷等常绿果树。

5) 旱温落叶果树带

位于云贵高原常绿落叶果树混交带、温带落叶果树带西北,包括山西、陕西北部,甘肃、宁夏南部,青海黄河及湟水流域,四川西北部,西藏东南部河谷地带和新疆伊犁盆地及塔里木盆地周围地区。海拔 700～3 600 m,年平均气温 7.1～12.1℃,7 月平均气温 15.0～26.7℃,1 月平均气温 3.5～10.4℃,绝对最低温度—12.1～—28.4℃,年降水量 32～619 mm,年平均相对湿度 42%～69%,无霜期 120～229 d。本区气候干燥,日照较充足,主要果树有苹果、梨、葡萄、核桃、石榴、桃、李、杏、枣、扁桃、阿月浑子、无花果等。

6) 干寒落叶果树带

包括内蒙古全部,宁夏、甘肃、辽宁西北部,新疆北部,河北张家口以北,以及黑龙江、吉林西部。年平均气温 4.8～8.5℃,7 月平均气温 17.2～25.7℃,1 月平均气温—8.6～15.2℃,绝对最低气温—21.9～—32℃,年降水量 116～415 mm,平均相对湿度 47%～57%,无霜期 127～183 d,主要栽培果树有小苹果、秋子梨、新疆梨、海棠果、李、桃、树莓等,苹果、葡萄要进行抗旱、抗寒栽培。

7) 耐寒落叶果树带

位于我国东北角,包括辽宁北部,吉林,黑龙江东部地区。年平均气温 3.2～7.8℃,7 月平均气温 21.3～24.5℃,1 月平均气温—12.5～—22.7℃,绝对最低气温—30.0～—40.2℃,年降水量 406～871 mm,无霜期 130～153 d,栽培果树有小苹果、海棠果、秋子梨、杏、乌苏里李、加拿大李、中国李、树莓、醋栗、穗状醋栗、毛樱桃等。

8) 青藏高寒落叶果树带

位于我国西部,包括西藏拉萨以北,青海绝大部分和甘肃西南角,四川北端阿坝,新疆南端地区,海拔多在 3 000 m 以上,年平均气温—2.0～3℃,绝对最低气温—24.0～—42.0℃,气温低,降水少,果树有藏杏、光核桃、梨、苹果等少量栽培。

2.1.4.3　花卉植物的分布

见"1.3.1　依据花卉原产地的气候特点分类"。

2.2　营养器官的生长发育

2.2.1　根的生长发育

根系是园艺作物的重要器官,它起着固定植株,吸收作物生长发育所需要的水分、无机营养物、少量有机营养以及合成生长调节物质的作用。因此,根系生长是园艺作物能否发挥高产优质潜力的关键。

2.2.1.1　根的发生与生长

1) 根系发生

(1) 实生根系:由种子的胚根发育而来的根,称为实生根系。如绝大多数直播的蔬菜作物和以种子繁殖的花卉均为实生根系。实生根系主根发达,生活力强,对外界环境条件的适应能力强。园艺作物进行嫁接栽培时因其砧木为实生苗,根系亦为实生根系。

(2) 茎源根系:由茎上的芽、节通过扦插或压条等繁殖方式,使茎上产生不定根,由此发育成的根系称为茎源根系。茎源根系无主根,根系分布较浅,生活力较弱。如蔬菜中的水芹菜,果树中葡萄、荔枝等用扦插繁殖发育而成的根系均为茎源根系。观赏植物中的月季、橡皮树、山茶花、雪松、龙柏、八仙花等扦插苗,其根系亦为茎源根系。

(3) 根蘖根系:果树中的枣、石榴,蔬菜中的菊花脑、香椿等,部分宿根花卉的根系通过根段扦插或由根蘖分株产生的根系,称为根蘖根系。

(4) 叶源根系。叶片扦插时从叶脉、叶柄、叶缘处产生不定根,从而形成新植株的根系称为叶缘根系,如秋海棠、虎尾兰、景天等。

2) 根系生长

种子萌发时,由胚根形成的初生根通常垂直向下生长,在垂直根上分生出侧根,这样组成的根系为垂直根系;侧根的生长角度较大,接近水平方向生长,这样组成的根系为水平根系。根系生长的基本形式有加长生长和加粗生长。根系生长初期以加长生长为主;根形成的中后期,产生木栓形成层和木栓层,木栓形成层活动形成周皮,周皮积累就形成了根外部的皮部;形成层的活动则形成根的次生木质部和次生韧皮部,这就是根的加粗生长。

3) 根瘤与菌根

(1) 根瘤:由固氮细菌或放线菌侵染宿主根部细胞而形成的瘤状共生结构。自然界中有数百种植物能形成根瘤,其中与生产关系最密切的是豆科植物的根,如蔬菜作物中的豌豆、蚕豆等。在根瘤内,根瘤细菌从豆科植物根的皮层细胞中吸取碳水化合物、矿质盐类和水分,进行生长和繁殖。同时它们把空气中的游离氮固定下来,合成含氮化合物,供给豆科植物利用。

(2) 菌根:许多木本和草本植物的根部与某些真菌共生形成的共生体,称为菌根。菌根分为外生菌根(如松科、杜鹃花科等)、内生菌根(如银杏、兰科,葱属等)和内外生菌根(如苹果、柽柳等)3种。

2.2.1.2　根的形态

1) 根的类型

根据发生的部位不同,根可分为定根(主根和侧根)和不定根两大类。

(1) 主根和侧根:种子萌发时,胚根最先突破种皮、向下生长而形成的根称为主根,又叫初生根。主根生长很快,一般垂直伸入土壤,成为早期吸收水肥和固着的器官。主根产生的各级大小分支称为侧根或次生根。主根与侧根共同承担固着、吸收及贮藏功能。主根和侧根都从植物体固定的部位生长出来,均属于定根。

(2) 不定根:许多园艺作物除产生定根外,由茎、叶、老根和胚轴上也能形成根,这种根叫不定根。利用园艺作物这种产生不定根和芽的潜在能力及特性可以进行种苗繁殖,如月季、菊花、无花果等作物的枝(茎)条扦插繁殖,蟆叶秋海棠、落叶生根等花卉的叶扦插繁殖等。

2)根的变态及特性

有些园艺作物的根系除起固定植株、吸收肥水、合成与运输等功能外,为适应不同的环境,其根系形态结构发生不同的变化,使其具有特殊的生理功能,这种具有特殊功能的根称为变态根(图2-1)。

(a)   (b)   (c)

图 2-1　园艺作物的各种变态根
(a) 肉质直根(胡萝卜)　(b) 块根(大丽花)　(c) 气生根(玉米)

(1) 肉质直根:如萝卜、胡萝卜等根菜类蔬菜的根系,均由主根肥大发育而成。从外形上看,可分为根头、根颈和真根三部分。根头即短缩的茎部,由上胚轴发育而来,其上着生叶;根颈则由下胚轴发育而来;真根由初生根肥大而形成,其上有很多侧根。

(2) 块根:块根多半是由植物侧根或不定根经过增粗发育而形成。一株植物上可以形成多个块根,其组成不含下胚轴和茎的部分,而是完全由根组成,如甘薯、大丽花、麦冬、花毛茛等都有块根。块根形状各异,可用作繁殖,繁殖时必须带有根颈部。根颈部一般有多个芽,故可将块根分割成多个带芽(2～3个)的小块,分别栽植即可。

(3) 气生根:露出地面生长在空气中的根称为气生根。气生根因植物种类和功能不同又可分为支柱根、攀援根和呼吸根3种。如玉米、甘蔗、热带兰科植物等的支柱根可支撑固定植株,并从土壤中吸收水分和无机盐;一些观赏藤本植物如常春藤、络石从茎的一侧产生出许多的攀援根,起到依附攀援的作用。呼吸根伸向空中吸收氧气,以弥补地下根系吸氧不足。呼吸根常发生于生长在水塘边、沼泽地及土壤积水、排水不畅田块的一些观赏树木,如红树、水松等。

(4) 寄生根:菟丝子、列当等寄生植物,它们的叶退化为小鳞片,不能进行光合作用,借助其寄生根从寄主体内吸收水分和有机营养物质,严重影响了寄主植物的生长。

2.2.2　茎的生长发育

随着根系的发育,种子的上胚轴和胚芽向上发展为地上部分的茎和叶。在系统演化上,茎是先于叶、根出现的营养器官。

2.2.2.1　芽

芽是未发育的枝或花和花序的原始体,萌发后可形成地上部的叶、花、枝、树干、树冠,甚至一棵新植株。因此,芽实际上是茎或枝的雏形,在园艺作物生长发育中起着重要作用。

1) 芽的类型

根据芽生长的位置、性质、结构和生理状态,可将其分为下列几种类型。

(1) 定芽和不定芽:定芽着生在枝或茎的固定位置上。定芽又可分为顶芽和腋芽,着生在枝或茎顶端的芽称顶芽,着生在叶腋处的芽叫侧芽或腋芽。由老根、老茎、叶及枝的节间、愈伤组织发生的芽称为不定芽。

(2) 叶芽、花芽和混合芽:这是根据园艺作物芽萌发后形成的器官不同而划分的。萌发后只抽生枝和叶的芽,称为叶芽;萌发后形成花或花序的芽,叫花芽。在花芽中,萌发后既开花又抽生枝和叶的芽称为混合芽,如苹果、梨、葡萄等。

(3) 休眠芽和活动芽:能在当年生长季节中萌发的芽即为活动芽,一年生植物的多数芽属活动芽。活动芽在当年生长过程中发育成枝,也称为早熟性芽,如葡萄夏芽早熟,当年夏天即萌发。休眠越冬后萌发的芽称为晚熟性芽。有的休眠芽深藏在枝皮下若干年不萌发,称为隐芽或潜伏芽。芽形成后,不萌发的为休眠芽。芽的休眠特性是植物对逆境的一种适应性反应,在不同的环境条件下,活动芽和休眠芽可以相互转变。

2) 芽的特性

(1) 异质性:枝条或茎上不同部位生长的芽由于其形成时期、环境因子及营养状况等不同,造成芽的生长势及其他特性上存在差异,称为芽的异质性。通常枝条中上部多形成饱满芽,其具有萌发早和萌发势强的潜力,是园艺作物良好的营养繁殖材料。

(2) 早熟性和晚熟性:芽有早熟性和晚熟性之分,一些木本植物的芽,当年形成,当年即可萌发抽梢,这种芽称为早熟性芽,具有早熟性芽的树种,一年之内能形成2~3次枝梢,甚至更多次枝梢的芽,如桃芽、番茄芽和大多数常绿树木等。另有一些园艺作物当年形成的芽不能萌发,要到第二年才萌发抽梢,这种芽称为晚熟性芽,如苹果和梨等果树。

(3) 萌芽力和成枝力:园艺植物茎或枝条上芽的萌发能力称为萌芽力。茎或枝条上芽萌发数目越多其枝条的萌芽力强,反之萌芽力弱。萌芽力强弱因园艺作物种类、品种及栽培技术不同而异。葡萄、桃、紫薇、小叶女贞等萌芽力较强;栀子花、苹果等萌芽力较弱。多年生树木,芽萌发后有长成长枝的能力,称为成枝力,用长枝数占总萌发芽数的百分比来表示。凡萌芽力、成枝力强的园艺作物生长快,繁殖容易。

(4) 潜伏力:植物枝条基部的芽或上部某些副芽,在一般情况下不萌发而呈潜伏状态。当枝条受到某种刺激(上部或近旁受损,失去部分枝叶时)或冠外围枝处于衰弱时,使潜伏芽(隐芽)萌动发生新梢的能力称为芽的潜伏力。一般潜伏芽寿命长的园艺植物寿命也长,植株易更新复壮。相反,萌芽力强、潜伏芽少且寿命短的植株易衰老。芽的潜伏力也受营养条件的影响,因此改善植物营养状况,调节新陈代谢水平,采取配套技术措施,能延长潜伏芽寿命,提高潜伏芽的萌芽力和成枝力。

2.2.2.2　茎的生长特性

1) 顶端优势与层性

顶端优势是指植物的顶芽或顶端的腋芽生长对下部侧芽生长有抑制作用。大多数植物都有顶端优势现象,但表现的形式和程度因植物种类而异。顶端优势强的植物,几乎不生分枝,如乔木类的园艺植物。蔬菜中的番茄等植物顶端优势弱,能长出许多分枝。多年生木本植物由于顶端优势和芽的异质性的共同作用,表现出树冠成层分布的特性,称为层性现象。层性与树种、品种有关,如苹果、梨、核桃的顶端优势强,层性明显。柑橘、桃、李等顶端优势弱,层性不明显。

2) 分枝习性

植物遗传特性不同,每种植物都有一定的分枝方式。在园艺作物中主要有单轴分枝、合轴分枝和假二叉分枝 3 种(图 2-2)。

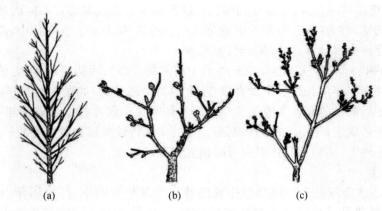

图 2-2　茎的分枝类型

(a) 单轴分枝　(b) 合轴分枝　(c) 假二叉分枝

(1) 单轴分枝:又称总状分枝,从幼苗开始,主茎的顶芽活动始终占优势,形成一个直立的主轴,而侧枝较不发达,如银杏、松、杉、柏、苹果等。

(2) 合轴分枝:其特点是顶芽活动到一定时间后生长变得极慢,甚至死亡或分化为花芽,或发生变态,而靠近顶芽的腋芽迅速发展成新枝,代替主茎的位置。不久,这条新枝的顶芽又同样停止生长,再由其侧边的腋芽所代替。合轴分枝在果树中普遍存在,如葡萄、李、柑橘类等都具有合轴分枝的特性,其植株上有长枝(营养枝)和短枝(果枝)之分。

(3) 假二叉分枝:当顶芽生长一段枝条之后,停止发育,然后顶端两侧对生的两个侧芽同时发育为新枝。新枝顶芽的生长活动也同母枝一样,再生一对新枝,如此不断继续下去,在外表上形成了二叉状分枝,如辣椒、茄子、丁香、泡桐、卷柏等。

园艺植物中的禾本科植物如多种草坪草、百合科蔬菜如韭菜等,其分枝方式与双子叶植物不同。在幼苗期,茎的节间极短,几个节短缩于基部,每个节都有一个腋芽,由这些腋芽活动生长为新枝,接着在节位上产生不定根,这种分枝方式称为分蘖。新枝的基部同样有分蘖节,分蘖后又产生新枝,这样一株植物可以产生几级分蘖。

3) 茎的成熟与衰老

影响茎生长的主要因素有品种、营养及环境条件等。一二年生草本植物,秋末或在果实成熟后茎逐渐衰老和枯萎,衰老的茎生理功能下降或全部丧失。二年生植物,茎衰老时将营养物质转移到地下或地上的贮藏器官。多年生木本植物,枝的木质化标志着枝开始走向成熟,而枝的成熟与否对其安全越冬关系重大。成熟的枝皮层厚,抗寒性强,可安全越冬。所以,园艺作物生产上到秋季要采取控水和追施磷、钾肥等措施,促使枝条及时停止生长,使其充分成熟,以利安全越冬。

2.2.2.3 茎的变态及特性

1) 地上茎的变态

地上茎的变态见图 2-3。

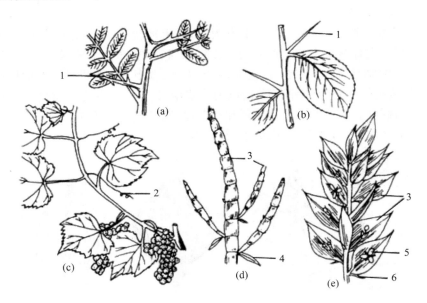

图 2-3 茎的变态(地上茎)

(a)、(b) 茎刺(a 皂荚,b 山楂) (c) 茎卷须(葡萄) (d)、(e) 叶状茎(d 竹节蓼,e 假叶树)

1. 茎刺 2. 茎卷须 3. 叶状茎 4. 叶 5. 花 6. 鳞叶

(1) 茎卷须:由茎变态成的具有攀援功能的卷须,称为茎卷须。其上不生叶,攀援他物或以卷须的吸盘附着他物而使其延伸。如黄瓜、南瓜、葡萄、爬山虎等均属茎卷须。

(2) 肉质茎:肉质茎肥大而多汁,不仅可以贮藏水分和养料,还可以进行光合作用。如莴苣、仙人掌科的很多植物都具有这种变态茎。

(3) 匍匐茎:有些植物的地上茎细长,匍匐地面而生,大多茎节处可生不定根,由此可形成独立的植物体,这种变态茎称为匍匐茎。常见的观赏植物如吊竹梅、草莓、虎耳草、狗牙根、结缕草等的茎均属于此类型。草莓在果实成熟后,从短缩茎的叶腋发生匍匐蔓,此蔓延长生长后自第二节起,各节处向下生根,向上抽枝,即成为 1 个新植株,常用此法进行幼苗繁殖。

(4) 叶状茎:有些园艺作物的叶子退化或早落,茎变为扁平或针状,进行光合作用,这类茎称为叶状枝,如假叶树、文竹等。

(5) 茎刺:部分植物的地上茎变态为刺,不易剥落,具有保护作用,如观赏植物中常见的月季、蔷薇等茎刺数目较多,分布无规则。

2) 地下茎的变态

地下茎的变态见图 2-4。

(1) 块茎:由是地下茎成不规则块状变态发育肥大形成。块茎顶端通常有几个发芽点,四周有多数芽眼。马铃薯的产品器官为典型的块茎,具有茎的各种特性,上面分布着很多芽眼,每个芽眼里有 1 个主芽和 2 个副芽。通常薯块顶部芽眼分布较密,发芽势较强。因此,马铃薯无性繁殖切块宜从薯顶至薯尾纵切,以充分发挥顶芽优势作用。观赏植物中块茎类花卉有仙客来、马蹄莲、晚香玉等。

(2) 根茎:外形似根,但因其上有明显的节与节间,节上有可成枝的芽,同时节上也能长出不定根,故而得名。将根茎带芽(2~3 个)分割栽植,即可形成新的植株。莲藕、生姜、萱草、玉竹、竹等地下茎均为根茎。

(3) 球茎:为短而肥大的地下茎,其上有顶芽,侧生环状节,有明显的节与节间,节上有退化的膜叶和侧芽。老球茎地上茎基部膨大形成新球,新球基部又生子球。可利用新球和子球繁殖。园艺作物中如慈姑、芋、荸荠、唐菖蒲、仙客来等,食用部位和供繁殖用的材料均为球茎。

(4) 鳞茎:是地下茎变为节间缩短、肉质的鳞茎盘,其上的叶变为肉质鳞叶,最外部的则成为保护性的膜质鳞叶。鳞茎的顶芽抽生真叶和花序,腋芽则自然形成许多子鳞茎。繁殖时将子鳞茎从母球上掰下即可,如百合、风信子、石蒜等。

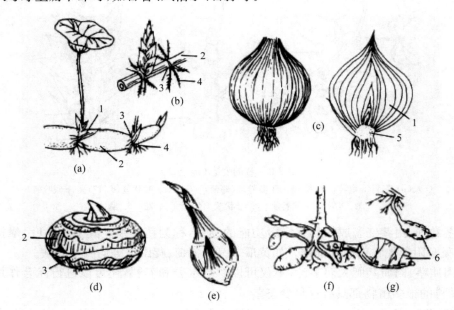

图 2-4　茎的变态(地下茎)

(a)、(b) 根状茎(a 莲,b 竹)　(c) 鳞茎(洋葱)　(d)、(e) 球茎(d 荸荠,e 慈姑)　(f)、(g) 块茎(f 菊芋,g 甘露子)

1. 鳞叶　2. 节间　3. 节　4. 不定根　5. 鳞茎盘　6. 块根

2.2.3　叶的生长发育

叶是植物光合作用、蒸腾作用的主要器官,因此叶的发育情况对园艺作物的生长发育、稳产高产都有着深刻的影响。

2.2.3.1　叶的发生、生长与衰老

1) 叶的形态发生

叶源自于叶尖周围的叶原基。发育成熟的叶分为叶片、叶柄和托叶三部分。三者俱全的

叶称为完全叶,如果树中的桃、梨等叶片。缺少任何一、两部分的叶,则称为不完全叶,如甘薯、油菜的叶缺少托叶。

2) 叶的生长

叶的生长包括顶端生长、边缘生长和居间生长3种方式。首先是顶端生长,幼叶顶端分生组织的细胞分裂和体积增大促使叶片增加长度。其后,幼叶的边缘分生组织的细胞分裂分化和体积增大,扩大叶面积和增加厚度。不同园艺植物的展叶时间、叶片生长量及同一植株不同叶位叶面积扩展、叶重增加均不同。

3) 叶幕的形成与叶面积指数

叶幕是指在树冠内集中分布并形成一定形状和体积的叶群体,是树冠叶面积总量的反映。叶幕形状有层形、篱形、开心形、半圆形等。对果树来讲,叶幕层次、厚薄、密度等直接影响树冠内光照及无效叶比例,从而制约果实产量和质量的提高。木本观赏园艺植物的叶幕除与光照有关外,还直接影响其观赏性。一般常绿木本观赏园艺植物的叶幕在年生长周期中相对比较稳定。而落叶树木的叶幕在年周期中有明显的季节性变化。叶幕的形成规律是初期慢、中期快、后期又慢,即"S"形动态曲线式的过程。叶幕形成的速度与强度受树种、品种、环境条件及栽培技术的影响。

叶面积指数(LAI)是指园艺植物的总叶面积与其所占土地面积的比值,即单位土地面积上的叶面积。叶面积指数大小及增长动态与园艺植物种类、种植密度、栽培技术等有直接关系。果菜类大多在4~6之间;叶菜类植物,可以达到8~10及以上。LAI过高,叶片相互遮荫,植株下层叶片光照强度下降,光合产物积累减少;LAI过低,叶量不足,光合产物减少,产量也低。

2.2.3.2 叶片的衰老与脱落

多数植物的叶生长到一定时期便会从枝上脱离下来,这种现象称为落叶。一年生园艺植物的子叶及营养叶往往在其生活史完成前衰老而脱落,随之整个植株也衰老、枯萎、死亡。多年生宿根草本植物及落叶果树、落叶观赏木本植物在冬季严寒到来前,大部分氮素和一部分矿质营养元素从叶片转移到枝条或根系,使树体或多年生宿根植物地下根、茎贮藏营养增加,以备翌春生长发育所需,而叶片则逐渐衰老脱落。落叶现象是由于离层而产生。离层常位于叶柄的基部,有时也发生于叶片的基部或叶柄的中段。由于离层细胞的发育,其细胞团收缩而互相分离,细胞间中胶层物质分解,叶即从轴上脱落。叶脱落留下的疤痕,称为叶痕。叶痕内有凸起的叶迹,是茎与叶柄间维管束断离后的遗迹。一般认为,叶片正常衰老脱落不仅是植物对外界环境的一种适应性,对植物生长有利,而且在进化上亦有意义。随着叶的脱落,具绿色皮层的小枝也产生不透光的周皮。此时光合作用终止,蒸腾量也大为减少,有利于植物进入休眠以顺利过冬。常绿树的叶片不是一年脱落一次,而是2~6年或更长时间脱落、更新一次,有的脱落、更新是逐步交叉进行的。

2.2.3.3 叶的变态

各种叶的变态见图2-5。

1) 捕虫叶

捕虫叶为一类生长在多雨的热带、亚热带沼泽地区的植物所具有,如观赏植物中的猪笼草,叶片退化形成适宜于捕食昆虫的特殊结构,能捕捉并消化某些小虫以满足其对氮素的需要。

图 2-5　叶的变态

（a）捕虫叶（猪笼草）　（b）叶卷须（豌豆）　（c）叶刺（仙人掌）　（d）鳞茎（百合）

2）叶卷须

有些植物的叶片一部分转变为卷须，如蔬菜作物中的豌豆，其复叶顶端的二三对小叶及苕子复叶顶端的一片小叶，变为卷须，适于攀援生长。

3）叶刺

观赏植物中仙人掌类的一些植物在扁平的肉质茎上生有硬刺，以减少植株水分的散失，被认为是叶的变态。

4）鳞叶

鳞叶又可分为鳞芽外具保护作用的芽鳞和根状茎、球茎、块茎等变态茎上的退化叶，以及洋葱、百合鳞茎上具有贮藏养分作用的肉质鳞叶。

2.3　花芽分化

植物生长到一定阶段，营养物质积累到一定水平后，叶芽在成花诱导激素和外界环境条件的作用下，顶端分生组织就朝成花的方向发展，逐步出现花原基，形成花，即为花芽分化。花芽分化的结果是形成一定数量和质量的花芽。由于花芽的数量和质量决定园艺植物的产量和品质，因此，了解花芽分化机理及掌握调控花芽分化的技术手段，对克服园艺作物的大小年，获得稳产、丰产、优质、高效的栽培目标具有十分重要的意义。

2.3.1　花芽分化的概念

花芽分化是指芽内生长点无定形细胞的分生组织经过各种生理和形态的变化最终形成花的全过程。它包括两个基本阶段，一是生理分化阶段，即花诱导阶段。此期，生长点内部发生一系列的生理、生化变化，完成从叶芽生理状态向花芽生理状态的转化，在外观形态上难以判别。二是形态分化阶段，又称花发育阶段。此期，生长点在外部形态上将发生显著改变，各种花器原基，包括花萼原基、花冠原基、雄蕊原基和雌蕊原基等将依次相继呈现。生长点肥大隆起，呈半球形，是判断花芽形态分化开始的标志。

在花芽分化的诱导阶段，芽内生长点最易受内外环境条件的影响而改变代谢方向，因此常将这一时期称为花芽分化临界期，是人们调控花芽分化的关键时期。而在形态分化期，内外环境条件的改变通常仅能影响花器的发育质量,而对花芽分化的启动毫无影响。

花芽生理分化和形态分化在时间上是分离的。生理分化通常持续时间短,形态分化持续时间长,如仁果类和核果类果树的生理分化持续时间为 20 d 左右,而形态分化则可从头一年夏季生理分化结束时开始,持续到第二年花开放前结束。对大多数植物来讲,花诱导完成后,生长点即进入花芽形态分化期,但也有极少数的果树例外,如猕猴桃,其花诱导发生在 8~9 月,而花的形态分化却开始于萌芽前 10d 左右的 3 月中旬。

所有花器原基的出现并不等于花芽分化的结束和花的彻底形成。在开花之前,花芽内部还会进一步发育、花器组织内的特殊组织也会进一步分化,直至性细胞成熟,一朵具有生殖能力的完全花才真正形成,具体包括子房的形成、花粉母细胞的分化、胚珠的形成、花粉粒的形成、花丝及花药壁的分化等分化发育过程。

2.3.2 花芽分化的类型

根据自然条件下花芽分化发生的次数,可以将园艺植物划分为如下 5 个基本类型。

2.3.2.1 夏春间断分化型

夏春间断分化型又称夏秋分化型。这类植物全年花芽分化仅 1 次,主要集中在 6~9 月(夏秋季)开始、结束于第二年春天。多数在秋末花芽已具备各种花器的原始体,并且在冬季有一段休眠期;在休眠期,花芽分化停留在某一阶段不再继续发育或发育进程非常缓慢;休眠结束后,即在冬春季节到春季开花前,再进一步分化与发育,完成性细胞的成熟。许多落叶果树、观赏树木、木本花卉等均属此类,如梨、桃、葡萄、梅花、牡丹和丁香等。常绿果树中的枇杷和杨梅的花芽分化也属夏春间断分化型,但花芽分化似乎并不经过一个休眠阶段,所以它们开花早,结果也早。夏春间断分化型植物的花芽形态分化通常需要半年以上的时间。

2.3.2.2 冬春连续分化型

这种分化类型的植物包括两类:一类是原产温暖地区的常绿果树和观赏树木,如 12 月至第二年 3 月进行花芽分化的柑橘类果树的许多种类,它们花芽分化时间短且不间断,春季开花;另一类包括许多一二年生花卉及二年生蔬菜,还有一些宿根花卉,如白菜、甘蓝、芹菜等,在冬季贮藏期或越冬时进行花芽分化。

2.3.2.3 当年一次分化、一次开花型

一些当年夏秋季开花的蔬菜和花卉种类,如紫薇、木槿、木芙蓉等,在当年生茎的顶端分化花芽;夏秋开花较晚的部分宿根花卉,如菊花、萱草、芙蓉葵等,也属于此类;春季分化型的果树,如猕猴桃、枣等,其花芽分化开始于春天树体萌芽期,且能在短时间内完成分化;而夏秋连续分化型的果树,如枇杷,其形态分化开始于秋季,且连续进行,于当年完成分化,并在秋末冬初开放,它们也均属此类分化类型。

2.3.2.4 多次分化型

一年中能多次发枝,且在每次枝条顶端均能成花。如茉莉、月季、倒挂金钟等四季开花的

花木及宿根花卉,枣、四季橘和葡萄等果树均属此类。这些植物在主茎生长到一定高度或受到一定刺激后,能反复成花,多次结实。自然状态下,晚结的果实往往不能成熟,但在高效的设施配套措施下,同样能生产出优质果。在我国台湾,高效设施配套措施是提高葡萄产量和调整果实成熟期的重要手段之一。

2.3.2.5　不定期分化型

因栽培季节不同而无固定分化期,但每年只分化一次花芽。播种后只要植株达到一定叶面积,积累了足够营养就能开花。果树中的凤梨科和芭蕉科的一些植物,蔬菜中的瓜类、茄果类、豆类,花卉中的万寿菊、百日草、叶子花等均属此类。

需要强调的是,无论哪种分化类型,就某一种植物、某一特定环境条件下,其花芽分化期并非绝对集中在短期内完成,而是相对集中又有些分散。但是,无论生长点进入形态分化时期的早晚,其最终花完全形成的时间却较一致,开花也相对集中。这意味着不同的生长点之间的花芽分化的进程不一样,分化开始早的进程较慢,而分化发生较晚的进程较快。完成花芽分化前者所需时间长,后者所需时间相对较短。另外,同一立地条件下的同一种植物,其花芽分化的各个进程时间点在不同年份间相对稳定,差异通常并不明显。总的来说,园艺植物的花芽分化时期具有相对集中性、相对稳定性和一定的时间伸缩性。

根据花芽着生的位置,也可将园艺植物的花芽分化划分为:顶芽分化为花芽、腋芽分化为花芽、顶芽及腋芽均可分化为花芽 3 个基本类型。其中,顶芽分化为花芽的植物包括番茄、茄子、甜椒、洋葱、大葱、大蒜、韭菜等。腋芽分化为花芽的植物包括葡萄、桃、梨、瓜类、菜豆、豇豆、蚕豆、豌豆、菠菜、蕹菜、落葵、草石蚕、苋菜等。顶芽及腋芽均可分化为花芽的又可分为两种情况:一是腋芽分化早于顶芽分化的,包括结球白菜、小白菜、芥菜、甘蓝、芜菁、莴苣、萝卜等;二是顶芽分化早于下方腋芽的,如芹菜、芫荽、茼蒿、茴香、苦苣等。

2.3.3　花芽的结构

解剖花芽的结构可以发现,园艺植物的花芽可分为纯花芽和混合花芽两种类型。纯花芽内,无枝、叶等器官原基,而仅有花器官原基,绝大多数的蔬菜、花卉及核果类果树均属此类。混合花芽内,除有花器官外,还存在枝、叶原基,多数果树的花芽为混合芽,如苹果、梨、山楂、葡萄、柿、枣、石榴、荔枝、枇杷等。此外,少数雌雄同株异花植物,如核桃等,雄花是纯花芽,而雌花为混合花芽。

不同类型的植物,花芽内的花朵数量差异很大。桃、杏等核果类果树中,每个花芽内只有 1 朵花,而梨等果树,每个花芽内含有数朵小花,无花果等果树则含数百朵小花。

2.3.4　花芽分化的影响因素及调控

2.3.4.1　影响花芽分化的因素

1) 遗传因素
花芽分化首先受园艺作物自身遗传特性的制约。不同园艺作物以及同一种类不同品种的花芽分化早晚、花芽数量及质量均有较大差别。如苹果、柿子、龙眼、荔枝等的花芽形成较困难,易形成大小年。而葡萄、桃等因每年均能形成足量的花芽,故大小年现象不太明显。一年生草本植物如番茄的花芽分化的早晚受品种所支配,早熟品种最早可在 6 片真叶后就出现花芽,而晚熟品种则在 8、9 叶时才出现。

2) 矿质元素

矿质元素在植物的生长发育过程中发挥着基础性作用,因此,缺素不利于花芽的形成。

高能磷酸键是植物体内能量贮藏及传递的基本形式,因此,在花诱导期间芽内磷含量的增加,三磷酸腺苷合成能力加强、含量上升,增加磷素含量可显著改善花芽数量。钙作为细胞信号转导过程中的中间信使,参与了包括植物成花等在内的诸多生理过程,因此对植物的花芽分化同样十分重要,钙素含量的变化与花芽分化呈正相关。另外,氮、钾、硼、锌、钼、镁、锰等元素的增加对促进成花、增加结果枝数量也具有不同程度的作用。

花芽分化前施用氮肥,花芽分化期控制氮肥,增施磷、钾肥,有利于花芽分化。

3) 营养状况

植物的营养生长状况与花芽分化密切相关。相对叶芽而言,花芽的形成需要更多的碳素物质和氮素物质,包括碳水化合物、各种氨基酸、蛋白质、多胺和核酸等。因此,在花诱导期间,人们总是可以观察到以上物质在生长点内的迅速积累和较高水平的维持。花芽形成所需要的糖、蛋白质等营养和结构物质,大部分自叶内合成,然后向芽中运输。所以,良好的根系状况和形成足够量的枝叶是保证营养物质充足、园艺植物正常进行花芽分化的前提。

植株生长健壮,营养物质充足,花芽分化数量多,质量好;相反,营养生长过旺或过弱都不利于花芽分化与形成。黄瓜、茄子等的"小老苗"与果树生产上常见的"小老树",均因营养不足而成花晚、成花少、质量差。另外,树势强,花诱导发生晚;反之则早。幼年树、乔砧嫁接树的树势旺,花诱导发生晚;成年树、矮化砧嫁接的则相对较早。

同一树上,枝条的长短、芽的位置也影响花芽的分化。通常,新梢的长度越短,花诱导发生的时期越早,如短梢要比长梢早 20 d 至 1 个月,但是,其花诱导结束的时期基本相同。因此,短梢上生长点的花诱导持续时间比长梢长。桃树研究表明,长枝基部上的芽,花诱导发生早、持续时间长;而上部的芽,花诱导发生晚,持续时间短。

开花、结果量大的树,由于消耗营养多,营养生长弱,不利于树体内碳水化合物等养分的积累。因此,不利于植物的花芽分化,常导致果树第二年结果量下降,出现小年。

4) 植物激素

花芽诱导期,成花生长点与营养生长点在内源激素上存在差异,尤其是细胞分裂素(CTK)和赤霉素(GA)的表现更为显著。通常情况下,成花生长点会维持较高水平的细胞分裂素和较低水平的赤霉素。由于细胞分裂素通常源于幼叶和根尖,而赤霉素源于种子,因此夏季保叶、保根、适当疏果均是确保花芽分化的重要措施。另外,生产上也普遍采用曲枝、拉枝、环剥、夏剪等手法来促进花芽分化,但这些措施通常被归结于乙烯含量的改变,因此,乙烯也被认为是一种促花激素。生长素处于高水平时,促进生长,抑制花芽分化。而脱落酸目前还不是十分清楚。

不同植物激素尽管对花芽分化具有不同影响,但植物作为一个完整的生命体,其中的各激素间却并不独立,而是普遍互作,共同影响着包括花芽分化在内的诸多生长发育过程。李天红等分析了花芽诱导期红富士苹果在不同促花和抑花处理下的激素含量变化动态,结果发现,激素之间的平衡较某种激素的变化对花芽形成的影响更显著,尤其是生长素(IAA)/赤霉素(GA)和玉米素核苷(ZR)/赤霉素(GA)变化动态,对完成花芽诱导具有重要的作用。

5) 环境条件

(1) 温度:不同园艺植物花芽开始分化的最适温度不同,但总的来说花芽开始分化的最适温度比枝叶生长的最适温度高,在枝叶停止生长或生长缓长时开始花芽分化。

许多冬性植物和多年生木本植物,必须经过冬季低温的春化作用才能完成花芽分化。根据春化的低温要求,把植物分成三类:冬性植物、春性植物和半冬性植物。冬性植物中,有的需要低温才能开始花芽分化,如二年生蔬菜中的白菜、甘蓝、萝卜、胡萝卜、大葱和芹菜等;而月见草、苹果、桃等,虽然在夏秋季已开始生理分化和形态分化,但它们完成性细胞分化要求一定要低温。冬性植物春化要求的低温一般在 1~10℃,需要 30~70 d 完成。春性植物通过春化要求的低温较高,在 5~12℃,时间也短,5~10 d 即可完成,如一年生花卉和夏秋季开花的多年生花卉或其他草本植物。半冬性植物介于冬性植物和春性植物之间。还有许多植物种类通过春化时对低温的要求不甚敏感,这类植物在 15℃ 的温度下也能完成春化,但是最低温不能低于 3℃,所需春化时间一般 15~20 d。植物通过春化阶段的方式有种子春化和植物体春化。前者是萌芽种子,仅少数种类花卉适合;而后者是具有一定生育期的植物体,适合多数植物。

夏季温度高、昼夜温差大的地区,花芽形成容易且质量好。红富士苹果在我国主要产区腋花芽形成困难,但在夏季温度较高、昼夜温差大的新西兰部分地区,其一年生枝上能形成大量的腋花芽就是一个很好的例证。但当夜温低于 7℃ 时,易出现畸形花,番茄上尤为明显。

(2) 光照:光照对花芽分化的影响主要是光周期的作用。所谓光周期是指一天中从日出到日落的日照数。各种植物成花对日照长短要求不一,根据这种特性把植物分成长日照植物,如菠菜,要求日照长度 12~14 h 以上;短日照植物,如菊花、草莓,要求日照长度 12~14 h 以下;中性植物,如矮牵牛、香石竹、大丽花、四季开花的蔬菜、大多数果树等,对日照长短不敏感,在长日照或短日照下均能成花和正常生长发育。

从光照强度上看,主要是通过影响光合作用来影响花芽分化。树体光照条件好,叶片光合能力强,同化产物积累多,花芽分化好、质量高;弱光下或栽植密度较大时,影响光合作用,不利于花芽分化。

从光质上看,紫外光可促进花芽分化,因此,高海拔地区的果树一般结果早、产量高。

(3) 水分:水分胁迫对花芽形成数量的影响主要在花诱导期起作用。一般来说,土壤水分状况较好,植物营养生长较旺盛,不利于花芽分化的诱导;而土壤适度干旱时,营养生长停止或较缓慢,有利于花芽分化。因此,在植物进入花芽分化诱导期后,通常要适当控水,保持适度干旱,以促进花芽分化。果树、蔬菜和花卉生产中的"蹲苗",利用的就是这一原理。

过度的水分胁迫能导致花芽分化发育终止,形成畸形花。

2.3.4.2 花芽分化的调控

从影响花芽分化的因素可见,优良的种苗、充足的营养、健壮的生长势和适宜的外界环境是人们采取合理栽培措施、调控花芽分化的基础和保障。促进花芽分化的具体途径如下。

(1) 控制植株,尤其是幼株的过旺营养生长。可采取矮化密植,控施氮肥,增施磷、钾肥,适度减少水分供应,对新梢进行摘心、扭梢、弯枝、环剥、环割、倒贴皮、绞缢等措施,可保证早果丰产。

（2）疏花疏果。对于大小年现象严重的果树,在大年花诱导之前进行疏花疏果,能减少种子的数量,降低植物体内的赤霉素水平,增加小年的花芽数量。

（3）合理使用植物生长调节剂。如在花诱导期喷施一定浓度的赤霉素能抑制花芽分化,减少第二年的开花数量,在幼树以及生长过旺的树上使用多效唑一类的生长延缓剂能增加花芽形成数量,使用萘乙酸或乙烯利等灌心可诱导菠萝开花。

（4）改善植株的立地条件。幼年梨树通过环剥、刻芽、拉枝等能提早进入结果期并增加开花量;葡萄通过摘心或摘心并去夏芽,枣树通过掰芽可以诱导开花;改善植物的光照条件,促进叶片光合作用,增加同化产物的积累量,有利于花芽分化。抑制花芽分化的途径和措施则相反,包括花芽分化的诱导期多施氮肥、少施磷钾肥,多灌水,喷促进生长的生长调节剂,多留果,适当重剪、短截等。

2.4 生殖器官的生长发育

园艺作物生长到一定阶段,就会在一定部位上形成花芽,然后开花结果,产生种子。花、果实和种子与植物生殖有关,称为生殖器官。花、果实和种子在许多园艺作物中,是栽培的主要收获对象,如果树绝大多数是以果实、少量是以种子为鲜食或加工的收获对象。蔬菜作物中也有许多以花（黄花菜、花椰菜等）及果实（如番茄、茄子、辣椒等）为收获对象的。因此,掌握园艺作物生殖器官的生物学特性和生长发育规律,具有重要的理论和实际意义。

2.4.1 花的类型与开花

2.4.1.1 花的构造和类型

1）花的构造

分化后的花芽逐渐发育成为花蕾,在适宜的条件下即可开花。一朵完整的花由五部分组成,即花梗、花托、花被、雄蕊和雌蕊。

（1）花梗与花托:花梗是各种营养物质由茎向花输送的通道,并支撑着花,使它向各个方向展布。果实形成时,花梗便成为果柄。

花托形状依种类不同而异,有的植物花托伸长,如玉兰花;有的膨大发育成果实,如草莓、梨、苹果、枇杷、海棠等;有的在雌蕊基部形成腺体或成为能分泌蜜汁的花盘,如柑橘、葡萄等。

（2）花萼与花冠:这两部分又总称为花被。花萼是由若干萼片组成的。多数植物开花后萼片脱落,如桃、杏等的果实上看不到萼片痕迹。有些植物开花后萼片一直存留在果实上方,称宿存萼,如石榴、山楂、月季、玫瑰等,苹果、梨的个别品种也有明显的宿存萼。有的萼片一直在果实下方,果实成熟后才与果实分离,如番茄、柿子。蒲公英的萼片变成冠毛,有助于果实的飞散。

花冠由若干花瓣组成。花瓣因含有花青素或有色体而在开花时呈现各种颜色。花冠除颜色不同外,形状也各异。

（3）雄蕊群:每朵花中均有多个雄蕊,统称为雄蕊群。桃、苹果、梨、莲、玉兰、月季等的雄蕊多无定数,少则 4～6 枚,多则 20～30 枚;而番茄、蚕豆、油菜、西瓜等雄蕊数较少。每一雄蕊由花药和花丝两部分组成。花药是雄蕊的主要部分，一般有 2～4 个花粉囊，里面产生花粉。

（4）雌蕊群：一朵花中的雌蕊统称为雌蕊群。雌蕊位于花的中央，由柱头、花柱和子房三部分组成。雌蕊的子房着生在花托上。根据子房与花托的相连形式，可将子房分为 3 种类型：子房在上、底部与花托相连的称上位子房，如桃、油菜；子房和花托完全愈合在一起的称下位子房，如苹果、梨、南瓜等；介于两者中间的，即子房下半部与花托愈合、上半部独立的叫半下位子房，如绣球属的一些花卉植物等。

2）花的类型

根据花的组成可分为完全花和不完全花。具有发育健全的雌蕊和雄蕊的花称为完全花，如番茄、茄子、白菜、苹果、梨、柿子、菠萝、月季和牡丹等；只有雌蕊或只有雄蕊的花称为单性花或不完全花，如核桃、杨梅、黄瓜、南瓜和菠萝等；有些植物因不良条件而使雌蕊、雄蕊败育，形成个别既无雄蕊也无雌蕊的花，称为中性花。各种植物因雌蕊花柱长短不同，又可分为长柱花、中柱花和短柱花。

2.4.1.2　开花

当雄蕊中的花粉粒和雌蕊中的胚囊同时或其中之一成熟时，花萼和花冠展开，露出雄蕊和雌蕊，这种现象称为开花。一般一二年生植物生长几个月后就能开花，一生中仅开花 1 次，花后结实产生种子以后，植株就枯萎死亡。多年生植物在到达开花年龄后，能每年按时开花，并能延续多年。开花时间的早晚也因植物而异，自腊月蜡梅花开，至次年菊花在冬季飞雪开花为止，一年四季均有植物开花。同一种植物一般南方开花较早，北方开花较晚，这主要是不同地区的气候条件不同所致。在晴朗和高温条件下开花早，开放整齐，花期也短；阴雨和低温条件下开花迟，花期长，花朵开放参差不齐。在生产实践中，常常通过调节栽培环境的温度和光照，进行花期调控，使植物达到预期开花的目的。

2.4.2　坐果与授粉受精

2.4.2.1　坐果

开花结果—果实生长—成熟—衰亡的过程为坐果。有以下几种坐果现象。

1）单性结实

不经授粉，或虽经授粉而未完成受精过程形成果实的现象叫做单性结实。单性结实的果实大多无种子。

（1）自发性单性结实：子房发育不受外来刺激，完全是自身生理活动造成的单性结实称为自发性单性结实。许多果树如柿、香蕉、温州蜜柑、华盛顿脐橙、菠萝、无花果和某些三倍体苹果、梨的品种，都有自发性单性结实的能力。

（2）刺激性单性结实：经过授粉但未完成受精过程而形成果实，或受精后胚珠在发育过程中败育，称为刺激性单性结实。黄魁苹果、一些西洋梨品种和黑科林斯（BlackCorinth）葡萄可经花粉刺激产生单性结实。

2）无融合生殖

不经过受精也能产生种子的现象叫做无融合生殖。如柑橘具有无融合生殖的能力。

3) 自花授粉、自花结实

同一品种内授粉的叫自花授粉;自花授粉后能获得商品生产要求的产量为自花结实,反之为自花不实,如桃、柑橘。落叶果树中有的能自花授粉结实,如大多数桃、杏的品种,具完全花的葡萄品种,部分李、樱桃品种,少数苹果、梨品种。但能自花结实的品种,异花授粉后能提高产量。

4) 异花授粉、异花结实

不同品种间进行授粉为异花授粉。异花授粉后能获得商品生产要求的产量为异花结实。大部分苹果和梨的品种,甜樱桃全部品种,李、杏、板栗的部分品种都需异花授粉才能结实。供给花粉的品种叫授粉品种(授粉树)。

有的品种间异花授粉不能结实或结实很少,这种现象为异花不亲和,不能作为授粉树,如苹果中的红魁给祝授粉,伏花皮给大国光、金冠、青香蕉、祝授粉都不能结果。油梨为黄梨、香水梨为油梨、夏梨为老遗生梨授粉不能结果。樱桃中的平格(Bing)、蓝白脱(Lambut)给那翁授粉也不能结果。

5) 雌雄异熟

雌雄同株或雌雄异株的果树,雌蕊和雄蕊不在同一时期成熟为雌雄异熟,如板栗、核桃为雌雄同株,因常常雌雄异熟,所以孤树授粉不良,产量极低,也需要授粉树。雌雄异株的果树如猕猴桃、银杏、沙棘、君迁子,更应配置雌雄株以保证授粉。

2.4.2.2　坐果的过程

1) 授粉受精

果树的花粉粒落到雌蕊柱头上,条件适宜时萌发形成花粉管进入柱头,并继续伸长进入花柱,到子房和心室,释放精细胞,与雌配子卵细胞、助细胞结合,即为果树的受精过程。这一过程能否正常进行,常受性器官的发育程度、生态条件和营养状况的影响。

性器官发育:花内性器官的发育差异较大,发育正常能保证受精坐果,发育不正常的就不能受精坐果。果树性器官的败育有以下两种情况。

① 花粉败育:花粉在发育过程中出现组织退化、中途停止发育、萎缩现象,为花粉败育。在各类果树中相当普遍,如苹果、梨的三倍体品种;葡萄中黑鸡心、安吉文、花叶白鸡心、卡他库尔干、尼姆兰格;桃中的五月鲜、六月白、上海水蜜、岗山白花桃;板栗、杏等果树的许多品种也存在花粉败育,所以必需配置授粉树,才能保证受精坐果。

② 雌蕊败育:雌蕊在发育过程中也存在败育现象。一般雌蕊败育不能受精结实,雌蕊内胚珠较多的果树,胚珠部分败育、部分正常时,能受精结果,如苹果、梨有 5 个心室,10 个胚珠,通常不是全部都形成种子。核果类的桃、李等果树,有两个胚珠,通常 1 个败育、1 个正常受精结果。杏树的雌蕊中两个胚珠全部败育的比例较高,如山东的红香蜜杏,雌蕊败育花可达 41.66%,北京的山黄杏达 56.65%,猪皮水达 59.03%,大接杏可达 69.37%。

2) 生态条件

(1) 温度:直接影响花粉萌发和花粉管生长,不同树种、品种的最适温度不同。如苹果花粉萌发和花粉管生长的最适温度为 15～29℃,其中祝和印度在 25℃以上,金冠、青香蕉、国光在 30℃以上花粉发芽不良。葡萄花粉发芽的最适温度为 20～30℃,杏为 18～21℃,李、西洋梨为 24℃。

温度还影响花粉管通过花柱的时间,苹果花粉管在常温下需 48～72 h,高温时只需 24 h。温度不足,花粉管生长缓慢,到达胚囊前,胚囊已失去受精能力。所以花期低温易使胚囊和花粉受到伤害,同时低温还影响养分物质的合成和分配。低温也影响授粉昆虫的活动,蜜蜂活动一般需 15℃以上的温度。

(2) 风:花期遇 17 m/s 大风,不利昆虫活动并使雌蕊柱头干燥,花粉不易萌发,影响受精、坐果。

(3) 湿度:阴雨潮湿天气不利于昆虫传粉,花粉很快失去生活力,或花粉吸水过多膨胀破裂。干旱使雌蕊柱头干萎、花粉不能萌发,都影响受精结果。

(4) 大气污染:大气污染会影响花粉发芽和花粉管生长。空气中氟剂量增加,会使甜樱桃花粉管生长减弱。草莓开花期间如有 5.0～14.0 μg/m³ 的氟,会影响受精,降低坐果率。

(5) 光照:寡照引起落果。

3) 营养状况

果树体内营养供应状况对花粉萌芽、花粉管生长速度、胚囊发育及其寿命,以及柱头接受花粉的时间有重要影响。

(1) 氮:氮充足,可加速花粉管生长,延长柱头接受花粉的时间和胚囊接受受精的时间,加快受精后的胚囊和胚珠的生长。氮不足,花粉管生长缓慢,胚囊寿命短,当花粉管到达珠心时,胚囊已失去功能,不能受精。所以花期喷氮能提高坐果率。

(2) 磷:磷能促进花芽内的组织分化。缺磷会延迟花芽萌发,延迟花期,影响异花授粉、受精的几率,不利于坐果;同时还会降低细胞激动素的含量,进一步降低坐果率。

(3) 钙:缺钙抑制花粉管的生长,影响花粉管向胚珠方向的向心生长。最适宜花粉管生长的钙浓度可高达 0.1～1 mmol/L。

(4) 硼:硼对花粉萌发和受精有良好影响,能促进对糖的吸收、运转和代谢,并增加对氧的吸收,有利花粉管的生长。硼不足影响花粉萌芽、花粉管生长而不利受精。所以花期喷硼也能提高坐果率。

此外,赤霉素能加速花粉管的生长,并能提高自花不实果树的坐果率。

2.4.2.3　胚、胚乳的发育

多数果树坐果需要胚和胚乳的正常发育,由于某种原因使胚或胚乳发育受阻,果实常发育不全,呈畸形,易脱落。由于多倍体的染色体行为不正常,即使已受精的结合子也不能正常发育。

缺少胚发育所必须的营养物质,如碳水化合物、氮素和水分,常常是胚停止发育、引起落果的主要原因。其原因可能是树体虚弱贮藏营养不足,也可能是器官间的竞争(如花和幼果量过多)或重修剪、水分和氮肥过多,导致枝叶旺长,与幼果竞争养分。水分不足、干旱,叶片渗透压高于幼果也能引起果实脱落。如氮与磷的亏缺也可使胚停止发育。因此,凡增加贮藏营养,或调节养分分配,抑制枝叶徒长,疏除过多花果的措施,都可提高坐果率。

胚受低温伤害会导致落果,如苹果胚遇到 −1.7℃低温即受伤害,冷凉的气温使花粉的生长、受精、胚和胚乳的发育延迟,乃至胚珠退化。胚珠先在合点处坏死,进而破坏了向胚珠输送营养的维管束系统,即使完全充分受精,也不能坐果。

光照不足会造成多种果树的落果。据浙江农业大学(1977 年)调查,大连农业科学研究所选育的连黄桃在浙江地区,由于光照不足落果严重。授粉期过多的降雨,会促进新梢旺长而对胚的发育不利。

2.4.2.4 落花落果

果树开花后有落花落果的现象。开花多、坐果少,是生物为了适应不良环境和营养条件的一种形式。

1) 落果原因

第一次在花后,未见子房膨大而脱落。原因是花芽分化不良,花器官生活力弱,无授粉受精能力;花芽发育虽然正常,但气候不良和花器官特性的限制,开放的花没有授粉或授粉不良而落花。

第二次在花后2周时,子房开始膨大而后脱落。原因是没有受精或受精不良。

第三次在花后4周时,有大量幼果脱落,常称"六月落果"或"生理落果"。主要原因是营养不良,果实和其他器官间对营养产生竞争,使生长上消耗多;特别是氮素供应不足,导致胚发育中止。缺硼、锌等微量元素也会导致落花落果。

此外,早春低温、多湿、光照不足,常抑制花粉发芽和胚的发育、影响昆虫活动;水分过多影响根系生长、吸收;水分不足容易使花柄产生离层;花期多雨使花粉破裂、冲失,柱头分泌物流失,不利授粉受精;大气干燥也会引起柱头干缩而不能授粉受精;低温会使胚中止发育而发生落花落果。

有的品种在成熟前(采收前3~4周)有落果现象,常称"采前落果",也影响果树的产量。主要是营养条件、激素作用的结果,也和果树品种的遗传特性有关,需要防止。

2) 提高坐果率的措施

(1) 加强综合管理:调解树体和生长发育的平衡,加强前一年夏秋季的管理,延长有效叶片的寿命,防治病虫害。

(2) 加强氮肥管理:提高树体氮素水平,促进花芽分化,第二年秋季和开花期,加强分枝、环割等措施,使营养生长与生殖生长平衡。在开花期可以喷施尿素、磷酸二氢钾(KH_2PO_4)、硼肥等。开花前要充分灌水。

(3) 保证授粉受精的条件。

① 大多数果树为虫媒花,可以结合养蜂进行传粉。

② 人工授粉:虽人工量大,但坐果保险。

③ 高接花枝或挂花冠。

(4) 应用生长调节剂:在花期喷施$(10\sim25)\times10^{-6}$吲哚乙酸促进坐果。

2.4.3 果实的生长发育

从花谢后到果实生理成熟时为止,需要经过细胞分裂、组织分化、种胚发育、细胞膨大和细胞内营养物质的积累转化等过程,这个过程称为果实的生长发育。

2.4.3.1 果实的生长动态

1) 果实生长时期

果树从开花以后,受精的果实在生长期间,体积、果径、重量的增加动态可分为三个时期(生长型—单S型、双S型)(图2-6)。

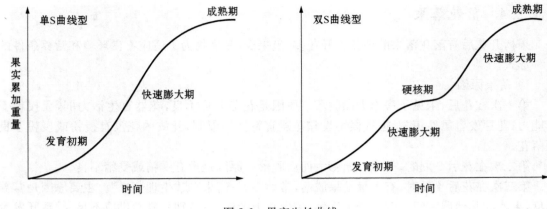

图 2-6　果实生长曲线

第一期为果实迅速生长期:从受精到生理落果。此期果肉细胞和胚乳细胞迅速分裂、增加,到最后细胞停止分裂。

第二期为果实缓慢生长期:生理落果后,果肉细胞基本不再分裂,胚开始发育,种子充实,种皮硬化或内果皮木质化而硬核,细胞体积增大缓慢。

第三期为果实熟前生长期:种子发育完善后,果实细胞体积迅速增大,直到固有的大小,内含物充实、转化,果面着色,香味加浓,种子变色直到成熟。

2)影响果实增长的因素

从理论上讲,凡是有利于果实细胞加速分裂和膨大的因子都有利于果实的生长发育。在实践中,影响因素则复杂得多。

(1)细胞数量和体积:果实体积的大小决定于细胞的数目、细胞体积和细胞间隙的增大,前两个是主要因素。细胞数目的多少与细胞分裂时期的长短和分裂速度有关。果实细胞分裂开始于花原始体形成后,到开花时暂时停止,经授粉受精后继续分裂。如苹果在开花时,细胞仅 200 万个,到采收时可达 4 000 万个。花后细胞旺盛分裂时,细胞体积也同时开始增大,细胞停止分裂后,细胞体积继续增大,细胞长度一般为 $150\sim700\ \mu m$,有的可超过 1 mm,细胞体积大的可达 $10^8\ \mu m^3$,一般为 $10^6\sim10^7\ \mu m^3$,开花时不过 $10^4\ \mu m^3$。

(2)有机营养:果实细胞分裂主要是原生质的增长过程,为蛋白质营养期。这时需要有氮、磷和碳水化合物的供应。氮和磷除树体供应外,还可通过施肥加以补充,但幼果细胞分裂期合成蛋白质所需要的碳水化合物只能由贮藏营养供应。因此,树体贮藏的碳水化合物可影响果实细胞分裂和细胞数量,进而影响果实的大小。能增加供应幼果贮藏营养的措施,如秋季施肥、疏花都可增加果实细胞数量和体积而增大果实。开花较晚的葡萄,其花序发育也受贮藏营养分配的影响。

果实发育中、后期,即果肉细胞体积增大期,最初原生质稍有增长,随后主要是液泡增大,除水分绝对量大大增加外,碳水化合物的绝对量也直线上升,为碳水化合物营养期。果实重量的增加主要在这一时期,这时要有适宜的叶果比和较高的光合作用,才有利碳水化合物的合成和积累。

(3)矿质元素:有机营养向果实内运输和转化有赖于酶的活动,酶的活性与矿质元素有关。矿质元素在果实内很少,不到 1%,除一部分构成果实外,主要影响有机质的运转和代谢。果实中氮、磷、钾比其他元素多,其比例为 10:(0.6～3.1):(12.1～32.8)。氮影响果实的体积。磷含量虽少,但影响果肉细胞的数目。钾能提高细胞原生质活性,促进碳水化合物输入,所以对果实增大、重量增加有明显作用。钙能稳定果实细胞膜结构,降低呼吸强度并与果实某些生理病害有关,如苹果的苦痘病、木栓斑点病、蜜病、果肉败坏、皮孔败坏、萼端腐烂病,苹果、葡萄、李、枣、樱桃的裂果,梨的黑心病均因缺钙形成。

(4) 水分:果实内 80%～90% 为水分,随果实增大而增加,是果实体积增大的必要条件,特别是细胞增大阶段,如水分不足,减小果实体积,以后供水也不能弥补。水分也影响矿质元素进入果实,如干旱可引起果实缺钙。

(5) 种子:果实内种子的数量和分布会影响果实的大小和形状。如玫瑰香葡萄没有种子的果粒比有种子的果粒小得多,苹果、梨果实内没有种子的一面果肉发育不良,果实呈不匀称形。

(6) 温度:每一种果实的成熟都需要一定的积温,如极早熟葡萄品种莎芭珍珠从萌芽至浆果成熟需要积温 2 260℃,中熟品种(黑汉)需 2 900～3 100℃,晚熟品种(龙眼)需 >3 700℃。所以北方地区(如内蒙古和黑龙江)只能保证早熟品种完全成熟。原产广东的甜橙和椪柑生长在柑橘栽培的北缘地区,成熟迟、品质差。

过低或过高的温度都能促进果实呼吸强度上升而影响果实生长。由于果实生长主要在夜间进行,所以夜温对果实生长影响更大。梨夜温 20℃时品质最好,苹果花后 30d 夜温维持在 22℃时果实生长最快。相同温度对不同种类果实呼吸的影响不一样。

(5) 光照:光照对果实生长的作用是不言而喻的,众多的试验表明,遮荫影响果实的大小和品质,光照对果实的影响是间接的,套袋果实同样可以正常肥大就是证明。光照影响叶片的光合效率,使光合产物供应降低,果实生长发育受阻。

光照不足使柑橘的叶片变薄,栅状组织相对厚度减少,气孔数目减少,光合速率降低(天野,1972 年);低光照加速叶片的老化;长期光照不足会引起早期落叶。

2.4.3.2 跃变型和非跃变型

对呼吸作用的研究与乙烯的变化有关。

1) 跃变型

乙烯的形成有两个系统,系统 I 负责跃变前低速率形成乙烯到呼吸跃变时,乙烯启动系统 II 产生大量的乙烯促进成熟。

2) 非跃变型

只有系统 I,而没有系统 II。

2.4.3.3 果实内主要有机物质变化

1) 碳水化合物

碳水化合物是果实内仅次于水分的主要成分。果实发育前期以多糖类淀粉较多,以后随着果实逐渐成熟,淀粉水解,全部消失或部分残留。但板栗随着成熟淀粉急速增加积累,淀粉含量极多。淀粉开始积累,由果皮向果心进行,近成熟时由内向外消失。淀粉水解,果实出现大量单糖和双糖。不同树种所含糖类有差异,苹果、梨、柿含有葡萄糖、果糖和蔗糖,以前两种糖含量较高。桃、杏、李、梅、柑橘的蔗糖含量远高于葡萄糖和果糖。葡萄含葡萄糖最多,其次为果糖,无蔗糖。

果实内的糖与游离酸的含量之比即糖酸比,糖酸比的高低影响果实的甜味。高温、光照充足、叶果比大、磷钾多可提高糖酸比,低温、阴雨、多氮时会降低糖酸比。

2) 有机酸

果实内的有机酸主要为苹果酸、酒石酸、柠檬酸,此外尚有极少量的草酸、琥珀酸、奎宁酸。苹果、梨、桃、杏、李、樱桃、香蕉含苹果酸较多,葡萄含酒石酸较多,石榴、树莓、穗醋栗、无花果、柑橘、凤梨含柠檬酸较多。不同树种、品种的含酸量有很大差别,柿几乎不含有机酸,苹果含 $0.2\%\sim0.6\%$,梨 $0.2\%\sim0.5\%$,杏 $1\%\sim25\%$,黑醋栗 4%,柠檬 75%。苹果品种红琼(红玉芽变)含 0.6%,红富士 0.23%,红星芽变马红 1 号仅含 0.14%。

幼果时随果实生长有机酸含量增加,由蛋白质、氨基酸分解形成,但大多为呼吸产物,至成熟时含量减少。

3) 果实硬度

决定果实硬度的是细胞间的结合力、细胞构成物质的机械强度和细胞膨压。果实细胞的结合力受果胶的影响,随果实的成熟可溶性果胶增多,原果胶减少,维生素也减少,果实细胞间失去结合力,果肉变软。

氮、钾多果实硬度降低,磷、钙可增加果实硬度。旱地果园的果实硬度较灌溉果园高。激素中的普鲁马林(GA_{4+7}＋BA)、氨基三唑(AVG)、多效唑(PP_{333})、B_9 能增加果实硬度,萘乙酸、乙烯利、CFPA 会降低果实硬度。

4) 果实色泽

随着果实成熟,果皮外层中的叶绿素逐渐分解消失,出现花色素类、类胡萝卜素等色素。果实表面呈现树种、品种特有的色泽。

(1) 花色素类色素:此类色素是极不稳定的水溶性色素,溶解的存在于细胞质和液胞内,多以配糖体形式存在,水解后即可分为糖和糖苷配基(花色素)。花色素类大体可分为花青素系、花葵素系和花翠素系。大多数果树的果实都含有花青素,石榴、草莓、无花果内含有花葵素系;葡萄、越橘含有花翠素系色素。花色素在充足光照,昼夜温差较大地区出现较多,红色果实色泽就较鲜艳。

(2) 类胡萝卜素:是不溶于水的黄色或橙色色素,与叶绿素一起存在于叶绿体内,大体分为胡萝卜素和叶黄素两大类。胡萝卜素内又有 α、β、γ 胡萝卜素和番茄红素。叶黄素内有隐黄质、玉米黄质、蒽黄质、叶黄质和紫黄质。杏含有各种胡萝卜素、番茄红素和叶黄素。红色柿含有番茄红素、叶黄素、隐黄质、玉米黄质和蒽黄质。黄桃和黄色柿品种不含番茄红素。

果树体内碳水化合物较多,光照充足,氮钾比在 $0.4\sim0.6$,许多果树着色与 K、Zn 有关(K>Zn>P>Fe>Ca>Mg>B>Al>N>Mn),水分适宜(过多不利于着色)、昼夜温差较大时(有利于形成花色苷),果实色泽艳丽;反之,则差。激素中萘乙酸、2,4,5-三氯苯氧乙酸、乙烯能促进着色,细胞分裂素、赤霉素延迟叶绿素的降解。

5) 维生素

果实含各种维生素,特别是维生素 C,以含叶绿素的幼果期含量较高,随果实生长,绝对量增加,但单位鲜重的含量下降。果皮比果心含量高,受光良好的果实和同一果实受光良好部位含维生素 C 较多。枣、中华猕猴桃、沙棘、刺梨内维生素 C 的含量较高,山楂、黑穗醋栗、草莓也较多。维生素 A 以含类胡萝卜素的果实如杏、柿较多。

6) 香气

果实在成熟过程中经酶或非酶作用急剧变化而形成果实特有的香气,多为微量挥发性成分。苹果香气中92％为醇类,其次为碳基化合物5％、酸类2％。白玫瑰香葡萄有牦牛儿醇、萜品、醇、萜二烯、芫荽油醇等。桃有乙醛、糠醛、杜松子油羟。

7) 涩味

不少果实未成熟时具有涩味,是因为含单宁物质(主要是酚类化合物),随着果实成熟,单宁含量下降。涩柿有单宁细胞,为溶化性,脱涩使单宁固定成为不溶性。

2.4.3.4 果实的品质形成及提高品质的措施

1) 品质的构成

果实的品质由外观品质(果形、大小、整齐度和色泽等)和内在品质(风味、质地、香气和营养)构成。市场经济的发展要求果实具有性状、性能和嗜好3种品质。性状指果实的外观,如大小、果形、整齐度、光洁度、色泽、硬度、汁液等;性能指与食用目的有关的特性,如风味、糖酸比、香气、营养和食疗等;嗜好是因国家、地区、民族、集团乃至个人爱好而有所差异,如我国人民多喜欢个大、红色果实,日本人喜欢甜味较浓的水果,南斯拉夫人喜欢酸味较浓的水果。发展果树生产或市场果品应注意果实的综合品质。

(1) 外观品质:大小、形状、色泽。

① 大小:各国果品都有自己的特征大小,用重量来衡量;香蕉8个/kg、核桃70个/kg、柑橘直径<8 cm。

② 形状:果形指果实的纵径/果实横径。表现品种果实固有的特征。

③ 色泽:色素引起,固有的颜色。如以着色度对元帅苹果分级,AAA级着色90％以上;AA级着色70％以上。

(2) 质地:指硬度、任性、脆度、粗细度、粉碎性等。

硬度:果实去皮以后,用硬度计测量,单位kg/cm²,如元帅AAA级为6.0 kg/cm²;AA级5.5 kg/cm²。硬度大小与温度有关,21℃下比10℃下变软速度快两倍;10℃下比4.4℃下变软速度快两倍;4.4℃下比0℃下变软速度快两倍。

(3) 风味:有甜味、酸味、香味等。

① 甜酸味:与糖酸比有关,甜酸比20～60味道比较好。

② 香味:与挥发性成分(醇类、萜类、醛类等)含量有关。内源乙烯诱发成熟,也可以诱发香味的散发,香味的高峰晚于乙烯高峰,贮运条件能改变芳香物质的种类和含量。

③ 营养成分:含维生素C(猕猴桃1 mg/g>柑橘0.3～0.4 mg/g>苹果0.05～0.1 mg/g)、维生素A(柑橘、杏、柿)、超氧化物歧化酶(SOD)等。一年每人以食用70～80 kg果品为宜。

2) 提高果品质量的技术措施

(1) 土肥水管理:土壤有机质含量低的(1％以下),应进行测土施肥、配方施肥、营养诊断(对叶片进行分析,测得各营养元素的含量,再根据土壤各元素的含量进行综合比较分析,得出施肥配方)。水分与果实的大小有很大的关系,前期果实膨大要保持水分供应(田间持水量的70％～80％。)

(2) 改善光照条件:通过长期的修剪调整树体结构来改善光照条件,树体内部的光照70％左右,不能低于50％。果树的夏季修剪很重要。

(3) 要有适宜的负载量(结果量):进行疏花疏果,苹果2500 kg/667 m²;葡萄1500 kg/667 m²。

(4) 采取增色措施:

① 套袋：既可减少污染，又可减少病虫害；还可以起到保色的作用；

② 转果和摘叶；

③ 铺设反光膜；

④ 喷一些生长调节剂：如 PK、稀土元素、着色剂、乙烯利等。

（5）防治病虫害。

（6）适时采收。

2.4.4　种子的生长发育

2.4.4.1　园艺作物种子的类型

园艺作物生产所采用的种子含义比较广，泛指所有的播种材料。总括起来有 4 类：第一类是植物学上的种子，仅由胚珠形成，如豆类、茄果类、西瓜、甜瓜等。第二类属于果实，由胚珠和子房构成，如菊科、伞形科、藜科等园艺作物。果实的类型有瘦果，如菊花、莴苣；坚果如菱果；双悬果如胡萝卜、芹菜等。第三类属于营养器官，有鳞茎（郁金香、百合、洋葱、大蒜等），球茎（唐菖蒲、慈姑、芋头等），根状茎（莲藕、韭菜、生姜等），块茎（马铃薯、仙客来等）。第四类为真菌的菌丝组织，如香菇、蘑菇、木耳等。在《中华人民共和国种子法》（2004 年 8 月 28 日通过）中，种子还包括嫁接繁殖植物的接穗、扦插繁殖植物的插条等。本节所述种子主要是植物学上的种子，即上述第一类。

2.4.4.2　园艺作物的种子形态与结构

园艺作物种类繁多，形态和特征各异。种子的形态特征包括种子的外形、大小、色泽、表面光洁度、沟、棱、毛刺、网纹、蜡质突起物等。园艺作物种子的大小差异很大。有粒径在 5.0 mm以上的，如西瓜、南瓜、牡丹等；也有粒径极小的微粒种子，如金鱼草、苋菜、猕猴桃等。种子色泽有黑、黄、灰色等，成熟的种子色泽较深，具蜡质；幼嫩的种子色泽较浅。新种子色泽鲜艳光洁，具香味；陈种子则色泽灰暗，甚至具霉味，常失去发芽能力。园艺作物种子的结构包括种皮、胚和胚乳（豆科、葫芦科果菜种子不含胚乳）。种皮将种子内部组织与外界隔离起保护作用。种皮的结构因种子类别不同而异，真种子的种皮由珠被形成。胚是幼苗的雏体，处在种子中心，由子叶、上胚轴、下胚轴、幼根和夹于子叶间的初生叶或者它的原基所组成。有胚乳的种子，其胚常埋藏在胚乳之中，种子发芽时，幼胚依靠子叶和胚乳提供的营养物质进行生长，如番茄、菠菜、柿、枣等。

2.4.4.3　种子的发育

受精后的子房发育成果实，胚珠发育成种子。胚珠由珠被、珠心组成，珠心中形成胚囊，胚囊内卵细胞受精后发育成胚，极核受精后发育成胚乳，胚和胚乳构成种仁，珠被则发育成种皮，种皮和种仁构成种子。

成熟的种子是指种胚发育完全，后熟（生理成热）充足，已具有良好的发芽能力种子。一般种子成熟包括形态成熟阶段和生理成熟阶段，达到生理成熟阶段的种子在适宜的条件下就能发芽长成幼苗，仅完成形态成熟而未达到生理成熟的种子尚不能发芽或者发芽能力很低。许多园艺作物种子需在凉爽条件下贮藏后熟一段时间才能发芽,如苹果、梨、桃等果树的砧木种子均需低温层积处理,使种子通过后熟,方能正常发芽。种子成熟所需要的时间因植物种类不同而异,几种主要园艺作物种子成熟所需要的时间如表 2-1 所示。营养不良、环境条件恶劣时会改变种子成熟期。如干旱会使种子早熟,光照不良和低温会延迟种子成熟,而且这种提前和延迟都会降低种子质量。

表 2-1 几种主要园艺作物种子成熟所需时间

种　　类	从开花至种子成熟的天数(d)	种　　类	从开花至种子成熟的天数(d)
蔬菜		果树	
白菜	30～40	山桃	120～140
萝卜	40～60	山杏	75～90
黄瓜	40～50	杜梨	150～160
洋葱	35～40	西府海棠	160～170
番茄	40～60	山定子	170～180
茄子	60～65	花卉	
菜豆	35～50	瓜叶菊	40～60
西瓜	65～80	金鱼草	45～70
甜瓜	40～90	三色堇	30～40
白兰瓜	90～110	矮牵牛	25～40
		月季	90～120
		南天竹	150～90
		君子兰	300～360

园艺作物种子成熟过程中在形态及生理上均会发生很大的变化,一般成熟的种子具有下列特征:一是种皮坚固,呈现品种固有的色泽;二是种子的干重不再增加,含水量减少,对环境的抵抗力增强。种子在成熟过程中发生许多生理生化变化,淀粉、蛋白质、类脂等营养物质含量增加,多种酶的活性也会增强。

2.5　各器官生长发育的相互关系

生长相关性(growth interaction)是指同一植株个体中的一部分或一种发育类型与另一部分或另一种发育类型的相互关系。植物的生长发育具有整体性和连贯性,整体性主要表现在生长发育过程中各个器官的生长是密切相关、互相影响的;连贯性表现为各种植物的生长过程中,前一个生长期为后一个生长期打基础,后一个生长期是前一个生长期的延续和发展。园艺植物器官生长发育的相互关系主要包括地上部与地下部的生长相关、营养生长与生殖生长的相关以及同化器官与贮藏器官的生长相关。

2.5.1　地上部与地下部的生长相关

植株主要由地上部和地下部组成,因此维持植株地上部与地下部的生长平衡是园艺植物优质丰产的关键。地上部包括茎、叶、花、果实和种子,地下部主要是指根,也包括块茎、鳞茎等,两者之间有维管束的联络,存在着营养物质与信息物质的大量交换(图 2-7)。

地上部与地下部的生长之间有相互促进的关系。地下部的根是吸收水分和矿质营养的器

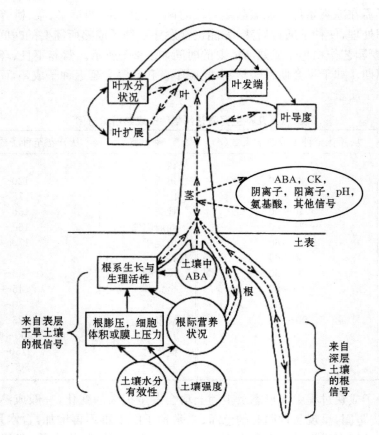

图 2-7　土壤干旱时根中化学信号的产生以及根冠间的物质与信息交流

（W. J. Davies,张建华.1991）

圆圈表示土壤的作用;矩形代表植物的生理过程;虚线表示化学物质的传递;实线表示相互间影响。叶发端
指叶的分化和初期生长;土壤强度主要指土壤质地对根的压力,土壤中 ABA 主要来源于微生物的合成与根系的
分泌,它能被根系吸收。

官,水分与矿质营养不断输送到地上部去;地上部是作物有机营养物质的主要来源,碳水化合
物在叶片中制造,通过韧皮部不断输送至根系,供应根系生理活动所需。此外,在地上部(叶或
茎)合成的维生素、生长素是根所需要的,根又是细胞分裂素、赤霉素、脱落酸合成的部位,这些
激素沿木质部导管运到地上器官,对地上部的生长发育发生影响。通常所说的"根深叶茂"、
"本固枝荣"就是指地上部与地下部的协调关系。一般情况下,植物的根系生长良好,其地上部
分的枝叶也较茂盛;同样,地上部分生长良好,也会促进根系的生长。

地上部与地下部的生长之间又存在着相互抑制的关系。如地上部坐果太多,根系生长就
会停止或非常缓慢;摘除部分果实,就可以增加根的生长量,因为本来运输到果实中的一部分
营养就可以转运到根中去;而如果摘除一部分叶片,会减少根的生长量,因为减少了制造养分
的器官,相应地供给根的养分也会减少。

对于地上部分与地下部分的相关性常用根冠比(root/shoot ratio)来衡量。所谓根冠比是
指植物地下部分与地上部分干重或鲜重的比值,它能反映植物的生长状况、环境条件对地上部
与地下部生长的不同影响。在园艺作物生产上,常通过肥水来调控根冠比,对胡萝卜、甜菜、马

铃薯等以收获地下部分为主的园艺作物,在生长前期应注意氮肥和水分的供应,以增加光合面积,多制造光合产物;中后期则要施用磷、钾肥,并适当控制氮素和水分的供应,以促进光合产物向地下部分的运输和积累。

2.5.2 营养生长与生殖生长的相关

营养生长和生殖生长是植物生长周期中的两个不同阶段,通常以花芽分化作为生殖生长开始的标志。植物的营养生长与生殖生长之间存在着既相关又竞争的关系。

2.5.2.1 营养生长对生殖生长的影响

营养器官的生长是生殖器官生长的基础,它为生殖器官的生长发育提供必要的碳水化合物、矿质营养和水分等,在此前提下生殖器官才能正常生长发育。一般来说,营养生长期的生长必须要适度,生殖生长才较好,作物产量也较高。营养器官生长过旺,会影响生殖器官的形成和发育;反过来营养器官生长不充分,制造的同化物质较少,也会影响到开花结果和果实的正常发育,降低产量。只有在不徒长的前提下,营养生长旺盛,叶面积大,果实才能发育好、产量高。

在营养器官中,叶是主要的同化器官,对生殖生长具有重要的作用。因此,在植物栽培管理中常以叶面积来衡量营养生长的好坏。在一定范围内,叶面积的增加会促进果实的增加,但并不是说叶面积越大越好,如果叶面积过大,就意味着茎叶生长过于旺盛,果实并不因此而增加,甚至会减少。一般果菜类或果树的叶面积指数以 4～6 为宜。

营养生长对生殖生长的影响,因植物种类或品种不同而异。如有限生长类型的番茄,营养生长对生殖生长的推迟和控制作用较小,而生殖生长对营养生长的控制作用较大;无限生长类型的番茄,营养生长对生殖生长的控制作用较大,早期施水过多,容易徒长而较少坐果;相反,生殖生长对营养生长的控制作用较小。

2.5.2.2 生殖生长对营养生长的影响

生殖生长对营养生长的影响主要表现为抑制作用。过早进入生殖生长,就会抑制营养生长。受抑制的营养生长,反过来又制约生殖生长。如白菜类、甘蓝类、根菜类或葱蒜类等二年生园艺作物,栽培早期应促进营养生长,避免过早进入生殖生长,以保证叶球、肉质根、鳞茎等产品器官的形成。

营养生长和生殖生长相互影响的程度也因植物种类不同而异。以嫩果为产品的种类,其果实膨大过程中消耗的营养物质比采收成熟果的要少得多,而且果实生长时间短,所以对营养生长的影响较小。如黄瓜、丝瓜、菜豆和青椒等,它们可以一边进行营养生长,一边结果,一边采收。营养生长和生殖生长几乎同时并进,直到拉秧,仍有新的侧枝发生,如不摘心,其顶端可以一直生长。

对于陆续开花结果的植物来说,生殖生长对营养生长的影响也是阶段性的,如无限生长类型的番茄,最初的二三个花序着果以后继续留在植株上,则营养生长显著减弱,主茎伸长缓慢,已开放的花或幼果往往不能迅速膨大;如果采摘一次幼果,植株的高度会迅速地增长一次,那么每采摘一次果实,植株都会迅速生长一段,上部的幼果也会迅速膨大。

对于多年生果树来说,一年只结果一次,而且非常集中,果实同时需要营养。因此,生殖生长与营养生长的矛盾比较突出,其中又以仁果类更为突出,常因营养竞争造成隔年结果现象,俗称大小年。

在协调营养生长和生殖生长的关系方面,生产上积累了很多经验。例如,加强肥水管理,既可防止营养器官的早衰,又可不使营养器官生长过旺。对于以营养器官为收获物的植物,如叶菜类,则可通过供应充足的水分、增施氮肥、摘除花芽等措施来促进营养器官的生长,抑制生殖器官的生长。在果树生产中,适当疏花、疏果以使营养上收支平衡并有积余,以便年年丰产,消除大小年。

2.5.3　同化器官与贮藏器官的生长相关

同化器官主要为叶片,贮藏器官则有多种类型,有以果实和种子为贮藏器官的;有以地下部根和茎为贮藏器官的;还有以地上部叶球或肉质茎为贮藏器官的。以果实和种子为贮藏器官的,其同化器官与贮藏器官的相关实际上是营养生长与生殖生长的矛盾,前面已有论述。地下贮藏器官如块根、块茎、球茎、鳞茎和根茎等,地上部贮藏器官如叶球和肉质茎等,实际上是营养器官之间的养分竞争。

许多贮藏器官为根、茎、叶的变态,当这些根、茎、叶变为贮藏器官后,便失去了它们原来的生理功能,而是贮藏大量的营养物质。一些以叶球、块茎、块根、球茎、肉质根、鳞茎等为产品器官的蔬菜、花卉等,其产品器官同时又是贮藏器官,与其吸收养分的正常根及同化器官密切相关。如大白菜的叶球和以萝卜为代表的根菜类肉质根的形成必须有生长健壮的莲座叶形成为前提,这些肉质根、叶球的重量往往与同化器官的重量成正比。但是,任何一个贮藏器官都不是在种子萌发后立刻形成的,而是要首先长出大量的同化器官。

2.5.3.1　同化器官对贮藏器官生长的影响

没有旺盛的同化器官,就不可能有贮藏器官的高产。叶片生长良好,叶面积较大,碳水化合物生产得多,运输到贮藏器官的营养就越多,有利于促进贮藏器官的形成。相反叶片生长不良时,叶面积小,制造的养分也就少,不利于贮藏器官的进一步发育。

2.5.3.2　贮藏器官对同化器官生长的影响

一方面,贮藏器官的生长在一定程度上能提高同化器官的效能,使同化器官的光合作用增强,生产更多的光合产物,进一步促进贮藏器官的形成。另一方面,随着同化器官功能的减弱,光合产物逐渐减少,但贮藏器官的营养需求却不断增加,从而使同化器官加速衰老,贮藏器官的生长相应减慢,直至生长结束。

生产上可采取相应措施,调节同化器官与贮藏器官的协调平衡生长,使其朝着人们预期的目标发展,以达到提高产量、改善品质的目的。

2.6　影响园艺作物生长发育的环境因素

环境因子对园艺作物的生长发育起着至关重要的作用。只有在适宜的环境条件下,园艺作物才能正常生长发育、形成一定的产品器官。园艺作物生长发育过程中起主导作用的环境因子称为生态因子,主要包括温度、水分、光照、土壤、肥力及生物因子等。这些因子不是孤立存在的,而是不断变化、相互联系、相互影响和作用的。它们对园艺作物生长发育的影响往往是综合作用的结果。园艺作物栽培的技术关键是:在保持生态平衡的前提下,创造合理的生态环境,满足园艺作物生长发育的需要,提高园艺产品的产量、品质和经济效益。园艺作物的种类繁多,不同的园艺作物对环境条件的要求差异较大。因此,只有掌握环境条件对园艺作物生长发育的影响,生产者才能做到有的放矢。

2.6.1 温度

温度是影响园艺作物生长发育最重要的生态因子之一。不同种类的园艺作物在其生长发育过程中对温度的要求是不同的,园艺作物的生命活动必须在一定的最低温度和最高温度之间进行,这个最低、最高温度即极限温度,超过这个温度范围就会影响园艺作物的生长发育,生命活动就会停止,甚至全株死亡。每种园艺作物都有其生长最低温度、最适温度和最高温度,即温度的三基点。在适宜的温度范围内,温度越高,园艺作物生长越快;温度越低,生长越慢。生长最适温度是植物生长最快的温度,但并不是植物生长健壮的温度,因为在最适温度条件下虽然植物的同化作用旺盛,同时消耗的同化产物也多。

2.6.1.1 园艺作物生长发育对温度的要求

1) 不同蔬菜种类对温度的要求

根据蔬菜生长发育对温度的要求,可将蔬菜分为5类。

(1) 耐寒多年生蔬菜:如金针菜、韭菜、石刁柏、茭白、辣根等。它们的地上部分能耐较高的温度,但到了冬季,地上部枯死,以地下部分越冬,地下部分能耐-10~-15℃的低温。

(2) 耐寒蔬菜:如菠菜、大葱、大蒜以及白菜类中的某些耐寒品种,能耐-1~-2℃的低温。短期内可以耐-5~-10℃的低温。15~20℃时同化作用最旺盛。黄河以南及长江流域可以露地越冬。

(3) 半耐寒蔬菜:如萝卜、胡萝卜、芹菜、白菜类、甘蓝类、莴苣、豌豆、蚕豆等。可以抗霜冻,但不耐长期的-1~-2℃的低温。这类蔬菜在长江以南均能露地越冬。华南各地冬季可以露地生长,而且是主要的生长季节。17~20℃时,同化作用最强;超过20℃时,同化作用减弱;超过30℃时,同化作用所积累的物质几乎全为呼吸作用所消耗。

(4) 喜温蔬菜:如黄瓜、番茄、茄子、辣椒、菜豆等。最适于这类蔬菜的同化温度为20~30℃。当温度低于10~15℃时,会出现授粉不良,进而引起落花。因此在长江以南可以春播或秋播,北方则以春播为主,使结果期安排在适宜的季节。

(5) 耐热蔬菜:如冬瓜、南瓜、丝瓜、苦瓜、豇豆、刀豆等,它们在30℃左右时同化作用最强。豇豆在40℃高温下仍能生长。不论是华南或华北地区,都是春播、夏秋收获,生长在一年中温度最高的季节。

2) 花卉植物对温度的要求

不同产地的花卉植物对温度的要求差异较大,根据花卉生长发育对温度的要求,将花卉分为3类。

(1) 耐寒性花卉:原产于温带较冷地带及寒带的二年生花卉和宿根花卉,抗寒力强,在我国华北和东北南部寒冷地区能在露地安全越冬,一般能耐 0℃ 以下的低温。大多数能忍耐 −5～−10℃ 的温度,生长期间不耐高温。

包括大部分多年生落叶木本花卉、松柏科常绿针叶观赏树木、一部分落叶宿根及球根类草花。它们都原产于温带和亚热带,如忍冬、蔷薇、玫瑰、紫薇、木槿、丁香、紫藤、萱草、玉簪、蜀葵、榆叶梅、金银花、诸葛菜、蛇目菊等。

(2)半耐寒花卉:原产于温带较暖地带,耐寒力稍差,生长期间一般能忍受 0℃ 左右低温。包括二年生草花中的一部分,一些多年生宿根草花和一部分落叶木本花卉,还有一些常绿树种。在我国长江流域均能安全越冬,在华北、西北和东北等地冬季应适当防寒才能越冬。如金盏菊、三色堇、金鱼草、紫罗兰、桂竹香、石竹、芍药、月季、翠菊、郁金香、菊花等。

(3)不耐寒花卉:一年生花卉和原产于热带及亚热带的多年生花卉,其耐寒力很差,不能忍受 0℃ 以下的低温,一部分种类甚至不能忍受 5℃ 以下的温度,如巴西木、散尾葵等热带观叶植物,冬季需满足 10℃ 以上的温度才不会受冻。部分草本球根和宿根花卉的根系不能在冻土中越冬,入冬前必须把它们的地下部分挖回,放在室内储藏越冬。如晚香玉、美人蕉、大丽花、唐菖蒲等。其他一些常绿草本和木本花卉,除在华南地区和西南南部的平原地区外,其他地区都应在温室越冬。如吊兰、文竹、万年青、马蹄莲、龟背竹、仙人掌与多肉植物、山茶、橡皮树等。

2.6.1.2　园艺作物不同生育时期对温度的要求

同一种蔬菜在不同的生长发育时期对温度有不同的要求。种子萌发期,均要求较高的温度,以促进种子的呼吸作用和提高各种酶的活性,有利于种子发芽。一般喜温蔬菜的种子发芽最适温度为 25～30℃,耐寒蔬菜种子发芽适温为 10～15℃。在适宜的温度范围内,温度升高,种子萌发及幼苗出土加快,否则幼苗出土慢、出苗率低或幼苗质量差。幼苗期,最适宜的温度比种子发芽期要低些。此期温度过高,则幼苗易徒长且生长瘦弱。营养生长期,要求的温度比幼苗期高些,但对于部分二年生蔬菜,如白菜、甘蓝,在叶球形成期温度又要低一些。根菜类蔬菜肉质根形成时也要求较低的温度。到生殖生长期,如抽薹、开花、结果时,则要求充足的阳光和较高的温度。种子成熟时,要求更高的温度。

花卉在不同生长发育时期对温度的要求差异较大,一般在种子萌发期要求较高的温度,如勿忘我 21℃,百日草 24～26℃,长春花 24～26℃,三色堇 18～21℃,二年生花卉萌发时需要的温度为 16～20℃。幼苗期则需要较低的温度,通常 18～22℃ 比较适宜,尤其是二年生草花苗期需要经过一段时间的 1～5℃ 的低温锻炼才能通过春化阶段,否则不能进行花芽分化。营养生长期对温度要求较高,20～25℃ 有利于花卉营养生长。开花结果期多数花卉不需要较高的温度。种子休眠期对温度的要求最低,郁金香球根休眠期要求 2℃ 或 5℃。

温度对花朵色彩的形成也有较大的影响。喜高温的花卉植物,开花时温度越高,花色越鲜艳;开花时要求低温的花卉,温度高,花色反而变淡。例如,矮牵牛蓝白花复色种在 20℃ 时可以正常表现,在 35℃ 以上则只呈现蓝色;羽衣甘蓝在 10℃ 的低温下着色较好。翠菊、菊花和草花等花卉在寒冷地区花色深。

许多温室花卉的播种和扦插繁殖都是在秋后至翌年早春之间在温室或温床中进行的,如果这时室内的气温高、土温低,一些种子常不能发芽,扦插的插穗则先萌芽但不发根,萌发的新梢会将枝条内储藏的水分和营养很快消耗掉,于是出现回芽并造成插穗死亡。因此,必须提高土温才能保证种子萌芽出土和插条发根,从而提高繁殖成活率。

果树萌芽后对温度的要求逐步升高,进入旺盛生长期要求温度较高,落叶果树为 10～12℃,常绿果树为 12～16℃。早春气温对果树萌芽、开花有很大影响。研究认为,果树在花期受气温影响较大,花期温度高则开花早,温度低则开花晚。

温度对果树的花芽分化也有一定的影响。一般落叶果树花芽分化多始于夏季温度较高时期,尤其以 6 月中旬至 7 月上中旬的最低气温与花芽形成率有关。

2.6.1.3　温周期现象和春化作用

1) 温周期现象

植物正常生长发育对昼夜温度周期性变化的反应,称为"温周期"现象。不同的园艺作物昼夜生长发育的最适温度不同,夜间适宜的低温对作物的生长发育是有利的。大部分园艺作物的正常生长发育都要求有一定的昼夜温度变化。在适宜生长的温度范围内,白天温度高,植物可进行较旺盛的光合作用;夜间温度低,可以减少物质的消损耗,有利于营养物质的积累。当然,植物生长发育对昼夜温度的反应与其起源地有关,通常热带地区生长的植物,要求的昼夜温差较小,为 3～6℃;温带地区的植物,为 5～7℃;沙漠或高原地区的植物,则要相差 10℃或更多。起源于热带的蔬菜如番茄,营养生长的适宜温度一般为 20～25℃,但较低的夜温,如15～20℃,花芽分化往往会早一些,而且每一花序着生节位较低。不论是花芽分化还是开花结实,都要求有适宜的昼夜温差。

同样,昼夜温差对果实的品质也有较明显的影响。昼夜温差大,糖分积累多,果实品质好、风味浓。

2) 温度与春化作用

春化作用是低温诱导和促进植物发育的现象。一般是指植物必须经历一段时间的持续低温才能由营养生长阶段转入生殖生长阶段的现象。例如来自温带地区的耐寒花卉,较长的冬季和适度严寒能更好地满足其春化阶段对低温的要求。

(1) 感受低温的部位:根据园艺植物春化时感受低温的部位的不同,将其分为以下两种类型。

① 种子春化:即以萌动的种子感受适宜的低温通过春化的现象。如白菜、萝卜、芥菜、菠菜、香豌豆等。

② 绿体春化:植物必须长到一定大小后即需要以营养体状态才能感受低温通过春化的现象。如洋葱、大蒜、大葱、芹菜、甘蓝、紫罗兰等。所谓植株"一定大小"的标准,可以用生长天数表示,也可以用植株茎粗、叶片数等表示。一般来说,春化作用只能发生在能够分裂的细胞之中。

对大多数生长发育期间要求低温的植物来说,1～2℃是最有效的春化温度。但只要有足够的时间,温度在 −1～9℃ 的范围内都同样有效。另外各类植物通过春化的时间也有所不同,在一定时间内春化的效应随着低温处理时间的延长而增加。如甘蓝和洋葱必须在 0～10℃、20～30 d 或更长时间才能通过春化。在春化过程结束之前,把植物放到较高温度下,低温的效果会被消除,这种现象称为解除春化。一般解除春化的温度为 25～40℃。

(2) 花芽分化对温度的要求:观赏植物花芽分化的前提是通过春化。通过春化阶段之后,还必须在适宜的温度条件下花芽才能正常分化和发育。根据花卉花芽分化对温度的要求,将其分为两类。

① 高温下进行花芽分化:许多花卉如杜鹃、山茶、梅、樱花和紫藤等是在 6～8 月气温高达

25℃以上时开始进入花芽分化期,入秋后进入休眠,经过一定的低温后打破或结束休眠而开花。许多球根花卉的花也在夏季高温下花芽分化,如唐菖蒲、晚香玉、美人蕉等春植球根类花卉于夏季生长期进行,而郁金香等秋植球根类花卉的花芽分化在夏季休眠期进行。

② 低温下进行花芽分化:许多原产温带中北部及高山的花卉,其花芽分化要求在 20℃以下较凉爽的条件下进行,如八仙花温度在 13℃左右及短日照下,促进其花芽分化,许多二年生秋播草花,如金盏花、雏菊等也要求在低温下进行花芽分化。

2.6.1.4 高温与低温障碍

任何园艺作物在生长发育过程中都有其适宜的温度范围。超过这个温度范围(温度过高或过低)就会影响园艺作物的生长发育,严重时生命活动停止,甚至全株死亡。

1) 高温障碍

高温对植物生长发育和产量形成所造成的损害称为热害。热害通常表现为植物局部受害,并间接引起其发病。其原因是温度超过了植物生长发育上限温度,导致热害;高温对植物生长发育的影响往往与强光照引起的植物过度蒸腾作用紧密相连。

高温引起植物的生理障碍主要包括日灼、落花落果、雄性不育、生长瘦弱,严重时导致植株死亡。

高温对蔬菜生长发育的危害主要表现为,夏季晴天中午高温强光灼伤植株,导致叶片萎蔫,光合能力降低。夏季雨后转晴曝晒,土表温度急剧上升,土表水分汽化热使叶片被烫伤,造成果菜类蔬菜落花落果等。如茄果类及豆类的落花落果现象、番茄果实表面的日灼病等。

果树日灼是由强烈的太阳辐射增温引起的果树枝、干伤害,亦称灼伤。夏季日灼常常在干旱的天气条件下产生,主要危害果实和枝条皮层,由于水分供应不足,使植物蒸腾作用减弱。在夏季灼热的阳光下,果实和枝条的向阳面剧烈增温,因而遭受伤害。

在高温情况下,荔枝幼苗易发生顶芽枯萎和折腰,苗木纤瘦,难以达到嫁接要求。在果实发育早期遇高温干旱,则果皮发硬,甚至发生日灼。对一些果树品种,夏季温度过高会使果实成熟期推迟,果实小,着色差,风味淡,耐贮性低。

不同的花卉植物对高温的耐受程度不同,水生花卉的耐热力最强,其次是一年生草花和仙人掌类植物,夏季连续开花的扶桑、唐菖蒲、夹竹桃、紫薇等以及橡皮树、棕榈、苏铁等观叶植物的耐热力也较强。耐热力较差的花卉有牡丹、芍药、菊花、大丽花、鸢尾等。秋植的球根类花卉、许多原产于热带及亚热带高山、雨林中的花卉,如仙客来、马蹄莲、朱顶红、龟背竹等耐热力最差,这些花卉在春、秋两季和冬季于温室内开花,夏季必须采取一定的措施降温,否则越夏期间会因高温伤害而死亡。

2) 低温障碍

低温对园艺植物造成的伤害主要表现如下。

(1) 冻害:即 0℃以下低温对植物造成的伤害。

(2) 冷害:即 0℃以上低温对植物组织造成的伤害。

(3) 冻旱:又称冷旱,是低温与生理干旱的综合表现。

(4) 霜害:即早晚霜危害。

低温造成的伤害,其外因主要取决于温度降低的程度、持续的时间、低温来临的时间和解冻的速度;内因主要取决于园艺作物的种类、品种及其抗寒能力;植物的抗寒性(耐寒性)是指植物能抵抗或忍受 0℃ 左右低温的能力。此外,还与地势和植物本身的营养状况有关。

冻旱是冬春期间由于土壤水分冻结或地温过低,根系不能或极少吸收水分,而地上部枝条的蒸腾强烈,造成植株严重失水的现象。冻旱是生理干旱,是植物吸水和蒸腾不平衡的结果。

2.6.1.5　温度的调节

根据园艺作物不同生长发育时期对温度的要求,采取适当的措施,控制园艺作物生长环境的温度,使其能正常生长发育。目前生产中常用的降温措施有:加强通风、适当遮荫和喷水等,对冬季需要在 5℃ 以下越冬休眠而生长在温室或大棚内的园艺作物,当温室、大棚等设施内温度升高至 15℃ 时,必须设法通风,以防芽的萌发,对原产热带、夏季也要求高温的园艺作物,冬季应放在温暖处。增温措施有:多层覆盖、人工加温等。

2.6.2　水分

园艺作物的所有生命活动都必须在水的参与下完成。水是组成植物细胞的重要成分,植物的光合作用、呼吸作用等生理活动都必须有水参与,植物失水将导致萎蔫,失去活力。果树枝叶和根部的水分含量约占 50%,花卉植物水分含量占 70%～90%,蔬菜产品器官大多是柔嫩多汁的,含水量可在 90% 以上,黄瓜的含水量在 98%,干物质只占 10% 以下。正在生长的幼叶含水量很高,可达 90% 左右;休眠的种子及芽含水量很低,只有 10% 或更低。

2.6.2.1　园艺作物生长发育期间对水分的需求

各种园艺作物在不同的生长发育时期对水分的要求是不同的,这主要是因为园艺作物在系统发育中形成了特定的需水特性。即不同的园艺作物对干旱的忍受能力和适应性有差异,进而表现出对干旱、水涝的不同抵抗能力。

植物对干旱的适应能力主要表现在以下两种形式:一种是需水量少,具有耐旱的形态特征,如叶片小或叶片退化成刺毛状、针状,缺刻深,角质层加厚,有茸毛,气孔少而下陷,并有较高的渗透势,如石榴、扁桃、无花果、仙人掌、洋葱、大葱、大蒜等;另一种是具有强大的根系,具有强大的吸水力和耐旱能力,能吸收较多的水分供给地上部,如葡萄、杏、荔枝、龙眼、南瓜、西瓜、甜瓜等。

1) 果树的抗旱力

果树按其抗旱力可分为以下 3 类。

(1) 抗旱力强:桃、扁桃、杏、石榴、枣、无花果、核桃、菠萝、枣椰、油橄榄。

(2) 抗旱力中等:苹果、梨、柿、樱桃、李、梅、柑橘。

(3) 抗旱力弱:香蕉、枇杷、杨梅。

2) 蔬菜的需水性

根据蔬菜的需水特性,通常将其分为以下 3 类。

(1) 耐旱能力强:一是具有旱生的形态结构,如叶片小或管状、表皮角质层加厚、有蜡粉、气孔少等,如大葱、洋葱、大蒜;二是具有强大的根系、吸收能力强、叶有缺刻等,如西瓜、苦瓜、南瓜、甜瓜等。

(2) 耐旱能力弱:通常叶面积较大,组织柔嫩,根系不发达而入土浅等。如黄瓜、白菜、甘蓝、绿叶蔬菜等。

（3）耐旱力中等：介于以上两者之间，对水分的消耗中等，吸收水分的能力也中等。如茄果类、豆类、萝卜等。

水生蔬菜因其生长在水中，根系不发达，根的吸收能力很弱。根系呼吸时所需的氧气是通过体内的通气组织供给的。一旦土壤缺水，很快就会萎蔫枯死。

3）花卉对水分的需求

花卉因原产地的生态条件不同，对水分的要求差异更大，根据花卉对水分的需求可以将其分为5类。

（1）耐旱花卉：这类植物根系较发达，细胞的渗透压高，叶硬质刺状，蒸腾作用缓慢。有些花卉品种的肉质器官能储存大量水分，包括原产于沙漠及半沙漠地带的仙人掌和多肉植物，如仙人掌类、芦荟、龙舌兰、仙人球类等。这类植物在干旱条件下能缓慢生长，如果土壤的水分过大，则会烂根、烂茎，导致死亡。因此在水分管理上应掌握"宁干勿湿"的原则。

（2）半耐旱花卉：一些叶片上具有大量绒毛的花卉，如山茶、杜鹃、天竺葵、橡皮树、白兰花、梅花、蜡梅等。一些具有针状或片状枝叶的花卉，如文竹、天门冬以及松、柏科植物，均属此类花卉。这类花卉植物在水分管理上应掌握"干透浇透"的原则。

（3）中生花卉：这类花卉植物对水分的需求介于耐旱花卉和湿生花卉之间，生长期间要求适宜的土壤湿度，且不同品种间耐旱能力差异较大。根系发达、入土深而广的一类花卉植物耐旱能力强，如茉莉、石榴、丁香、桂花、红叶李、月季、大丽花、虞美人、金丝桃等；根系分布浅、不发达的花卉植物耐旱力较弱，如一些一二年生草花、宿根草花和球根草花以及一些具有肉质根系的花卉，如君子兰、一串红、万寿菊等。中生花卉在水分管理上应掌握"间干间湿"的原则，即土壤含水量保持在60%左右为宜。

（4）湿生花卉：这类花卉植物如水仙、龟背竹、马蹄莲、海芋、合果芋、蕨类等，多原产于潮湿热带雨林或山涧溪旁，生长期间要求较大的空气湿度和土壤湿度，不耐旱，在干旱的环境条件下生长不良。栽培过程中水分管理应掌握"宁湿勿干"的原则。

（5）水生花卉：这类花卉植物适宜在水中生长，其根或茎一般都具有较发达的通气组织，其中荷花、睡莲、凤眼莲等适宜在浅水中生长；石菖蒲、水葱等可以在沼泽和积水低洼地生长。

2.6.2.2　水分对园艺植物生长发育的影响

水是园艺植物生存的重要因子。是连接土壤—作物—大气这一系统的介质，水在吸收、输导和蒸腾过程中把土壤、作物、大气联系在一起。对于作物生产来说，水分的收支平衡是高产的前提条件之一。由于各种作物长期生活在不同的水分条件下，对水分的需要量是不同的。有些作物需水多些，有些则少些；即使同一种作物在不同的发育阶段，不同的生长季节，需水量也有差异。园艺作物与水分的这种供求关系，还受环境中其他生态因子如温度等的影响。在农业生产中，根据作物的需水量，采取合理灌、排措施，调节作物与水分的关系，以满足作物对水分的需求，是夺取高产优质高效的重要措施之一。

水分对园艺作物生长发育的影响体现在两个方面，即不同园艺作物对水分需求不同，而且不同园艺作物发育的不同时期对水分的需求也有差异。在园艺作物发育的任何时期缺水都会造成一定程度的生理障碍现象，严重时导致植株死亡。此外，水分过多也会对园艺作物生长产生不利的影响。

一般来说,叶菜类蔬菜对水分需求较高,果菜类蔬菜从定植到开花结果,土壤水分要稍微少一些,避免茎叶徒长。蹲苗就是要控制土壤水分而使秧苗的根系向土壤深层次生长,增强植株抵抗干旱环境的能力。但是如果水分控制过严、蹲苗的时间过长,不但使正常的生长受到影响,而且会使组织木栓化,成为"老化苗"(或叫"小老苗")。果菜类在开花期间,干旱或水分过多都会抑制子房的发育,引起落花落果,产生各种畸形果。

果实发育的不同阶段对水分的需求也有差异,水分过多或不足均会导致营养生长与生殖生长之间发生矛盾,引起后期落果或造成裂果,影响果实产量。生产中常见的果菜类蔬菜畸形果大多与生育期水分管理失调有关。黄瓜坐果期土壤缺水干旱不仅会出现化瓜,而且还会出现弯曲、大肚和尖嘴畸形瓜等。如黄瓜开花后水分供应不及时,授粉不良,导致尖嘴瓜出现;在果实发育前期缺水,中期水分供应充足,而后期缺水,则易形成大肚瓜;如果黄瓜管理中水肥跟不上,前期和后期水分充足,则容易产生细腰瓜。因此,根据蔬菜作物不同发育时期需水特性进行科学管理。

花卉对水分的需求同样由生长状况决定。休眠期的鳞茎、块茎不需要水分,此时水分充足反而会造成腐烂。如朱顶红种植后只要保持土壤湿润便会萌发,抽出花茎后需水量增加,当叶片大量生长后需水量大大增加。观赏植物花期的水分管理是保证花卉质量的主要因素,水分不足,则开花不良;水分过多,会引起落花、落蕾。花色受水分的影响更加明显,花期水分适宜才能表现出正常的花色特性,水分不足则花色暗淡。

园艺作物对水分的需求还与环境温度、空气湿度等有关。如原产热带的园艺植物一般需在土温 10~15℃ 以上才能吸水,而耐寒性强的园艺作物甚至在 0℃ 以下还能正常吸收土壤水分。花卉对水分和环境湿度的要求较蔬菜、果树更强,如兰花、花烛、蕨类等需要在 80%~90% 的空气相对湿度下才能生长良好。大多数花卉要求 60% 以上的空气相对湿度。同一花卉如摆放场所不同,水分供给量也应有所不同,一些摆在室内或其他弱光下的花卉应控制水分的供给,以免引起徒长。

在果树的栽培中,通常落叶果树在春季萌芽前,树体需要一定的水分才能发芽,如果冬春干旱则需要在春初补足水分。在此期间如果水分不足,常延迟萌芽期或萌芽不整齐,影响新梢的生长。新梢生长期温度急剧上升,枝叶生长旺盛,需水量最多,对缺水反应最敏感,因此称此期为需水临界期。如果此期供水不足,则削弱生长,甚至过早停止生长。春梢过短秋梢过长是由于前期缺水、后期水多所造成的,这种枝条往往生长不充实、越冬性差。花芽分化期需水量相对较少,如果水分过多则分化减少,落叶果树花芽分化期在北方正要进入雨季,如雨季推迟,可促使花芽提早分化。

2.6.3　光照

光是植物生长发育过程中最重要的环境因子之一,它不仅为植物的光合作用提供辐射能量,而且还为植物提供信号调节其发育过程。任何植物生长发育与产量的形成都需要来自光合作用形成的有机物质。光照对植物生长发育的影响与光照强度、光照时间的长短(即光周期)和光的组成(即光质)有关。

不同的园艺作物种类对光照的要求不同,大多数植物只有在充足的光照条件下才能枝繁叶茂,光照过多或不足均会影响植物正常的生长发育。因此,通过改进栽培技术、人工补充光照、调整植物群体结构、改善植物受光姿态等,以满足园艺作物对光的需求,进而提高光能利用率,是园艺作物栽培的重要目的。

2.6.3.1 光照强度对园艺植物生长发育的影响

光照强度指单位面积上接受可见光的能量,单位符号为 lx[$\mu mol/(m^2 \cdot s)$]。园艺植物对光照强度的需求与植物种类、品种及原产地的自然条件有关。不同园艺作物对光照的强度、光照时间长短要求不同。同一种植物的不同器官及不同的生育时期需光度亦不同。生殖器官对光照强度的要求比营养器官多,如花芽分化、果实发育比萌芽的枝叶需要更多的光。

植物在生长发育过程中,随着光照强度的增强,光合强度逐渐提高,这时光合强度就超过呼吸强度,植物体内积累干物质。但在达到一定值后再增加光照强度,光合强度却不再增加,此即光饱和现象。所谓光饱和点(light saturation point)是指当光照强度增加到某一点后,再增加光照强度,光合强度也不增加,这一点的光照强度称光饱和点。光补偿点是指光合作用所制造的有机物质正好补偿同一时间内由于呼吸作用所消耗的有机质时的光照强度。也就是说,植物在光补偿点下,光合与呼吸相等,即净光合率等于零。各类植物的光饱和点不同,阳性植物的光饱和点在 20 000~25 000 lx,光补偿点为 1 000~1 500 lx;而阴性植物在光照强度 5 000~10 000 lx 就达到光饱和,耐阴植物的光补偿点为 300~400 lx。

表 2-2　蔬菜作物光合作用的光饱和点、光补偿点及光合速率

(张振贤等,2005 年)

种 类	品 种	光补偿点 [$\mu mol/(m^2 \cdot s)$]	光饱和点 [$\mu mol/(m^2 \cdot s)$]	光饱和时的光合速率 [$CO_2 \, \mu mol/(m^2 \cdot s)$]
黄瓜	新泰密刺	51.0	1421.0	21.3
西葫芦	阿太一代	50.0	1181.0	17.2
番茄	中蔬 4 号	53.1	1985.0	24.2
茄子	鲁茄 1 号	50.1	1682.0	20.1
辣椒	茄门椒	35.0	1719.0	19.2
大白菜	鲁白 1 号	25.0	950.0	19.3
甘蓝	中甘 11	47.0	1441.0	23.1
菜花	法国雪球	43.0	1095.0	17.3
白菜	南农矮	32.0	1325.0	20.3
薹菜		27.0	1361.0	17.7
萝卜	鲁萝卜 1 号	48.0	1461.0	24.1
大葱	章丘大葱	49.0	775.0	12.9
大蒜	苍山大蒜	41.0	707.0	11.4
韭菜	791	29.0	1076.0	11.3
菠菜	圆叶菠菜	29.5	857.0	17.3
莴笋	济南莴笋	45.0	889.0	13.2
结球莴苣	皇帝	38.4	851.1	
菜豆	丰收 1 号	41.0	1105.0	16.7
马铃薯	泰山一号	37.2	1143.0	16.5
生姜	莱芜姜	28.0	660.1	10.5
大黄		43.0	1146.0	13.2

光量子通量密度范围 20~2 000 $\mu mol/(m^2 \cdot s)$ 或 2 500 $\mu mol/(m^2 \cdot s)$。叶温变化范围 26~35℃。

1) 蔬菜的需光性

不同蔬菜的需光特性有明显差异。多数蔬菜植物的光饱和点为 $660\sim1\,985\,\mu mol/(m^2\cdot s)$，根据蔬菜作物对光照强度的不同要求(表 2-2),可将其分为以下 3 类。

(1) 要求强光照的蔬菜:如茄果类、西瓜、黄瓜、甘蓝、白菜、薹菜、萝卜等,其光饱和点较高,均大于 $1\,300\,\mu mol/(m^2\cdot s)$。

(2) 要求较弱光照的蔬菜:如生姜、莴笋、结球莴苣、菠菜、大葱、大蒜,其光饱和点较低,小于 $900\,\mu mol/(m^2\cdot s)$。

(3) 需光适中的蔬菜:如大白菜、菜花、韭菜、菜豆、马铃薯,其光饱和点居中,一般在 $900\sim1\,300\,\mu mol/(m^2\cdot s)$ 之间。

光饱和点较高的蔬菜,在光饱和点时的光合速率也较高;反之就低。光补偿点因蔬菜种类而异,一般在 $25\sim53\,\mu mol/(m^2\cdot s)$。

黄瓜的光饱和点一般认为是 $55\,klx$,但在幼苗上测得的结果要高得多,为 $1400\,\mu mol/(m^2\cdot s)$ 左右,这可能是幼苗叶片结构发育不完善。同时发现,在光照强度达到 $1\,000\,\mu mol/(m^2\cdot s)$ 以后,光合速率仍有增加,但增加较少,一般在 10% 左右。说明黄瓜虽然比较耐阴,但强光有利于其进行光合作用。

部分园艺作物种子萌发对光照的需求不同,根据园艺作物种子萌发时对光照的需求可将其分为好光性种子(喜光性种子)、厌光性种子(嫌光性种子)和中光性种子。大部分蔬菜种子是中光性的,发芽时有光照或黑暗均可;在一定光照条件下才能萌发的种子,称为喜光种子,这类种子的萌发对光的要求特别严格,如莴苣、芹菜等;种子的萌发受到光的抑制,称为厌光性种子,如茴香种子,在见光的条件下种子不会发芽,催芽时必须保证给予黑暗的环境。

2) 果树的需光性

在果树中,不同种类、品种的果树,对光照强度的反应不同。在落叶果树中,以桃、扁桃、杏、枣、阿月浑子最喜光;苹果、李、沙果、梨、樱桃、葡萄、柿、板栗次之;核桃、山核桃、山楂、猕猴桃较能耐阴。常绿果树中以椰子、香蕉较喜光,荔枝、龙眼次之,杨梅、柑橘、枇杷较耐阴。此外,同一植物因品种或栽培目的不同对光照的要求也有差异,如有些葡萄品种在直射光下着色较好,如玫瑰香、红蜜;也有一些品种不需要直射光照射,如白玫瑰香、康可、玫瑰露。

光照还影响植物花芽的形成,通常植物受光不良,对花芽形成和发育均有不良的影响。树冠外围透光部位的花芽较内部不透光部位的多就是这个原因。花芽形成的数量随着光照强度的降低而减少。此外,紫外光可钝化和分解生长素,从而抑制新梢生长,促进花芽形成,是高海拔地区(海拔 $1\,000\,m$ 以上)果树结果早和高产优质的原因之一。

光对果实品质也有着重要的影响。光合作用不但形成碳水化合物,而且还可以诱导花青素的形成。在光照强和低温条件下,花青素形成得多。黄色果实的品种其胡萝卜素在黑暗中形成,光照对其着色影响不大。果实的大小重量也受光照影响,50% 光照时果实重量小。用透光率不同的纸袋套在苹果果实上,可以发现随着日光透过率的提高,果实着色的百分比也提高。在果实成熟前 6 周,日光直射量与红色的发育程度相关。在果实的风味方面,光照好则糖积累多,近成熟期阴雨则糖含量下降。干旱、晴天葡萄的酒石酸含量下降。果皮部的维生素含量比果心部的含量高,受光良好的果实和同一果实受光良好的部位含维生素 C 多。维生素 A 以及含胡萝卜素多的果实如柑橘、枇杷、柿、杏,受光好则含量多。光还影响类胡萝卜素的合成,受光良好的果实含量多。因此使树冠透光良好,有利于果实维生素含量的提高。

3）花卉的需光性

根据花卉植物对光照要求的不同,把花卉分为阳性花卉、中性花卉和阴性花卉 3 类。

（1）阳性花卉（喜光花卉）：喜强光,在全光照下才能正常生长,在遮荫条件下则枝条纤细、节间伸长、叶片黄瘦、花小而不艳、香味不浓、果实青绿而不着色,因而失去观赏价值,有的花卉甚至不能开花。大部分观花、观果花卉都属于阳性花卉,包括一二年生草花、宿根草花、大部分球根类花卉,以及很多木本花卉,如一串红、茉莉、扶桑、夹竹桃、柑橘、石榴、紫薇等。在观叶植物中也有一部分阳性植物,如苏铁、棕榈、芭蕉、橡皮树等。水生花卉、仙人掌及多肉植物如芦荟等也都是阳性花卉。

（2）中性花卉：多原产于热带和亚热带地区,如杜鹃、山茶、栀子、棕竹、白兰花、倒挂金钟、八仙花及一些针叶常绿树等。它们在原产地生长时,由于当地空气中的水蒸气较多,一部分紫外线被水雾所吸收,因而不能忍耐盛夏的阳光直射。

（3）阴性花卉（喜阴花卉）：多原产于热带雨林中、高山的阴面及森林的下面,也有的自然生长在阴暗的山涧,在庇荫的环境条件下生长特别良好。如文竹、兰科植物、蕨类植物、鸭跖草科植物、天南星科植物以及石蒜、爬山虎、常春藤、大岩桐、秋海棠、仙客来等,它们均不能忍耐阳光直射,否则叶片会焦黄枯萎,时间一长还会死亡。

有些花卉的花蕾开放时间,受制于光线的有无和强弱。如半支莲、酢浆草必须在强光下才能开放,日落后闭合;牵牛花则在凌晨开放;紫茉莉只在傍晚开放,第二天日出后闭合;昙花则在晚间 21：00 以后开放,0：00 以后逐渐败谢。在花卉栽培中,常用光暗颠倒的方法,使一些只在夜间开放的花卉能在白天开放,供公园里的游人能够在白天观赏到昙花的风姿。

影响光照强度的因素,除了气候条件如降雨、云雾等外,还因纬度、海拔不同而变化。而且栽培条件如栽植密度、行的方向、植株调整以及间作套种等,也会影响一个田间群体的光强分布。在自然环境中,光照强度在南方无云的天气里一般为 4 万～5 万 1x,而西北和东北的光照充足,可达 10 万 1x 以上。一年中夏季的光照最强,冬季的光照最弱,阴雨天的光照强度仅为晴天的 20％～25％。但这是指植株群体的最上层而言,如果在一个群体的下部由于群体叶层的相互遮荫,往往达不到这个强度。光照在植物体上不会被全部利用,一部分被植物反射出去,一部分透过植物射到地面,一部分落在植物的非光合器官上,因此植物对光的利用率决定于叶幕的大小和叶面积的多少。稀植的树空间大,受光量小,光能利用率低。不同的植物品种和群体环境有不同的适宜受光量。

在适宜的光照条件下,园艺作物能正常生长发育。光照过强,易引起植物日灼病,尤其以大陆性气候、沙地和昼夜温差较大等情况下更容易发生。冬春日灼多发生在寒冷地区的果树主干和较大的枝条上,而且多发生在西南面,苹果、梨、桃等树种都易发生日灼,但品种间有较大差异。夏秋日灼与干旱、高温有关,桃的枝干上发生日灼的症状常表现为横裂,破坏表皮,枝条的负载量降低,易引起裂枝。在苹果、梨等枝上发生日灼时,轻者变褐,表皮脱落;重者变黑如烧焦状,干枯开裂。沙滩地果园栽培的苹果、梨和一些幼树,靠近地表的根颈部常发生日灼,严重时导致植株死亡。

2.6.3.2 光周期对园艺作物生长发育的影响

所谓光周期即光期与暗期长短的周期性变化,是指一天中从日出到日落的理论日照时数,而不是实际有无阳光的时数。我国北方一年中的日照时数,不同季节之间相差较大,如哈尔滨冬季每天日照只有 8～9 h,而夏季可达 15.6 h。南方地区不同季节之间日照时数相差较小,如广州冬季每天日照时数 10～11 h,而夏季最长只有 13.3 h。

植物对日照长度发生反应的现象,称为光周期现象。昼夜周期中能诱导植物开花所需的最低或最高的极限日照长度称为临界日长(critical day length)。根据园艺作物开花对光周期反应的不同,一般可分为 3 类。

1) 长日植物(long-day plant)

指在日照长度长于一定的临界日长时能诱导开花或促进开花的植物。如延长光照可提早开花,而延长黑暗则延迟开花或不能分化花芽。蔬菜中的白菜、甘蓝、萝卜、胡萝卜、芹菜、菠菜(13 h)、莴苣、蚕豆、豌豆以及大葱、大蒜等,它们都是在春季开花的,大多为二年生蔬菜,起源于亚热带及温带。

花卉中的唐菖蒲、金光菊、天仙子(11.5 h)等也是长日植物。唐菖蒲只有在日照长度达 13～14 h 以上才能花芽分化,因此生产中为了周年供应唐菖蒲切花,冬季温室栽培时,除需要高温外,还要用灯光来增加光照时间进行促成栽培。通常以春末和夏季为自然花期的观赏植物为长日植物。

2) 短日植物(short-day plant)

指在昼夜周期中日照长度等于或短于临界日长时能诱导开花或促进开花的植物。如蔬菜中的大豆、豇豆、茼蒿、赤豆、刀豆、苋菜等,花卉中的一品红、菊花、蟹爪兰等。这类植物在较长的日照条件下不能开花或延迟开花,如果适当地延长黑暗、缩短光照,可提早开花。

3) 日中性植物

指在较长或较短的日照条件下都能开花的植物。在蔬菜中,如菜豆、早熟大豆、黄瓜、番茄、辣椒等,理论上都属于短日植物,但对光照条件不敏感,只要温度适宜,可以在春季、秋季或冬季开花结实,因此这类蔬菜可视为日中性植物。花卉中的月季、扶桑、天竺葵、美人蕉等也属于日中性植物。

除了开花之外,园艺作物中许多贮藏器官的形成也要求有一定的光周期,如菊芋、唐菖蒲、大丽花的块茎形成需在短日照下完成,水仙、仙客来、郁金香等在长日照下进入休眠。马铃薯块茎形成需要短日照、洋葱鳞茎的形成则要求长日照。

2.6.3.3 光质对园艺作物生长发育的影响

光质是植物生长发育重要的环境因子,对植物的形态建成、生长发育、生理代谢及品质有广泛的调节作用。植物感受光能的器官主要是叶片,叶片吸收的光以可见光和紫外光为主,植物的光合作用主要同化太阳光谱中 380～710 nm 波长的能量。太阳光中被叶绿素吸收最多的是红光,同化作用最大;黄色光次之;蓝紫光最小,其同化作用效率仅为红光的 14%。光质与蔬菜作物中维生素 C 的形成有密切的关系,紫外光有利于维生素 C 的合成,设施栽培的瓜类及茄果类蔬菜的维生素 C 含量不如露地高,主要是因为设施中紫外线较少造成的。

光质影响着马铃薯、球茎甘蓝等块茎和球茎的形成。实验表明,球茎甘蓝在蓝光下容易形成膨大的球茎,而在绿光下不会形成。在波长较长的光下生长的植株,它的节间较长,而茎较细;在波长较短的光下生长的植株,节间短而茎较粗。这种关系对于培育壮苗和决定栽培密度有特别重要的意义。光质与黄瓜的光合作用也有密切关系,600～700 nm 的红光波段和 400～500 nm 的蓝光波段对黄瓜光合作用的效果最好。

2.6.4　土壤与营养

1）土壤质地

指组成土壤的矿质颗粒各粒级含量的百分率。按质地土壤可分为砂质土、壤质土、黏质土、砾质土等。砂质土土质疏松，通气透水能力强，常作为花卉扦插用土及西瓜、甜瓜、桃、枣、梨等实现早熟丰产优质的理想用土；但砂质土有机质含量少，保水保肥力差，生产中可与其他土壤或基质混合，改善其团粒结构。壤质土因质地均匀，松黏适中，通透性好，保水保肥力强，几乎适用于所有园艺作物的商品生产。黏质土致密黏重，孔隙细小，透气和透水性差，易积水，但有机质含量较高，保水保肥力强，平时坚硬，早春土温上升慢，有机物分解慢，绝大多数园艺作物在这类土壤中生长不良，少数深根性多年生花卉能适应此类土壤。砾质土等与砂质土类似，适当进行土壤改良后较宜栽种。

2）土壤肥力（soil fertility）

通常将土壤中有机质及矿质营养元素的高低作为表示土壤肥力的主要内容。土壤有机质含量应在 2% 以上才能满足园艺植物高产优质生产所需。化肥用量过多，土壤肥力下降，有机质含量多在 0.5%～1% 之间。提高和维持土壤有机质含量的措施，一是增施有机肥，如粪肥、厩肥、堆肥、饼肥等；二是调节土壤有机质的转化条件，如土壤有机体的 C/N、土壤水热条件和 pH 值等。因此，大力推广有机生态农业，改善矿质营养水平，提高土壤中有机质含量，是实现园艺产品高效、优质、丰产的重要措施。

3）土壤酸碱度（pH）

土壤酸碱度可影响植物养分的有效性及影响植株生理代谢水平。不同园艺作物有其不同的适宜土壤酸碱度范围（表 2-3）。

表 2-3　主要园艺作物对土壤酸碱度（pH）的适宜范围

园艺作物种类	适宜范围	园艺作物种类	适宜范围	园艺作物种类	适宜范围
苹果	5.5～7.0	甘蓝	6.0～6.5	紫罗兰	5.5～7.5
梨	5.6～7.2	大白菜	6.5～7.0	雏菊	5.5～7.0
桃	5.2～6.5	胡萝卜	5.0～8.0	石竹	7.0～8.0
栗	5.5～6.5	洋葱	6.0～8.0	风信子	6.5～7.5
枣	5.2～8.0	莴苣	5.5～7.0	百合	5.0～6.0
柿	6.0～7.0	黄瓜	6.5	水仙	6.5～7.5
杏	5.6～7.5	番茄	6.5～6.9	郁金香	6.5～7.5
葡萄	6.5～8.0	菜豆	6.2～7.0	美人蕉	5.5～7.5
柑橘	6.0～6.5	南瓜	5.5～6.8	仙客来	5.5～6.5
山楂	6.5～7.0	马铃薯	5.5～6.0	文竹	6.0～7.0

园艺作物与其他植物一样，最重要的营养元素为氮、磷、钾，其次是钙、镁。微量元素虽需要量较小，但也为植物所必需。园艺作物种类繁多，不同种类对营养元素需求存在一定差异。而且即使同一种类、同一品种，也因生育期不同而对营养条件要求各异。因此，了解各种园艺作物生理特性，采取相应的措施是栽培成功的关键。

2.6.5 污染

2.6.5.1 工业"三废"污染

工业"三废"是指废水、废渣和废气,它们通过污染周围环境中的水、土壤和空气,从而污染园艺产品。"三废"中含有的有害物质主要包括二氧化硫、氟化氢、氯、氨、硫化氢、氯化氢、一氧化碳等气体;铅、锌、铜、铬、镉、砷、汞等重金属及含毒塑料薄膜、酚类化合物等。据不完全统计,全国耕地受工业"三废"污染面积已逾 400 万 hm^2。

2.6.5.2 农药污染

由于长期不合理、超剂量使用农药,使得害虫和病原菌种群抗药性逐年增强,反过来,又提高农药使用浓度、增加用药次数,形成恶性循环,致使园艺产品中农药残留量较高,直接危害人体健康。采用以生物防治为主的综合农业配套技术措施是减少农药污染、推进无害化安全生产的重要环节。

2.6.5.3 肥料污染

为追求产量、促进早熟,许多地区大量使用无机化肥,特别是过量追施无机氮肥,导致植物体内硝酸盐大量积累,严重影响人体健康。据分析,人体摄取的硝酸盐 80% 以上来自蔬菜;而蔬菜近年来硝酸盐含量严重超标,应引起广泛关注。

2.6.5.4 微生物污染

城镇生活污水、生活垃圾及医院排出的废水含有各种沙门氏杆菌、病毒、大肠杆菌、寄生性蛔虫等,流入田间会造成产品污染。此外,在采后贮运、销售产品过程中处理不当,会造成二次污染。

2.6.5.5 激素与保鲜剂污染

番茄、西瓜、甜瓜等生产中常使用保花促果植物生长调节剂;青花菜等贮藏过程中常使用保鲜剂以延长贮期。过量使用激素和保鲜剂会造成产品污染。

思考题

1. 了解芽的不同类型及特点。
2. 了解芽的异质性、早熟性、晚熟性、萌芽力、潜伏力等概念的含义。
3. 何谓顶端优势、叶幕和叶面积指数?
4. 园艺作物花芽分化的类型有哪些?各有哪些代表种类?
5. 何谓光周期和光周期现象?园艺作物依其对光周期反应的不同可分为哪几类?各自的代表种类有哪些?
6. 根据自然地理环境及栽培特点,可将我国蔬菜生产划分为哪七个区域?各有哪些代表种类?

3   园艺作物的繁殖

【学习重点】

　　通过本章的学习,要求学生掌握有性繁殖和无性繁殖的概念、特点,了解种子采后处理方法及组织培养繁殖技术,掌握园艺作物的播种技术;扦插繁殖、嫁接繁殖、压条繁殖及分株繁殖的方法、特点及操作过程中应注意的问题;穴盘育苗的特点及关键性技术。

3.1   有性繁殖

　　有性繁殖也称种子繁殖,是经过减数分裂形成的雌、雄配子结合后产生的合子发育成的胚再生长发育成新个体的过程。在园艺作物中,许多蔬菜、一二年生花卉、地被植物以及一些果树的砧木均以这种方式繁殖后代。有性繁殖具有简便易行、繁殖系数大、实生苗根系强大、生长健壮、适应性强、寿命长且种子方便流通等优点。但另一方面,由种子繁殖的植株开花结实或达到一定规格的商品植株所需的时间较长,如玉簪需 2～3 年,芍药需 4～5 年,君子兰 4～5年;木本花卉需时更长,如梨树 6～10 年,桂花需 10 年;此外,有性繁殖后代易产生变异,往往不能保持母本的优良特性,这些缺点致使种子繁殖的应用受到限制。当然,有性繁殖所产生的变异也正是新品种培育的基础,所以有性繁殖又是育种的主要手段。

3.1.1   种子的成熟与采收

3.1.1.1   种子的成熟

　　种子成熟包括形态成熟和生理成熟两方面的意义。在种子成熟过程中,当内部营养物质积累到一定程度,种胚具有发芽能力时,即达到生理成熟。达到生理成熟的种子含水量仍较高,内含物还处于易溶状态,种皮不致密,种子不饱满,抗性弱,这样的种子不易贮藏,同时生理成熟的种子还没有充分完成种胚的生长发育过程,因此发芽率低。当种子的外部形态及大小不再起变化,从植株上或果实内脱落的为形态上的种子成熟。形态成熟的种子内部生化变化基本结束,营养物质的积累已经终止,内含物由易溶状态转为难溶的脂肪、蛋白质和淀粉,含水量下降,酶活性减弱,呼吸作用也减弱,种子开始进入休眠状态,这样的种子易贮藏,发芽率高。

种子的成熟必须具有形态上的成熟和生理上的成熟,才能称为种子的真正成熟,只具备其中一方面的成熟,都不能称为种子真正的成熟。

大多数植物种子的生理成熟和形态成熟是同步的,形态成熟的种子已具备良好的发芽力,例如菊花、许多十字花科植物、报春花属花卉的形态成熟种子在适宜环境下可立即发芽。但有些植物种子的生理成熟和形态成熟又有各种不一致的情况,不少禾本科植物,如玉米,当种子的形态发育尚未完全时,生理上已完全成熟;蔷薇属、苹果属、李属等许多木本植物的种子,当外部形态已充分发育,达到形态成熟时,在适宜条件下并不能发芽,因为生理上尚未成熟。种子生理上的未成熟是种子休眠的主要原因。

3.1.1.2　种子的采收

种子采收前首先要选择适宜的留种母株,只有从品种纯、生长健壮、发育良好、无病虫害的植株上才可能采收到高品质的种子。其次要适时采收,最重要的是掌握种子的成熟度,理论上,采收的种子越成熟越好。如果采收过早,种子未发育成熟,则影响发芽力;采收过迟,种子会脱落散失或被鸟、兽、害虫吃掉。对于果实成熟后不开裂的种类,应在种子充分成熟后一次采收完毕,如浆果、核果、仁果等。而果实成熟后易开裂的种类,宜提早采收,最好在成熟期及时分批采收,如荚果、蒴果、长角果、球果、瘦果等。采收以早晨进行为好,因为清晨露水未干、空气湿度较大,果实不致于一触即开裂而影响采收。同时对于开花结实期长、种子陆续成熟脱落的,宜分批采收;对于成熟后挂在植株上长期不开裂、亦不散落者,可在整株全部成熟后一次性采收,或草本植物全株拔起。总之,园艺作物种子的采收,要根据种子成熟及脱落的特性来确定采收方式、采收时间。

3.1.1.3　采后处理

种子采收后,要根据其习性进行干燥、脱粒、风干、去杂等处理,并及时编号,注明采收日期、种类名称,以备应用。种子的处理主要因果实的种类而异,具体如下。

1) 干果类种子

采收后应尽快干燥。首先连株或连壳曝晒,或加以覆盖后曝晒,或在通风处阴干。通常含水量低的用"阳干法",含水量高的用"阴干法"(忌直接曝晒)。初步干燥后,再脱粒并采用风选或筛选,去壳,去杂。最后进一步干燥至含水量达安全标准:8%~15%。

2) 肉果类种子

果实采收后必须及时处理,因果肉中含有较多的果胶和糖类,容易腐烂,滋生霉菌,并加深种子的休眠。用清水浸泡数日,或经短期发酵(21℃下 4d)或直接揉搓,再脱粒、去杂、阴干。

3) 球果类种子

指针叶树的球果成熟时干燥开裂,大部分种子可自然脱粒的类型。球果采收后一般只需曝晒 3~10 d,脱粒后再风选或筛选去杂即可。

种子去杂,即净种后,或净种的同时,采用风选、筛选及粒选等方法对种子进行分级,以保证生产中出苗、成株整齐,便于统一管理。

3.1.2 种子的寿命与贮藏

3.1.2.1 种子寿命

种子的寿命是指种子在一定的环境条件下能保持生命活动的期限。一批种子的寿命是指一个种子群体的生活力从种子收获降低到 50％所经历的时间,即种子群体平均寿命,又称种子的"平活期"。农业种子寿命的概念是:贮藏在一定环境条件下的种子能保持在母体植株上达到生理成熟时的生活力,而且能长成正常植株的期限。种子寿命是一个相对的概念。种子在多长的时间里保持其生命力,在很大程度上取决于各批种子入库时的状况,包括种子的成熟程度、发芽能力、净度、种子所受机械损伤的程度、种子感染病虫害的程度以及种子的含水量等。病和虫不仅直接危害种子的生命,还影响种子堆的呼吸,昆虫的排泄物会污染和恶化贮藏环境。贮藏的环境因子如温度、湿度和通气状况等都会影响种子贮藏的寿命。在良好入库状况的基础上控制贮藏环境,才能使种子尽可能长的保持其生命力。

种子在农业生产上的利用年限与它的寿命长短是密切联系的,即种子寿命愈长,则在农业生产上的利用年限也相应地延长;但两者之间并不存在完全一致的趋势。生产上种子的利用年限不会太长,这主要由于作物种子贮藏时间超过一定限度,其胚部细胞发生一系列生理变化,虽然生活力尚未完全丧失,但原有的生理活动机能已开始衰退;播种后即使能发芽长苗,也往往是瘦弱矮小、畸形、生长发育不正常,以致影响产品质量和产量。因此,作物种子的利用年限不能单纯凭是否发芽这一点来判断,应该从长期的生产实践中仔细观察比较,在当地的气候条件下,按不同作物和品种确定一个可靠的范围作为生产上的依据。常见蔬菜种子寿命及其可利用年限可参考表 3-1。

表 3-1 部分蔬菜种子寿命及在生产可用年限

蔬菜种类	种子寿命(年)	生产利用年限(年)	蔬菜种类	种子寿命(年)	生产利用年限(年)
茄子	3～6	2～3	蚕豆	3～6	2～4
番茄	3～6	2～3	辣椒	3～4	2～3
西瓜	3～6	2～3	丝瓜	3～6	2～4
萝卜	3～5	2～3	胡瓜	3～6	2～4
黄瓜	3～5	2～3	葫芦	3～5	2～4
白菜	3～5	2～3	胡萝卜	1～2	1 年左右
南瓜	3～5	2～3	芹菜	1～2	1 年左右
甜菜	3～6	2～3	大葱	0.6～1	0.5～1
甘蓝	3～5	2～3	圆葱	1～2	1 年左右
菠菜	3～4	2～3	韭菜	1～2	1 年左右
菜豆	3～5	2～3	鸭儿芹	1～2	1 年左右
豌豆	3～5	2～3	莴苣	3～5	2～3

花卉种子在自然条件下,其寿命在 3 年以内的,称为短寿命种子,常见于以下几类植物:原产于高温高湿地区无休眠期的植物;水生植物;子叶肥大、种子含水量高的;种子在早春成熟的多年生观赏植物。如棕榈科、兰科、天南星科、睡莲科(荷花除外)、菊科、天门冬属、报春类、秋海棠类等。寿命在 3～15 年间的称为中寿命种子,大多数观赏植物属此类。而寿命在 15 年以

上的称为长寿命种子,常见于豆科植物,莲、美人蕉属及部分锦葵科植物等。一般情况下,在热带及亚热带地区,种子生命力容易丧失,在北方寒冷高燥地区,寿命较长。表 3-2 是一些常见花卉的种子寿命。

表 3-2　常见花卉种子寿命

花卉种类	寿命年限(年)	花卉种类	寿命年限(年)	花卉种类	寿命年限(年)
花菱草	2	蜀葵	3～4	鸢尾	2
金盏花	3～4	百合	2	醉蝶花	2～3
蒲包花	2～3	桔梗	2～3	茑萝	4～5
风铃草	3	旱金莲	2	万寿菊	4
勿忘我	2～3	霞草	5	羽扇豆	4～5
矢车菊	2～3	彩叶草	5	大丽花	5
鸡冠花	4～5	百日草	3	翠菊	2
剪秋罗	3～4	金鱼草	3～4	非洲菊	0.6
向日葵	3～4	藿香蓟	2～3	福禄考	1
牵牛	3～4	耧斗菜	2	波斯菊	3～4
石竹	3～5	凤仙花	5～8	紫罗兰	4
飞燕草	1	菊花	3～5	荷花	极长
香豌豆	2	一串红	1～4	桂竹香	5
三色堇	2	报春	2～5	大岩桐	2～3
半支莲	3～4	美人蕉	3～4	雏菊	4

3.1.2.2　种子贮藏

种子贮藏的原则是使种子的新陈代谢处于最微弱的状态。影响种子寿命的外界因素主要有温度、湿度和空气。通常降低温度可以延长各类种子的贮藏寿命,一般以 0～10℃为宜;冰点以下温度是许多乔、灌木树种种子长期干藏的最适温度;许多针叶树和一些阔叶树种子常规贮藏温度都是−18℃。多数种子含水量降低,可以延长贮藏寿命。

贮藏的方法,依据种子的性质可有以下几种。

1) 普通干藏法

适于短期贮藏的种子。即将自然风干的种子装入纸袋、布袋或纸箱中,置普通室内通风处贮藏的方法。大多数一二年生蔬菜、草花的种子采用这一方法贮藏。普通干藏法在低温、低湿地区效果极佳。

2) 密封干藏法

适用于长期贮藏的种子和粒小、种皮薄、易吸湿、易丧失生活力的种子。是将充分干燥的种子与约占种子量 1/10 的吸水剂一同放入玻璃干燥器内密封保存的方法。常用的吸水剂有硅胶、氯化钙、生石灰、木炭等。

3) 低温干藏法

将充分干燥的种子置于 0～5℃的低温条件下贮藏。

以上 3 种干藏法均适用于标准含水量低的种子。

4) 层积湿藏法

将种子与湿沙(含水 15%),按重量比 1∶3 交互作层状堆积,同时给予适当低温(秋冬季进行或 0～10℃以下)的贮藏方法。适用于种子标准含水量高、干藏效果不好的种子。

5) 水藏法

将某些水生花卉蔬菜的种子,如睡莲、王莲的种子直接贮藏于水中,且唯此方法可保持其发芽力。而像莲藕、荸荠、慈姑等水生蔬菜的种用地下茎和球茎可以在成熟后不采收,让其在土中贮藏过冬,第二年春播种育苗前再从土中挖出,这样可大大节省贮藏费用。

3.1.3　种子休眠与萌发

3.1.3.1　种子休眠

具有生活力的种子处于适宜的发芽条件下仍不正常发芽称为种子休眠。种子休眠的特性是植物在长期的进化过程中自然淘汰与适应生态环境的综合结果,对于物种繁衍具有特殊意义。从农业生产来说,种子休眠具有不利的一面。例如,有的种子(如山楂)由于休眠程度深,以致于需要经过长达 200～300 d 的休眠期才能播种出苗。为了满足生产上按时播种,人们采用人工处理办法打破种子休眠来唤醒种子。

引起种子休眠的原因是多方面的,它们相互作用,共同抑制种子萌发进程。即使其中一种因素被解除,其他因素依然可以导致种子不能发芽。

1) 胚休眠

胚休眠有两种不同的类型,一种是种胚尚未成熟,另一种是种子中存在代谢缺陷而尚未完全后熟。

(1) 种胚发育情况:有些植物的种子从外表上看,各部分组织均已充分成熟并已脱离母株,但内部的种胚在形态上尚未成熟。不成熟的胚相对较小,某些情况下几乎没有分化,需从胚乳或其他组织中吸收养料,进行细胞组织的分化或继续生长,直到完成生理成熟。如银杏等,在种子发育过程中,种胚与周围组织的发育速度不一致,因而在种子成熟时,种胚很少发育(只有 0.14 cm),需要在采后经过 4～5 个月的生长才可以达到成熟水平(约 0.95 cm)。在常绿果树中,油棕种子的胚需要采后几年才能达到应有的大小。种胚发育的适宜条件是潮湿和较高的温度(亦有例外),一般在 18～20℃湿土或湿沙中经数周以至数月才能发育完全并获得发芽能力。

(2) 种子后熟:有些植物种子的种胚虽已充分发育,种子各器官在形态上已达完备,但尚未完成最后生理成熟阶段,种子内部还需要完成一系列的生理生化转化过程,使内部不可摄取状态的营养物质转化成可以被种胚吸收的水溶性物质,种皮的透水、透气性也逐渐增加,种子便进入等待"时机"而发芽。采收的果实成熟度愈高,需要后熟的日数愈少;反之,则必须延长果实后熟日数,才能获得理想的种子发芽率。许多果树种子如桃、苹果、梨等属于这一休眠类型。

2) 种皮的障碍

有些种子的种皮(指广义的种皮——种被,除真正的种皮外,尚可包括果皮及果实外的附属物)成为种子萌发的障碍,即使外界环境适于种子萌发,这些条件亦不能被种子利用,可以说是种皮迫使种子处于休眠状态。

这类种子的休眠是由胚的外围构造所造成的。一旦种皮的性质发生改变,种子就能获得发芽能力。

（1）种皮的不透水性：有些种子的种皮非常坚韧致密，有的具蜡质角质层，其中存在疏水性物质，阻碍水分透入种子，如豆科植物的硬实就是常见的例子，其中尤以中小粒豆科植物种子硬实为多，大粒则较少。此外，藜科、茄科、旋花科、锦葵科以及苋科等植物的种子也经常存在硬实现象。硬实种子往往在未完全成熟状态下比完熟时容易发芽，即种皮的不透水性，硬实种子发生的百分率随种子的成熟而提高。空气干燥，日光直射，或高温曝晒，以及土壤中钙、氮素过多等都可能增加硬实率。

（2）种皮的不透气性：有些种子的种皮具有良好的透水性，但由于透氧性不良，种子仍然不能得到充分的萌发条件而被迫处于休眠状态。尤其在含水量较高的情况下，种皮更成为气体通透的障碍，因为水分子堵塞了种皮上的空隙，阻碍了气体的扩散。这类种子的后熟程度也由种皮的透氧性决定。

（3）种皮的机械约束作用：有些种子的种皮具有机械约束力，使胚不能向外伸展，即使在氧气和水分能得到满足的条件下，给予适宜的发芽温度，种子仍长期处于吸胀饱和状态，无力突破种皮。直至种皮得到干燥机会，或者随着时间的延长，细胞壁的胶体性质发生变化，种皮的约束力逐渐减弱，种子才能萌发。

种皮坚硬木质化或表面具有革质的种子，往往成为限制种子萌发的机械阻力，这类种子在蔷薇科（如桃、李、杏等核果）、桑科、苋属、芸薹属、茅属中有不少实例，但这种休眠原因常常并非单独存在。为了促进萌发，可以用手工除去果皮，或者用热处理方法进行处理。

3）发芽抑制物质

许多植物种子内部，包括种皮、胚乳和胚细胞，在种子成熟过程中逐渐积累了大量的萌发抑制物质，特别是内源激素脱落酸（ABA），一方面可以抑制种子发芽，另一方面可以增强种子抵御不良环境的能力。只有经过低温后熟过程，ABA含量逐渐下降，同时促进种子萌发的激素物质如赤霉素（GA）、细胞分裂素（CTK）含量逐渐增加，种子才能脱休眠，并在外界条件适宜时开始萌发生长。

番茄、黄瓜等新鲜果实含有抑制自身种子萌发的物质（种子尚包在果实内时），向日葵、莴苣、甜菜等作物的种被也都含有抑制物质，使这类作物的新鲜种子不能发芽。

值得注意的是，种子中含有抑制物质并不意味着种子一定不能发芽。种子发芽是否受到抑制决定于所含抑制物质的浓度、种胚对抑制物质的敏感性以及种子中可能存在的拮抗性物质。

抑制物质的作用没有专一性。含有抑制物质的种子不仅影响本身的正常发芽，而且对其他种子也能发生抑制作用。将不含抑制物质的种子与这类种子混合贮藏或放置在一起发芽时，就有可能受到抑制作用。例如将马铃薯和大蒜放在一起贮藏，马铃薯发芽也会受到抑制。

抑制物质会发生转化。一方面，种子在贮藏中或播种后，抑制物质会发生转化、分解、挥发或淋失，逐渐消除其抑制作用而使种子解除休眠状态；另一方面，萌发促进物质也能和抑制物质（尤其是ABA）发生相互作用。

4）不良条件的影响

不良条件的影响可以使种子产生二次休眠（次生休眠、诱发休眠），即原来不休眠的种子或已通过休眠的种子产生休眠，即使再将种子移至正常条件下，种子仍然不能萌发。

已发现二次休眠可以有许多诱导因素，如光或暗、高温或低温、水分过多或过于干燥、氧气缺乏、高渗压溶液和某些抑制物质等。这些因素在大部分情况下作为不良的萌发条件诱导休眠。如莴苣种子在高温下吸胀发芽,会进入二次休眠(热休眠)。

二次休眠的产生是由于不良条件使种子的代谢作用改变,影响到种皮或胚的特性。休眠解除的时间与休眠深度有关,休眠解除的条件在大部分情况下与一次休眠(原生休眠,即种子在植株上已产生的休眠)是一致的。

主要蔬菜种子的休眠原因见表 3-3。

表 3-3　主要蔬菜种子的休眠原因

蔬菜种类	休眠原因
西瓜、黄瓜、甜瓜等	种皮透气性差
冬瓜	种皮透水性差
印度南瓜	光
番茄	存在抑制物质
芹菜	发芽需光
苋菜	发芽忌光
莴苣	发芽需光;种皮障碍;存在抑制物质
甘薯	种皮透水性差
马铃薯	种皮透气性差;激素不平衡
胡萝卜	胚未发育完成
萝卜	种皮透气性差

3.1.3.2　打破种子休眠

打破休眠,促进萌发和提高发芽率是具有休眠特性的种子播种前需要进行的工作。打破种子休眠的方法有以下几种。

1)物理机械处理法

(1)温度处理:利用适当的低温冷冻处理能够克服种皮不透性,促进种子解除休眠,加强新陈代谢,从而快速发芽。如莴苣种子在 30℃ 条件下不发芽或发芽率很低,但在 4℃、8℃、11℃ 和 18℃ 条件下,则发芽率分别为 86%、87%、91% 和 81%。

有的种子经过高温干燥处理,种皮龟裂变得疏松多缝,改善了气体交换条件,从而能解除由种皮原因而导致的种子休眠。苹果的休眠种子在吸水状态下置于 35℃ 下 5 d,胚就完全可以发芽。瓜类蔬菜的种子置于 50~60℃ 处理 4~5 h 可促进发芽。牡丹的种子具有上胚轴休眠的特性,秋播当年只生出幼根,必须经过冬季低温阶段,上胚轴才能在春季伸出土面。若用 50℃ 温水浸种 24 h 埋于湿沙中,在 20℃ 条件下,约 30 d 即可生根。另外,用适当温度的热水浸种可以溶解种子外部的发芽抑制物质,对易产生硬实的豆类种子、种皮较厚的种子、种皮上有蜡质和角质的种子及较大粒种子都有打破休眠、促进萌发的作用。

对有些种子还可通过变温处理,使种皮因热胀冷缩作用而产生机械损伤,增加种皮的通透性,从而加速种子内部的气体交换,促进种子迅速萌发。

变温处理花卉的营养体,可以打破有些植物的生理休眠。如满天星(霞草)的自然花期为 5~9 月,在冬季的低温和短日照条件下,满天星的节间不伸长,呈莲座状生长,不能开花,可以通过低温(2~4℃)处理幼苗,在冬季及春节前上市。也可以通过低温配合长日照处理(每天给予 16 h 的光照)。

木本果树种子及花卉中牡丹、芍药、月季、蔷薇、贴梗海棠等种子的脱休眠需要经过很长一段时间的低温(≤7.2℃)处理才能完成。一般是将种子与 3~8 倍的湿河沙(含水量为最大持水量的 50％左右)一起堆积于田间或室内。经过 2~3 个月,种子内萌发抑制物质降解,促进物质含量上升,种子完成后熟作用后,便可以用于田间播种。这一种子处理方法称为层积处理。不同植物的种子通过后熟所需的最适温度和层积时间并不一致,休眠愈深,所需时间愈长。

(2) 机械处理:可通过机械性磨损种皮,打破因种皮原因而引起的休眠。通过用针刺伤种胚,或切去胚乳、子叶,可打破由于种胚原因所引起的种子休眠。另外,还可将种子放在 6~8 个大气压下高压处理 2~3 d,使种皮产生裂缝,解除因种皮而造成的休眠。

(3) 射线、超声波处理:X-射线、γ-射线、β-射线、红外线、超声波、电磁场等处理种子,都有唤醒休眠、促进发芽的作用。

2) 化学物质处理法

目前,已发现有许多种能够打破种子休眠、促进发芽的化学物质,但其效果因物质种类和使用剂量、植物种类及种子状态、使用时期及环境条件等因素的不同而异。

(1) 无机化学药物处理:有些无机酸、盐、碱等化学药物能够腐蚀种皮,改善种子的通透性,可以达到打破种子休眠和促进发芽的作用,常用的药物有浓硫酸、硼酸、盐酸、碘化钾。还有不少能刺激种子提前解除休眠和促进发芽作用的药物,如硝酸铵、硝酸钙、硝酸锰、硝酸镁、硝酸铝、亚硝酸钾以及硫酸钴、碳酸氢钠、氯化钠、氯化镁等。此外,用双氧水(H_2O_2)浸泡休眠或硬实种子,可使种皮受到轻度损伤,既安全又增加了种皮的通透性,既能解除种子休眠,又能促进发芽势。

(2) 有机化学药物处理:多种有机化合物也具有一定的打破休眠、刺激种子发芽的作用,如硫脲、尿素、过氧化氢络合物、胡敏酸钠、秋水仙精、甲醛、乙醇、丙酮、对苯二酚、单片酸、甲基蓝、羟胺、丙氨酸、谷氨酸、反丁烯二酸、苹果酸、琥珀酸、酒石酸、2-氧戊二酸等。这些有机化合物都是生物原的刺激素,可以全部或局部取代某些种子对完成生理后熟作用或发芽所需要的特殊条件。

3) 植物生长调节剂处理法

(1) 赤霉素:可以部分取代种子发芽对潮湿、低温的要求,因而赤霉素处理种子能显著地打破休眠、提高发芽能力。例如:牡丹种子在 1~10℃和潮湿条件下需经 2~3 个月才能发芽,但经过赤霉素处理后,即使在较高的温度条件下,3 个星期便可完全解除种子休眠而发芽。赤霉素也可以代替红光促进某些需光种子(如莴苣)的萌发。一般来讲,在合适的浓度条件下(几十到几百 mg/L,因种类而异),均有解除休眠、促进萌发和提高发芽率的效果。如果与其他激素配合使用,则效果更加显著。但有许多试验报道,处理种子时,赤霉素浓度过高,会发生抑制发芽作用。

(2) 细胞分裂素:Bewley 报道,细胞分裂素对解除脱落酸抑制发芽的能力比赤霉素强得多,尤其对裸胚的作用更强。对于完整种子,只有与其他植物生长物质(如赤霉素、乙烯利等)配合使用,效果才显著。

(3) 乙烯利:这是解除某些种子休眠和促进发芽的有效植物生长物质之一。例如:在 30℃条件下用 100 mg/L 的乙烯利与红光共同作用,能大大促进莴苣种子的发芽。在乙烯利促进种子萌发时,增加二氧化碳的浓度能增加乙烯利的活性。

(4)壳梭孢菌素(FC):这种从壳梭孢菌中分离出来的物质,对于解除由于高温、脱落酸、高渗透压等原因所造成的莴苣种子休眠的效果比细胞分裂素更好,与乙烯利的效果相近似。但 FC 对茄子、甘蓝等种子促进发芽的作用不如赤霉素,而在低温条件下,促进番茄(12.5℃)、青椒(15℃)、黄瓜(12℃)及甜菜(4℃)等种子的发芽效果优于细胞分裂素。

4)气体处理法

(1)氧气:通常提高氧气的浓度可以促进休眠种子的复苏,提高发芽能力。尤其因果皮、种皮特异而通透气不良产生休眠的种子,一旦剥除果皮或种皮,胚便立即具有发芽能力。这除了改变透水性的原因之外,主要是解除了氧气流向胚的限制的缘故。例如,黑苜蓿的休眠种子经浓硫酸处理后,再用水浸渍 30min 并同时不断地向水中通氧,则不必再经数月的低温处理便可解除休眠。一般休眠种子与非休眠种子相比,往往是休眠种子对缺氧反应更为敏感。通常认为,提高氧气浓度之所以有打破休眠促进发芽的作用,主要是降低了种皮对氧气交换的限制,抑制物质被氧化破坏,以及增强了顶端分生组织的活化能力等;但也有人认为,提高氧气浓度能打破休眠促进发芽,主要是由于磷酸戊糖途径(PPP 途径)被活化的缘故。打破种子休眠,促进发芽所要求增加氧气浓度因植物种类而异。例如,莴苣要求达 80%～90%,甜菜100%,青椒 100%＋25℃,小麦 40%～60%,大麦 96%。

(2)二氧化碳、一氧化碳、氮气等:通常二氧化碳浓度增加会导致种子休眠,抑制种子发芽,但在有些情况下,高浓度二氧化碳却有相反的结果。例如,在黑暗条件下,空气中含氧量为20%,莴苣种子的发芽率随二氧化碳浓度增加而增加。二氧化碳与乙烯利同样能促进莴苣种子发芽。与氰氢酸等化合物一样,二氧化碳、一氧化碳、氮气等作为有氧呼吸阻碍剂也具有打破各种子休眠的作用。例如,苍耳种子在 100%氮气、氢气、氦气或氩气等气体中可打破休眠,水稻种子在 90%二氧化碳＋9.6%氧气＋0.4%氮中能促进发芽。

部分蔬菜种子打破休眠的方法见表 3-4。

表 3-4　部分蔬菜种子休眠的破除方法

蔬菜种类	休眠破除方法
油菜	挑破种皮;低温预处理;变温发芽(15～25℃,每昼夜在 15℃保持 16h,25℃8h)
各种硬实蔬菜作物	日晒夜露;通过碾米机机械擦伤种皮;温汤浸种或开水烫种;切破种皮;浓硫酸处理;红外线处理
马铃薯(块茎)	切块或切块后在 0.5%硫脲中浸 4h;1%氯乙醇中浸 0.5h,赤霉素处理
甜菜	20～25℃浸种 16h;25℃浸 3h 后略使干燥,在潮湿状态下于 25℃中保持 33h;剥去果帽(果盖)
菠菜	0.1% KNO_3 浸种 24h;剥去果皮;砂床发芽
莴苣	赤霉素处理;PEG 引发破除热休眠

3.1.3.3　种子的萌发

风干后具有生命力的种子的一切生理活动都很微弱,胚的生长几乎完全停止而处于休眠状态,但当它们通过或解除了造成休眠的因素之后,在一定条件下,种子的胚便由休眠状态转变为活动状态,开始生长,突破种皮,发育成为新个体,这个过程称之为萌发。

1）种子萌发的过程

种子萌发可以分为吸胀、萌动和生长 3 个阶段。

（1）吸胀：干燥种子细胞液浓度高，细胞核呈不规则状态。当种子浸入水中以后，即很快吸水而膨胀，以前在细胞内已缩小的液泡，其体积增大，原生质水合程度增加。根据种子吸收水分的过程，一般可以分成两个阶段，第一阶段为急剧吸水阶段，这一过程一般为 2～3 h；第二阶段为缓慢吸水阶段，这一过程一般为 5～10 h。经过后一阶段后，种子吸水达饱和状态。

吸胀后的种子，其种皮或果皮软化，增加了透性，使氧气能够进入胚及胚乳。种子的吸胀是一种非生理性的物理作用，由此即使是枯死的种子也可以发生吸胀作用。

（2）萌动：吸胀后的种子，酶活性增加。在酶的作用下，贮藏物质水解为简单的化合物供胚吸收。内部的新陈代谢作用加强，细胞开始分裂。进入萌动状态的种子，对外界条件的反应极为敏感。当外界条件发生变化，或受到各种理化因素的刺激，就会引起某种生理过程的失调，导致萌发停止或迫使进入第二次休眠。

由于这个阶段的种子其内部生物化学变化已开始，故又称种子萌动阶段为生物化学阶段。

（3）生长：种子萌动后，胚细胞的分裂速度急剧加快，胚的体积迅速增大，最后胚根尖端突破种皮，顺着发芽孔外伸，开始生长。胚根微露时，种子吸水会再次增加，随着幼根的生长，种皮从发芽孔处裂开，露出弯曲的胚轴，最后子叶顶端从支芽孔长出展开，露出胚芽。此时，主根也已伸长，并有侧根发生。由于子叶的出现而发育成含有叶绿素的组织，依靠绿色的子叶开始进行光合作用，并从根部吸收无机营养，进入自养阶段，完成发芽全过程。

种子进入这个阶段时，呼吸作用旺盛，新陈代谢活力达到盛期，释放大量的能量是幼苗出土的动力。由于此时种子已开始旺盛的生理活动，故这一阶段又称为生理阶段。

2）种子萌发的条件

种子萌发首先必须具备一些内在条件，比如种子生活力要在种子寿限之内，发育完全，已通过休眠阶段，种子本身要完好、无霉烂破损。具备了这些内在条件的种子再在适宜的外界条件下，就能顺利萌发长成幼苗。

（1）充足的水分：干燥的种皮是不易透过空气的，种皮经水浸润后，结构较软，氧气容易进入，呼吸作用得以增强，从而促进种子萌发，同时胚根、胚芽才容易突破种皮。

干燥的种子细胞内的原生质含水很少，吸水饱和后，各种生理活动才能正常进行。

干燥的种子内所贮藏的淀粉、脂肪和蛋白质等营养物质都呈不溶解状态，不能为胚所利用。只有当种子吸收膨胀，被水饱和之后，才能促进细胞内各种酶的催化活动，通过水解或氧化等方使贮藏的营养物质从不溶解的状态转变为溶解的状态，运输到胚的生长部位供吸收和利用。这些物质的转变和运输都需要有充足的水分才能进行。

各种植物种子萌发时的需水量根据其所含的主要成分的不同而不同。含蛋白质较多的种子，例如大豆，因蛋白质具强烈的亲水性，故萌发时需水量较多。而脂肪是疏水性物质，所以含脂肪多的种子其吸水量较少，如油菜、花生等。另外，种子萌发所需的吸水量也与各种植物长期对某种环境的适应性及其遗传性有关。

综上所述，足够水分的供应是种子萌发的必要条件。因此，农业生产上常在播种前浸种，播种后覆盖保持土壤湿润，以保证有充足的水分来促进种子萌发。但是如果水分过多，引起氧气缺乏，种子进行无氧呼吸，产生二氧化碳和酒精，便会使种子中毒，并出现烂种、烂根和烂芽现象。

（2）足够的氧气：种子萌发时，一切生理活动都需要能量的供应，而能量则来源于呼吸作用。种子在呼吸过程中，要吸入氧气，把细胞内贮藏的营养物质（如葡萄糖）逐步氧化分解，经过复杂的变化，最后变成二氧化碳和水并释放能量，供给各种生理活动利用。

因此，种子在萌发开始时，呼吸作用的强度显著增加，因而需要大量氧气供应。如果氧气不足，正常呼吸作用就会受到影响，胚就不能生长。因此，在播种、浸种和催芽的过程中，加强人工管理，控制和调节氧气的供应，才能使种子萌发正常地进行。

（3）适宜的温度：种子萌发时内部进行物质转化和能量转化，都是极其复杂的生物化学变化，需要多种酶作为催化剂，而酶的催化活动必须在一定的温度范围内进行。温度低时，反应慢或停止，随着温度的增高，反应就加快。但是酶本身是蛋白质，温度过高会失活。因此，种子萌发时温度的要求，就表现出最低、最高、最适的温度三基点。

多数植物种子萌发所需的最低温度为 $0\sim5℃$，低于此温度则不能萌发；最高温度为 $35\sim40℃$，高于此温度也不能萌发；最适温度为 $25\sim30℃$。一般来说，原产南方的作物，萌发所需要的温度较高一些；原产北方的作物，萌发所要求的温度较低一些。这是因为植物长期适应环境，所产生的酶系统有所不同的缘故。种子萌发温度三基点，是农业生产上适时播种的重要依据。

种子萌发所需的水分、氧气和温度三因素是互相联系、互相制约的。如温度、氧气可以影响呼吸作用的强弱，水分可以影响氧气供应的多少等。所以要根据种子萌发的特性，调节水分、温度、氧气三者之间的关系，使种子萌发向有利方向发展。

另外，光能影响种子发芽，根据种子发芽对光的要求，可将作物种子分为需光种子、嫌光种子和中光种子3类。需光种子又称喜光种子，发芽需要一定的光，在黑暗条件下发芽不良，如莴苣、紫苏、芹菜、胡萝卜等。莴苣种子是典型的需光种子，在黑暗中发芽率很低。嫌光种子又称需暗种子，要求在黑暗条件下发芽，有光时发芽不良，如西瓜、甜瓜、番茄、洋葱、茄子、苋菜、葱、韭及其他一些百合科蔬菜种子。大多数蔬菜种子为中光种子，在有光或黑暗条件下均能正常发芽。但是，某些种子需光与需暗并不绝对，常常与环境条件变化和种子内部生理状况有关，如莴苣种子在 $10℃$ 下吸胀时，不论光、暗，均可发芽，而在 $20\sim25℃$ 下吸胀时，只有在光下才能萌发。

3.1.4　种子播前处理

种子播前处理包括浸种、催芽、种子消毒、机械处理等。播前处理能促进种子迅速整齐地萌发、出苗，消灭种子内外附着的病原菌，增强幼胚和秧苗的抗性。

3.1.4.1　浸种

浸种是将种子浸泡在一定温度的水中，使其在短时间内充分吸水，达到萌芽所需的基本水量。水温和时间是浸种的重要条件。

1）一般浸种

指用温度与种子发芽适温（$20\sim30℃$）相同的水浸泡种子。一般浸种法对种子只起供水作用，无灭菌和促进种子吸水作用，适用于种皮薄、吸水快的种子。

2）温汤浸种

将种子投入到 55～60℃ 的热水中,保持恒温 15 min,然后自然冷却,转入一般浸种。由于 55℃ 是大多数病原菌的致死温度,15 min 是在致死温度下的致死时间,因此,温汤浸种对种子具有灭菌作用。适用于种皮较薄、吸水较快的种子。

3）热水烫种

将充分干燥的种子投入到 75～85℃ 的热水中,然后用两个容器来回倾倒搅动,直至水温降至室温,转入一般浸种。热水烫种有利于提高种皮透性,加速种子吸水,兼具灭菌、消毒作用。适用于一些种皮坚硬、革质或附有蜡质、吸水困难的种子,如西瓜、丝瓜、苦瓜、蛇瓜等种子。种皮薄的种子不宜采用此法,以免烫伤种胚。

浸种前应将种子充分淘洗干净,除去果肉物质和种皮上的黏液,以利于种子迅速充分地吸水。浸种水量以种子量的 5～6 倍为宜,浸种过程中要保持水质清新,可在中间换 1 次水。主要蔬菜的适宜浸种水温与时间见表 3-5。

3.1.4.2 催芽

催芽是将已吸足水分的种子,置于黑暗或弱光环境里,并给予适宜温度、湿度和氧气条件,促使其迅速发芽。具体方法是,将已经吸足水分的种子用保水透气的材料(如湿纱布、毛巾等)包好,种子包呈松散状态,置于适温条件下。催芽期间,一般每 4～5 h 翻动种子包 1 次,以保证种子萌动期间有充足的氧气供给。每天用清水洗 1～2 次,除去黏液、呼吸热、补充水分。也可将吸足水分的种子和湿沙按 1:1 混拌催芽。催芽期间要用温度计随时监测温度。当大部分种子露白时,停止催芽,准备播种。若遇恶劣天气不能及时播种时,应将种子放在 5～10℃ 低温环境下,保湿待播。主要蔬菜的催芽适宜温度和时间见表 3-5。

表 3-5 主要蔬菜的催芽适宜温度和时间

蔬菜种类	浸 种		催 芽	
	水温(℃)	时间(h)	温度(℃)	时间(d)
黄瓜	20～30	4～8	25～28	1～2
西葫芦	20～30	4～8	25～30	2
番茄	20～30	10～12	25～28	2～3
辣椒	20～30	10～12	25～30	4～5
茄子	30	20～24	28～30	6～7
甘蓝	20	3～4	18～20	1.5
花椰菜	20	3～4	18～20	1.5
芹菜	20	24	20～22	2～3
菠菜	20	24	15～20	2～3
冬瓜	20～30	24	28～30	3～4

1）胚芽锻炼和变温处理

催芽过程中,采用胚芽锻炼和变温处理有利于提高幼苗的抗寒力和种子的发芽整齐度。胚芽锻炼是将萌动的种子放到 0℃ 环境中冷冻 12～18 h;然后用凉水缓冻,置于 18～22℃ 条件下处理 6～12 h;最后放到适温条件下催芽。锻炼过程中要保持种子湿润,变温要缓慢。经锻炼后,胚芽原生质黏性增强,糖分增高,对低温的适应性增强,幼苗的抗寒力增强,此方法适用于瓜类和茄果类的种子。变温处理是在催芽过程中,每天给予 12～18 h 的高温(28～30℃)和

12～6 h 的低温（16～18℃），交替处理，直至出芽。

球茎类花卉用变温处理种球，可以促进球茎类花卉的花芽分化，促进根系发育健壮、茎叶生长健壮，还可以调控开花期。要使郁金香在 12 月开花，可在 6 月收获后，将球茎置 34℃ 条件下 1 周，然后放在 17～20℃ 的条件下促进花芽分化，直到 8 月中下旬，把温度改为 7～9℃ 再贮藏 6 周。

2）低温处理

一些耐寒性蔬菜往往在炎热的夏季播种时不能正常出芽甚至不出芽，此时可用低温处理促进发芽。方法是，在浸种后把种子放在冰箱里或其他低温处，冷冻数小时，再把种子放在冷凉处催芽。低温处理后种子发芽率和发芽整齐度将大大提高。

在白菜、萝卜、芥菜等小株留种栽培中，往往也需对开始萌动的种子进行 0～10℃ 下的处理（10～20 d），这样种子便可以完成春化，在随后的春夏季长日照下正常抽薹开花结籽。

3.1.4.3　种子消毒

1）高温灭菌

结合浸种，利用 55℃ 以上的热水进行烫种，杀死种子表面和内部的病菌。或将干燥（含水量低于 2.5％）的种子置于 60～80℃ 的高温下处理几小时至几天，以杀死种子内外的病原菌和病毒。

2）药液浸种

药液浸种可以处理种子、球茎及根系等，对防治种传、土传病害和系统性病害有良好的效果。该法的优点是无粉尘、药剂与种子的接触面广、药效好。其不足为，药剂的蒸气有毒，需要专门的防毒面具和专用设备。浸种后要把种子贮藏于密封的仓库或房间中 24 h 后才能播种，且浸种后需要干燥。

先将种子在清水中浸泡 4～6 h，捞出后沥干水，再浸到一定浓度的药液里，经一定时间后取出，清洗后播种，以达到杀菌消毒的目的。浸种用的药剂必须是溶液或乳浊液，浓度、时间要严格掌握。药液浸种后必须用清水投洗干净后才能继续催芽、播种，否则易产生药害或影响药效。药液用量一般为种子的 2 倍左右。常用浸种药液有 800 倍的 50％ 多菌灵溶液、800 倍的托布津溶液、100 倍的福尔马林溶液、10％ 的磷酸三钠溶液、1％ 的硫酸铜溶液、0.1％ 的高锰酸钾溶液等。

3）药剂拌种

将药剂和种子拌在一起，种子表面附着均匀的药粉，以达到杀死种子表面的病原菌和防止土壤中病菌侵入的目的。拌种的药粉、种子都必须是干燥的，否则会引起药害和影响种子蘸药的均匀度，用药量一般为种子重量的 0.2％～0.5％，药粉需精确称量。操作时先把种子放入罐内或瓶内，然后加入药粉，加盖后摇动 5 min，可使药粉充分且均匀地黏在种子表面。拌种常用药剂有克菌丹、敌克松、福美双等。

3.1.4.4　其他处理方法

1）微量元素处理

微量元素是酶的组成部分，参与酶的活化作用。播前用微量元素溶液浸泡种子，可使胚的细胞质发生内在变化，使之长成健壮、生命力强、产量较高的植株。目前生产上应用的有 0.02％

的硼酸溶液浸泡番茄、茄子、辣椒种子5~6 h,0.02%硫酸铜、0.02%硫酸锌、0.02%硫酸锰溶液浸泡瓜类、茄果类种子,有促进早熟、增加产量的作用。

2) 激素处理

用150~200 mg/L的赤霉素溶液浸种12~24 h,有助于打破休眠、促进发芽。

3) 机械处理

有些种子因种皮太厚,需要播前进行机械处理才能正常发芽。如对胡萝卜、芫荽、菠菜等种子播前搓去刺毛,磨薄果皮,对桃花、梅花、郁李、美人蕉、荷花、棕榈等大粒种子可擦伤或锉磨去部分种皮,苦瓜、蛇瓜种子催芽前嗑开种喙,均有利于种子的萌发和迅速出苗。香豌豆在播种前用65℃的温水浸种(温汤浸种),大约有30%的硬实种子在温汤浸种后不吸胀、不发芽,解决的方法是用快刀逐粒划伤种皮(千粒重80 g),注意操作时不要伤到种脐,刻伤后再浸入温水中1~2 h即可。

4) 丸粒化种子

丸粒化种子一般是对颗粒微小的种子进行处理,经过处理后使种子大小和重量都增大,形状相对一致,有利于用机械快速准确地播种,节约劳力成本。其次种子球外表明亮的色泽更易于肉眼辨别,随时检查播种效果,调整播种机,提高播种精度。包衣剂可根据需要加入各种防病、防虫、营养、激素等成分。

3.1.5 播种技术

3.1.5.1 播期确定

播种时期是育苗工作的主要环节,播种时期影响苗木的生长时期和出圃年限。适宜的播种时期可使种子提早发芽,提高发芽率;出苗整齐,苗木生长健壮;苗木的抗旱、抗寒、抗病能力强;可以节省土地和人力。

播种期的确定要根据植物的生物学特性、气候条件及栽培目的而定。适时播种是保证园艺作物生产质量的重要条件。一般园艺作物的播种期分为春播和秋播,春播从土壤解冻后开始,秋播多在8~9月份至初冬土壤封冻为止。温室蔬菜和花卉没有严格季节限制,常随需要而定,一般确定适宜播种期的方法是:定植期减去秧苗苗龄,即可向前推算日期。露地蔬菜和花卉主要是春、秋两季。果树一般早春播种,冬季温暖地区可晚秋播。亚热带和热带地区可全年播种。还有随采随播。

3.1.5.2 播种量

播种量根据种子的质量、幼苗生长的速度、栽培条件、管理技术来决定。种子发芽率高、幼苗生长迅速、土地肥沃、光照充足、温度适宜且管理水平较高,则播种宜稀。

播种量的计算公式为播种量(g/667 m²)=每667 m² 需苗数/(每克或每千克种子粒数×种子发芽率×种子纯净率)。其实并不是每粒种子都能成苗,因此根据该公式计算出的理论播种量是最低播种量,一般再根据经验乘以种苗损耗系数以矫正出真实播种量,极小粒种子(千粒重<3 g)的种苗损耗系数大于5,中、小粒种子在1~5 之间,大粒种子(千粒重>700 g)也在1 以上。主要蔬菜的参考播种量见表3-6。

表 3-6　主要蔬菜种子的参考播种量

蔬菜种类	种子千粒重(g)	用种量(kg/hm²)	蔬菜种类	种子千粒重(g)	用种量(kg/hm²)
大白菜	0.8~3.2	1.875~2.25(直播)	大葱	3~3.5	4.5(育苗)
小白菜	1.5~1.8	3.75(育苗)	洋葱	2.8~3.7	3.75~5.25(育苗)
小白菜	1.5~1.8	22.5(直播)	韭菜	2.8~3.9	75(育苗)
结球甘蓝	3.0~4.3	0.375~0.75(育苗)	茄子	4~5	0.75(育苗)
花椰菜	2.5~3.3	0.375~0.75(育苗)	辣椒	5~6	2.25(育苗)
球茎甘蓝	2.5~3.3	0.375~0.75(育苗)	番茄	2.8~3.3	0.6~0.75(育苗)
大萝卜	7~8	3.~3.75(直播)	黄瓜	25~31	1.875~2.25(育苗)
小萝卜	8~10	22.5~37.5(直播)	冬瓜	42~59	2.25(育苗)
胡萝卜	1~1.1	22.5~30(直播)	南瓜	140~350	2.25~3(直播)
芹菜	0.5~0.6	15(直播)	西葫芦	140~200	3~3.75(直播)
芫荽	6.85	37.5~45(直播)	西瓜	60~140	1.5~2.25(直播)
菠菜	8~11	45~75(直播)	甜瓜	30~55	1.5(直播)
茼蒿	2.1	22.5~30(直播)	菜豆(矮)	500	90~120(直播)
莴苣	0.8~1.2	0.3~0.375(育苗)	菜豆(蔓)	180	22.5~30(直播)
结球莴苣	0.8~1.0	0.3~0.375(育苗)	豇豆	81~122	15~22.5(直播)

3.1.5.3　播种方式

播种方式可分为大田直播和畦床播种两种方式。大田直播可以平畦播，也可垄播。畦床播种一般在露地苗床或温室苗床集中育苗，经分苗后定植。

3.1.5.4　播种方法

播种方法有撒播、条播、宽窄行播、点播等。一般小粒种子多采用撒播，大粒种子可采用点播。无论哪种方法，播种都应均匀。

1）撒播

将种子均匀撒播到畦面上，一般与一定量的细沙混匀后再播。撒播用于小粒种子、量大且管理粗放的种类。撒播无需播种工具，省工省时，但也有管理不便、用种量大、苗木生长较弱等缺点。

2）条播

最为常用，是将种子均匀撒在规定的播种沟内。条播地块行间较宽，便于机械播种及中耕等管理，同时用种量也减少。条播基本能保证通风透光，间苗、除草操作亦方便。

3）宽窄行播

又称"大小垄"或"对垄"。窄行可以增加植株密度，宽行便于田间管理，并有利于作物生长后期通风透光。

4）点播

又称穴播，是将种子播在规定的穴内。用于大粒种子，每穴 2~4 粒。点播最易管理，不必间苗，且通风透光、苗木营养好。但也存在着穴间的播种深度不均，出苗不整齐，播种用工多，费工费事等缺点。

对小粒种子，如果树中的海棠、豆梨，蔬菜中的白菜、萝卜、番茄、黄瓜、韭菜，花卉中的三色董、金鱼草、秋海棠、大岩桐、凤仙花、麦秆菊,草坪草种子等采用撒播或条播;对中粒和大粒种子,如果树中的荔枝、龙眼、枇杷、桃、李、梅、板栗,蔬菜中的豆类,花卉中的牵牛、牡丹、仙客来、君子兰等采用条播或点播。但蔬菜中的一些作物如萝卜、落葵因栽培习惯的差异,尽管其种子较小也常采用条播甚至点播的方式。播种后要立即覆土、镇压,并加覆盖物保湿。覆土厚度应根据种子大小,苗圃地的土壤及气候等条件来决定,一般覆土厚度为种子大小的 2～3 倍。黏重土壤覆土要薄一些,砂质土壤覆土要厚一些;秋播覆土要厚一些,春播要薄一些;播后床面地膜覆盖的要比不覆盖的薄一些;天气干旱、水源不足的地方覆土要稍厚一些;土壤黏重、容易板结的地块,可用沙、土、腐熟马粪混合物覆盖。春季干旱,蒸发量大的地区,畦面上应覆草或覆盖地膜保湿。确保种子附近的水分供应,是播种出苗的关键之一。

根据播种前是否浇水可分为干播和湿播两种方式。干播是将干种子播于墒情适宜的土壤中,播前将播种沟或播种畦踩实,播种覆土后,轻轻镇压土面,使土壤和种子紧紧贴合以助吸水。湿播是指播种前先打底水,待水渗后再播。浸种或催芽的种子必须湿播。

3.2 无性繁殖

无性繁殖又称营养繁殖,是利用植物的营养器官来形成新的独立个体的繁殖方法。无性繁殖不通过两性细胞的结合,而由体细胞直接产生,对于不结种子或结种子很少的园艺作物,无性繁殖是一条有效的繁殖途径。由无性繁殖培育的植株称为无性系,可以保持原品种的性状,种苗一致性高,开花结实早;无性繁殖的植株因其发育阶段是母体基础上的继续,而母体植株都是通过童期的成年植株;无性繁殖的苗木长成的植株根系较浅,不如实生苗发达,抵抗不良环境能力较差,所以寿命较短;长期无性繁殖,生长势逐渐衰弱,劣质微突变容易积累,病毒容易感染,使种性逐渐退化;无性繁殖群体一致程度高,个别植株发生芽变往往容易被发现,尤其成熟期、花期、花色花型、叶型变异容易产生,也容易选择出新的品种类型。

无性繁殖方法主要有扦插繁殖、嫁接繁殖、分生繁殖、压条繁殖等。

3.2.1 扦插繁殖

扦插繁殖是人为剪取植株的部分营养器官(如根、茎或叶),插入土壤或其他育苗基质(包括水、空气)中,在适宜的环境条件下培育成完整植株的技术。通过扦插繁殖所得的苗木称为扦插苗。扦插依所取材料的不同可以分为枝插、根插和叶插,在园艺作物生产上,枝插方法应用最广,其次是根插,叶插主要应用于某些花卉的繁殖。在枝条扦插中,根据所用枝条的状态又可分为硬枝扦插和软枝扦插。扦插育苗周期短、成本低,繁殖材料来源广,便于大量育苗。一些无法利用实生繁殖,或实生繁殖不能保持品种一致性的及嫁接较困难的树种,如葡萄、石榴、无花果、菠萝、香蕉、醋栗、苹果无性系砧木等都可用扦插繁殖,但这样繁殖的苗木缺乏主根,固地性较差,其抗性、固地性、适应性不如嫁接苗。

3.2.1.1 扦插生根机理

1) 植物的全能性和再生机能

植物个体都是由胚细胞经过不断的分裂,并在形态和生理上进一步分化发育而来。植株上每一个细胞在适当的环境条件下都具有潜在形成相同植株的能力,这种能力也就是细胞全能性。

植物体本身具备弥补损伤或恢复植物整体协调的机能,这就是再生作用。再生作用既包括在受伤部位产生愈伤组织起保护作用,也包括从茎上长出腋芽,从根上发生侧根,从没有根和叶的茎段上长出根和叶,从没有茎和叶的根上长出茎和叶,从叶片上长出茎和根等。

2)插条生根过程的解析

(1)切口的栓化:插穗上下端切伤后,因植物激素的调节,引起与切口相邻接细胞的栓化作用。这是因细胞内含有油脂物质,氧化后使切口全部呈薄膜状,封闭插穗的切口之故。

(2)愈伤木栓形成:由形成层发生的细胞层被覆了切口,其下有木栓质沉着,具木栓形成层的机能,在其外侧形成周皮,防止水分损失和微生物侵入,起保护作用。

(3)愈伤组织形成:继续将插穗置于适宜的温度和湿度下,就会形成愈伤组织。这种愈伤组织一般在 $15\sim16℃$ 下迅速形成。愈伤组织主要由形成层和韧皮薄壁细胞组织分裂而来,也可由其他未发展次生壁的生活细胞产生。

(4)生根:杨柳科的一些灌木枝条内有根原基,故扦插容易生根。扦插容易生根的植物中不一定都有根原基存在,黑醋栗插穗的根,从节部发生的比从节间发生的多,有的称它为根胚(rootgerm),这种根胚存在于沿叶迹内,有时也发生在皮孔下,但并不是有根胚的植物都能生根。蔷薇的生根与维管束内部和叶隙都有关系。树莓不定根是由叶迹、枝迹、叶隙、枝隙、髓、愈伤组织发生的。

有些植物中,不定根原基在枝条中已存在,称为潜伏根原基,一般处于休眠状态。当置于适宜环境条件下时,根原基就进一步发育和形成不定根。李和桃插条不定根原基从韧皮部薄壁细胞发生。梅嫩枝插条不定根原基产生于韧皮部薄壁细胞,硬枝插条的不定根原基则由形成层细胞产生。梅不定根原基出现后,细胞有丝分裂继续进行,细胞群中的细胞数目不断增多,并沿茎的离心方向形成乳头状突起,皮层和周皮受不断增大的根原基挤压而外凸,甚至破裂。这时根原基发生组织分化,先端出现根冠和分生组织,基部开始分化出输导组织,即根原基分化形成。梅嫩枝插条和硬枝插条分别在插后 15 d 和 20 d 出现根原基分化,到 20 d 和 25 d 左右,根原基内部的组织继续分化,输导组织与茎内输导系统连接沟通,不定根伸出组织的外部,形成完整的根。

根插是使根段上产生不定芽及产生不定根。不定芽会从靠近维管束的中柱鞘产生。老龄根上,不定芽从木栓形成层外生的类愈伤组织发展而来,芽原基也可能从根段切口愈伤组织发展而来。新根的再生往往比产生不定芽困难,可由潜伏的根原基形成,通常从靠近中央维管束的中柱鞘或内皮层的成熟细胞,或同时从两者产生,不定根的发生部位是维管束的形成层部分。一般幼龄根比老龄根再生能力强。

从解剖学观察表明,插穗不定根的发生,很大程度上取决于皮层解剖构造。如果皮层中有一二层或多层由纤维细胞构成的一圈环状薄壁组织时,发根就很困难。如没有这种组织,或者虽然有但不连续,发根就比较容易。

扦插生根时,枝条和根的固有极性明显地表现出来,即枝条总是在形态顶端抽生新梢,在其形态下端发生新根。而在根插时,在根段的形态顶端(即远离根颈部位)形成根,而在其形态基端(靠近根颈部位)发出新梢。因此,扦插时应注意不能倒插。

3.2.1.2 影响扦插生根的因素

1) 插穗的选择

(1) 植物种类与品种:插穗的生根能力因植物的种类、品种的遗传特性而不同。杨类、柳类及部分柳杉品种,在采条以前已有根原体,一般容易生根。葡萄、无花果、石榴、柠檬、香橼、豌豆、龙柏、菊花、彩叶草、香石竹、龟背竹、天竺葵以及仙人掌科植物茎段扦插也较易生根。但有些树种,如苹果在节部或节部叶迹下已经具有根原体,但仍难于生根。苹果枝条内虽有根原体,经过一年以上时间就完全木质化,失去分生能力,对扦插环境不能产生反应。同属不同种的如欧洲葡萄和美洲葡萄比山葡萄、圆叶葡萄发根容易;同种不同品种的扦插生根的难易也不同,这在柳杉、桑、茶、油橄榄、月季等树种中表现最为突出。

(2) 树龄、枝龄和枝条的部位:插穗的生根能力一般随亲本年龄的增加而降低,下降程度因树种或品种不同而有所不同。北美乔松进行扦插,4 年生母株上取的插穗,生根率达 100%,45 年生的则完全没有生根。苹果 2 年生植株根插成活率为 76%,而 4 年生为 13%。

枝龄对扦插生根也有一定影响,一般枝龄小,扦插易成活。一年生油橄榄扦插生根率为 100%,2 年生的扦插生根率只有 50%。根插也有类似情况,幼龄梨、苹果种根扦插,发芽和生根均比老根好。但有些树种,如醋栗用二年生枝扦插容易发根,这主要是一年生枝过于纤细,营养物质含量少。从同一个枝条不同部位上剪截的插条,其生根情况也不同。大樱桃在采用喷雾嫩枝扦插时,梢尖部分作插穗的比用新梢基部作插穗的成活率要高。又如雪松、杨、柳、珊瑚树、南天竹、夹竹桃、花叶万年青等,即使用老枝也同样能够成活。在用一年生枝扦插时,一般中部的枝段生根效果最好。从枝条木质化来看,杨树、松类,插穗过于成熟,生根能力会下降。草本植物扦插,较幼嫩的容易生根,如已经木质化则生根能力下降。

(3) 贮藏营养物质:因为生根和萌芽需要消耗很多营养物质,所以插穗的营养状态与生根能力密切相关。碳水化合物对发根有良好的作用。通常高碳水化合物与强健根系有关。缺氮会抑制生根,低氮可增加生根数,高氮影响生根数。硼对插条的生根和根系的生长有良好的促进作用,所以应对插条的母株补充硼。

(4) 插穗的叶面积:叶能合成生根所需的营养物质和激素,因此插条的叶面积大时对扦插生根有利。然而插条未生根前,叶面积越大,蒸腾量越大,插条容易枯死。所以扦插时,应依植物种类及条件,为有效地保持吸水与蒸腾间的平衡关系,应限制插条上的叶数和叶面积,一般留 2~4 片叶,大叶种类要将叶片剪去一半或一半以上。

2) 外界环境条件

(1) 温度:温度影响扦插生根,不同的花木要求不同的扦插温度,温度适宜生根迅速。大部分园艺作物的扦插适温是 20~25℃,如桂花、山茶、夹竹桃等;而原产于热带的园艺作物则需在 25~30℃ 的高温下扦插,如茉莉、橡皮树、鸡蛋花、朱蕉等。如果温度过高,伤口易发霉腐烂,因此,在盛夏进行嫩枝扦插时,成活率较低,当气温超过 35℃ 时不要扦插。

适宜的土温是保证扦插成活的关键,土壤的温度如能高出气温 2~4℃ 可促进生根。如果气温大大超过土温,插条的腋芽或顶芽在发根之前就会萌发,于是出现假活现象,使枝条内的水分和养分大量消耗,不久就会回芽而死亡。如银杏在高温季节扦插时往往出现这种现象。

（2）湿度。

① 土壤湿度：土壤的湿度要适度，以保证插枝生根所需水分。当扦插基质含水量达到饱和时，会使基质通气不良，含氧量降低，引起嫌气性细菌的大量发生，致使插条腐烂而死亡，一般基质含水量以最大持水量的 50%～60% 为宜。

② 空气湿度：硬枝扦插对空气湿度的要求不严，因为它们不带叶片，枝条大多木质化。而嫩枝扦插要求相当高的空气湿度，因为扦插时插条很难从基质吸收水分，加上插条本身的蒸腾作用，极易造成水分失去平衡。只有在较高的空气湿度下，才能最大限度地减少插穗的水分蒸腾，防止插条和叶片发生凋萎，并依靠绿色枝叶制造一些养分供发根所需。为此，常用喷雾或塑料薄膜覆盖的方法，保证扦插床空气相对湿度在 85%～90% 及以上。

（3）光照：许多木本花卉如木槿属、锦带花属、荚蒾属、连翘属，在较低光照下生根较好，但许多草本花卉，如菊花、天竺葵、一串红等，适当增强光照，则生根较好。另外，软枝扦插一般都带有顶芽和叶片，可在日光下进行光合作用，从而产生生长素并促进生根。但过强的日光对插穗成活不利，因此在扦插初期应给予适度遮荫。一些试验还证明，夜间增加光照有利于插穗成活。

（4）氧气：当愈伤组织及新根发生时，呼吸作用增强，因此要求扦插基质具备良好的供氧条件。理想的扦插基质既能经常保持湿润，又可做到通气良好，因此扦插不宜过深，愈深则氧气愈少，不利于插条生根成活。

（5）扦插基质：在露地进行硬枝扦插时，可在含砂量较高的肥沃砂壤土中进行，没有什么特殊的要求。嫩枝扦插可在水中、素沙中、蛭石中以及珍珠岩、椰子壳纤维、砾石、炉渣、木炭粉和大粒河沙中进行，上述这些材料在扦插繁殖中统称为扦插基质。

扦插基质应具有良好的通气条件，不含有机肥料和其他容易发霉的杂质，并能保持一定的湿度。上述扦插基质各有不同的优缺点，比如素沙和大粒河沙的通气条件好，又不含杂质，但它们的保湿和保温性差，夜间散热快，不能保持比较恒稳的土温；而蛭石具有很强的保温能力，但生产成本高。因此，在选用扦插基质时，多选用两种以上的材料相混合，以弥补彼此的缺点，如在大粒河沙中掺入 1/2～1/3 的泥炭来提高它的保温和保水性能，并利用泥炭中富含的腐植酸来刺激插条产生愈伤组织和发根，则能保证较高的成活率。总之，要因地制宜，就地取材，根据不同的作物种类灵活掌握，以求达到事半功倍的效果。

不论采用哪种材料作扦插基质，事先都必须进行消毒，或通过流水冲洗，或用日光曝晒的方法来清除杂质和消灭有害细菌，这是保证扦插成功的关键。在水插时则应经常换水，水质要清洁，并需提前一昼夜存放，使水温和气温相接近，以免忽冷忽热而延缓发根时间。

3.2.1.3　扦插方法

1）按插穗材料分

有枝插、叶插、叶芽插及根插。

（1）枝插：指用植物枝条作为繁殖材料进行扦插的方法。可分为硬枝扦插和软枝扦插，不论硬枝插，还是软枝插，都是茎的扦插（图 3-1）。它的不定根发育过程可以分为 3 个时期，一是细胞脱分化，接着发生分生组织群，即根原始细胞；二是细胞群分化成可见的根原基；三是新根的生长和突出茎外，包括突破茎的其他组织，同时形成与插条输导组织联系起来的维管束。

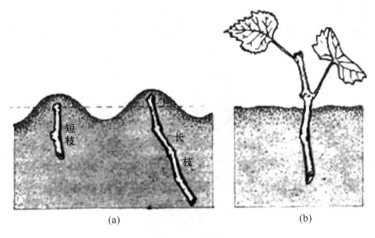

图 3-1   枝插
（a）硬枝扦插 （b）软枝扦插

① 软枝扦插或嫩枝扦插：用木本植物未完全木质化的绿色嫩枝作为材料，或是草本花卉、仙人掌及多肉植物在生长旺季进行扦插。如柑橘类、油橄榄、葡萄、苹果、梨、桃、李、杏、樱桃等果树及月季、玫瑰、木香等许多园艺观赏树木花卉，均采用此法。

② 硬枝扦插或老枝扦插：用木本植物已充分木质化的老枝作为材料，在休眠期进行扦插。

③ 芽插：用生长饱满尚未萌发的芽作为材料进行扦插。

嫩枝扦插一般剪取当年发育充实的半木质化枝条 6～10 cm，保留 2～3 个节，上端留 2～3 片小叶，剪口宜在节下，扦插深度占总长度的三分之一，随剪随插；嫩枝水插可把插穗捆成小捆，入水三分之一，每两天换一次水，在荫棚下养护。硬枝扦插一般在春、秋季进行，选一二年生充分木质化的枝条，长 15～20 cm，带 3～4 个节，剪去叶片，插入苗床。

（2）叶插：利用叶柄、叶脉的伤口部分产生愈合组织，然后萌发不定根和不定芽，进而形成新的植株。进行叶插的植物，大多有粗壮的叶柄、叶脉或肥厚叶片，如景天科和龙舌兰科的多肉植物及个别常绿花卉。

① 全叶插：插材为带叶柄的完整叶片或不带叶柄的完整叶片。根据扦插方法的不同又可分为直插法和平置法。直插法是将叶片的叶柄部分插入基质中，叶片直立，最后叶柄基部发生不定根和不定芽，如大岩桐、非洲紫罗兰、豆瓣绿、球兰等可用叶柄插。平置法则是将叶片去柄，将叶片上的粗壮叶脉用刀切断数处，平铺于基质上面，用竹针固定或用小块厚玻璃压在叶片几个部位上，使其全叶脉与沙面贴紧，保持较高的空气湿度，约经一个月幼苗从叶脉伤口处萌发。如蟆叶秋海棠，自叶基部或叶脉处发生小芽（图 3-2）。

图 3-2   全叶插（平置法，蟆叶秋海棠）

② 片叶插:通常采用直插法。以虎皮兰为例,将叶片切成小段,每段长 4～6 cm,浅插于素沙土中,经过一段时间后可见从基部萌发须根,进而长出地下茎。根状茎顶芽长出新植株(图3-3)。

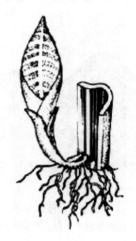

图3-3 片叶插(虎尾兰)

(3) 叶芽插:在腋芽成熟饱满而尚未萌动前,将一片叶子连同茎部的表皮一起切下,叶腋有芽,一起再插入基质中,腋芽和叶片留在土面外。当叶柄基部主脉的伤口部分发生新根后,腋芽成长为新的植株。

大白菜的叶芽插:叶片中取下的一段中肋,其中带一个腋芽和一小块茎组织,这样每一叶片就可以切取一块繁殖材料。将其在萘乙酸或吲哚丁酸$(1\,000\sim2\,000)\times10^{-6}$的水溶液中进行速浅蘸,只蘸及茎部切口底部。用生长素处理后,插于熏灰稻壳与沙的混合基质中,在室温 20～25℃、空气相对湿度 85%～95%条件下,经 10～15 d,就开始发芽生根,成活率达 85%～90%。特别适于提高自交不亲和系等优良品系的繁殖率。

通常将带叶芽插包括在叶插中,严格地说,叶芽插并不是单纯的叶插。叶芽插在印度榕的繁殖中用得最多,山茶、茶梅、柑橘、珊瑚树、大花栀子、八仙花、郁李、菊花、大丽花、橡皮树、龟背竹等也可用叶芽插繁殖(图3-4)。

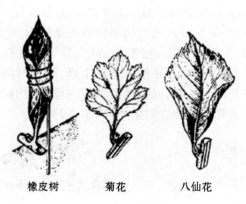

橡皮树   菊花   八仙花

图3-4 叶芽插

(4) 根插:有些植物,虽然枝条扦插不易发生不定根,但是若用根系扦插,在一定条件下可以发生不定芽。利用根插繁殖的物种有枣、柿、核桃、李、山楂、杜梨、榅桲、海棠果、芍药、补血草、荷包牡丹、牛舌草、剪秋萝、宿根福禄考等果树和宿根花卉。一般做法是,将根剪成长 5～10 cm,粗根斜插入基质,细根平埋约 1 cm 深;插后保持表土湿润,需见光,提高土温(图3-5)。

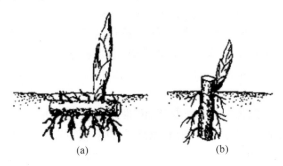

图 3-5 根插
(a) 全埋根插 (b) 露顶根插

枣的根插法:于休眠期选取直径 0.5～1.5 cm 的一年生根为插穗。将所选的一年生粗壮根截成长 15～20 cm 的根段,上切口为平口,下切口为斜形,于春季扦插。插时多是定点挖穴,将其直立或斜插埋入土中,根上部与地面基本持平,表面覆 1～3 cm 厚的锯末或覆地膜,经常浇水保湿。

对于某些草本植物如牛舌草、剪秋萝、宿根福禄考等根段较细的植物,可把根剪成 3～5 cm长,撒播于苗床,覆砂土 1 cm,保持湿润,待不定芽发生后移植。

植株要成活,既要产生不定枝,又要产生不定根,最常见的是先发出不定枝,再发生不定根,而且往往是在新发不定枝的基部发新根,而不是在插根上发生新根。幼龄实生苗的根进行根插比用老树的根易于成功。幼根在靠近维管形成层的中柱鞘内发生不定芽。

2) 按扦插季节分

有春插、夏插、秋插和冬插。

(1) 春插:春季进行。主要用老枝或休眠枝作材料,此插条可用冬季储存的枝条。

(2) 夏插:于夏季梅雨季节进行。空气湿润,气温合适,用当年生绿枝或半绿枝扦插。特别适用于要求高温的常绿阔叶树种的扦插。

(3) 秋插:在 9～10 月份进行。用发育成熟的枝条,生根力强,具一定的耐寒力,为第二年生长打下基础。多用于多年生草本花卉的扦插。

(4) 冬插:于冬季温室内或大棚内进行。

3.2.1.4 促进插穗生根的方法

1) 机械处理

(1) 剥皮:对木栓组织比较发达的枝条(如葡萄),或较难发根的木本园艺作物的种和品种,扦插前可将表皮木栓层剥去(勿伤韧皮部),对促进发根有效。剥皮后能增加插条皮部吸水能力,幼根也容易长出。

(2) 纵伤:用利刀或手锯在插条基部 1～2 节的节间处刻划 5～6 道纵切口,深达本质部,可促进节部和茎部断口周围发根。

(3) 环剥:在取插条之前 15～20 d,对母株上准备采用的枝条基部剥去宽 1.5 cm 左右的一圈树皮,在其环剥口长出愈合组织而又未完全愈合时,即可剪下进行扦插。

2) 黄化处理

对不易生根的枝条一般在新梢生长初期,即扦插前3周,在基部先包上脱脂棉,再用黑布条、黑尼龙或黑纸包裹基部。如砧木扦插,可将枝条压倒覆土黄化。若用吲哚丁酸(IBA)等生长素对枝条进行黄化处理后再扦插,效果更佳。黄化处理使枝条有较强的发根机能,抑制生根阻碍物质的生成,增强生长素的活性,并减少了组织硬化程度,所以根原体的诱发可以从黄化部位发生。但是造成形态根的主要原因,则是黄化部位增加了内源吲哚乙酸(IAA)的缘故。

3) 加温处理

早春扦插时气温高、土温低,插条先发芽,但难以生根而干枯死亡,是导致扦插失败的主要原因之一。为此,可人为地提高插条下端生根部位的温度,降低上端发芽部位的温度,使插条先发根后发芽。如葡萄等扦插时,大多用火炕增温来促进插条生根,炕面铺一层沙或锯木屑,厚3～5 cm,将插条成捆直立埋入,捆间用湿沙或湿锯木屑填入,露出顶芽,使插条基部保持在20～28℃,气温在8～10℃以下,为保持湿度,要经常喷水,使根原体迅速分生,而芽受到气温限制后延缓萌发。现在多采用电热线和恒温仪进行控制,保持基质土温恒定,促进发根。

4) 激素处理

1934年和1935年生长素的发现,如吲哚乙酸对促进茎和叶发生不定根很有价值,以后人工合成的类生长素陆续出现,有IBA、萘乙酸(NAA)等,人们很快发现其中IBA和NAA比IAA对促进生根更为有效,尤以IBA对促进生根的效果最好。

不同种类的生长素其稳定性不同,吲哚乙酸对光敏感,没有消毒的吲哚乙酸溶液很快被细菌所破坏,所以吲哚乙酸要随配随用。但吲哚丁酸、萘乙酸却很稳定。

(1) 生长素类应用特点。

① 一般可以使生根所需时间缩短1/3以上。因此扦插因水分、养分耗竭而枯死的机会也就减少。

② 能提高插穗的生根率。

③ 使少数长根出现时,可以成为短而紧凑的根系。

(2) 生长素处理方法。

① 稀溶液浸渍法:硬枝一般5～100 mg/L,插穗基部浸渍12～24 h;嫩枝一般5～25 mg/L,浸12～24 h。另外,将生长素配成2 000～4 000 mg/L高浓度溶液进行5 s速蘸,处理时间短,较方便;也有用500～1 000 mg/L浸渍1～2 h的,如福建对荔枝插穗进行IBA处理就采用此法,生根效果很好。

② 粉剂蘸黏:用滑石粉作稀释的填充料,配成500～2 000 mg/kg,混合2～3 h即可使用。先将插条基部用清水浸湿,然后蘸粉进行扦插。

5) 其他化学物质处理

有些生根较难的插穗,先用生长素处理后用维生素B₁处理,可获得较高生根率。柠檬扦插中,除植物激素外,加入少量维生素B₁,可以促进生根。维生素C在扦插中也有促进生根作用。维生素H是生根必需的生物素,维生素B₁的作用和维生素H类似,所以实际上多采用维生素B₁。维生素处理浓度为1 mg/L,插穗基部浸12 h左右。

糖类对紫杉、日本铁杉等针叶树,以及山茶、黄杨、钝叶水蜡、柠檬等阔叶树处理效果好,草本的菊、松叶菊等园艺观赏植物糖类处理效果也好。糖类以蔗糖2%～10%浓度水溶液为宜,不论其单独使用或与生长素混用,一般将插穗基部浸渍10～24 h,温度高、浓度高的处理时间可短些。

用高锰酸钾处理,对圆叶女贞、柳杉、榕树、一品红以及菊花、倒挂金钟、小花天竺葵、洋紫苏等具有促进生根效果,一般处理浓度为 0.1%～0.5%,浸数小时至一昼夜。

3.2.2 压条繁殖

压条繁殖是无性繁殖的一种,它将连着母体的枝条压埋土中或包埋于生根介质中,待不定根产生后切离母体,形成一株完整的新植株。压条繁殖法的优点是成活率高、成苗快、开花早、不需特殊处理、方式简单,设备少,但操作费工、繁殖系数低,不能大规模采用。压条法适于扦插难以生根植物的繁殖,如龙眼、荔枝、榛、芒果、番石榴、圆叶葡萄及苹果无性系砧木等的繁殖。

3.2.2.1 影响压条生根的因子及前处理

1) 压条生根原理

压条前一般在芽或枝的下方发根部位进行创伤处理,然后将处理部位埋压于基质中。这种前处理的方式如环剥、环缢、环割等。它们将顶部叶片和枝端生长枝合成的有机物质、生长素等向下输送通道切断,使这些物质积累在处理口上端,形成一个相对高浓度区。由于其木质部又与母株相连,所以继续得到源源不断的水分和矿物质营养的供给。再加上埋压造成的黄化处理,使切口处像扦插生根一样,产生不定根。

2) 压条生根的处理

(1) 机械处理:包括环剥、环缢、环割。一般环剥是在枝条节、芽的下部剥去 2 cm 宽左右的枝皮;环缢是用金属丝在枝条的节下面绞缢;环割则是环状割 1～3 周。以上处理都深达木质部,并切断韧皮部筛管通道,使营养和生长素积累在切口上部。

(2) 黄化或软化处理:用黑布、黑纸包裹或培土包埋枝条使其软化或黄化,以利根原体突破厚壁组织。黄化部分能生长出相当数量的根,将它们从母株切开就可供嫁接用。

(3) 激素处理:和扦插一样,吲哚丁酸、吲哚乙酸、萘乙酸等生长素处理能促进压条生根,但是因为其枝条连接母株,所以不能用浸渍方法,只宜用涂抹法进行处理。为了便于涂抹,可用粉剂或羊毛脂膏来配制,或用 50%酒精配制,涂抹后因酒精立即蒸发,生长素就留在涂抹处。尤其在空中压条中生长素处理对促进生根效果很好。

(4) 保湿和通气:良好的生根基质必须能保持不断的水分供应和良好的通气条件。轻松土壤和锯屑混合物,或泥炭、苔藓都是理想的生根基质。如将细碎的泥炭、苔藓混入在堆土压条的苹果砧的土壤中可以促进生根。

3.2.2.2 压条繁殖的方法

依据埋条状态、位置及其操作方法,压条繁殖可分为普通压条法(simple layer)、直立压条法(mound layer)和空中压条法(air layer)等 3 种类型,其中普通压条法又衍生出先端压条(tip layer)、水平压条(trench layer)和波浪状压条(serpentine layer)等方法。根据压条的时期,压条繁殖又可分为休眠期压条和生长期压条两种方法,休眠期压条是利用一年生枝条于秋季落叶后或早春发芽前进行,生长期压条是利用当年生新梢在雨季进行。

1) 普通压条法

将母株基部1~2年生枝条下部弯曲并用刀刻伤埋入土中10~20 cm,枝条上端露出地面。埋入部分用木钩钩住或石块压住。灌木类还可在母株一侧挖一条沟,把近地面的枝条节部多部位刻伤埋入土中,各节都可生根发苗。藤本蔓生的花卉可将枝条波浪状埋入土中,部分露出部分入土。生根发芽后可剪断枝条,生出多个新植株来。可用压条繁殖的花木很多,如石榴、栀子花、蜡梅、迎春、吊金钟等(图3-6)。

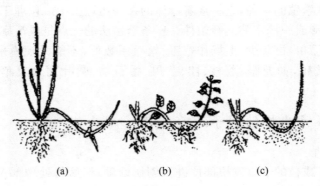

图3-6　普通压条法示意

(a) 短截促萌　(b) 第一次培土　(c) 第二次培土

2) 直立压条法

又叫垂直压条法、培土压条法、堆土压条法和雍土压条法等。用于分蘖多、丛生性强的植物,只要在母株基部培土,枝条不需压弯即可使其长出新根,如苹果矮化砧、贴梗海棠、石榴、醋栗、无花果、夹竹桃、木兰、牡丹、海桐、八仙花、金银木、栀子花等的繁殖(图3-7)。

3) 空中压条法

有些果树、花木树体大,枝条不易弯曲且发根困难,如柑橘、枇杷、荔枝、龙眼、白玉兰、米兰、含笑、变叶木、山茶、金橘、杜鹃、桂花、梅花、印度橡皮树等。在生长旺季用二年生发育完好的枝条,适当部位环状剥皮或用刀刻伤,然后用竹筒或塑料袋装上泥炭土、苔藓、培养土等包在剥刻部位,经常供水保持湿润,待生根后切离母株,带土去包装植入盆中,放在荫棚下养护(图3-8)。

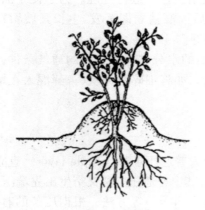

图3-7　直立压条法示意

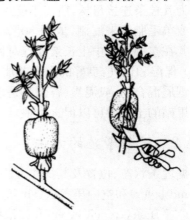

图3-8　空中压条法示意

3.2.3 分生繁殖

分生繁殖是植物营养繁殖方式之一,是利用植株基部或根上产生萌枝的特性,人为地将植株营养器官的一部分与母株分离或切割,另行栽植和培养而形成独立生活新植株的繁殖方法。新植株能保持母本的遗传性状,方法简便,易于成活,成苗较快。常应用于多年生草本花卉及某些果树、花木。依植株营养体的变异类型和来源不同分为分株繁殖和分球繁殖两种。

3.2.3.1 分株繁殖

分株繁殖是将植物带根的株丛分割成多株的繁殖方法。操作方法简便可靠,新个体成活率高,适于易从基部产生丛生枝的园艺作物。但产苗量少,繁殖系数低,不能适应现代大面积栽培的需要。

此种方法成苗快,分栽植株几乎当年开花。常见的多年生宿根花卉如兰花、芍药、菊花和萱草属、玉簪属、蜘蛛抱蛋属的植物等,木本花卉如牡丹、木瓜、蜡梅、紫荆和棕竹等均可用此法繁殖。

草莓、筋骨草、虎耳草、蛇莓、薄荷、水苏、香蕉、石榴、枣、樱桃等可将母本发生的根蘖、茎蘖、根茎等分割栽种进行繁殖。

常绿花木多在春暖前进行分株,落叶花木在休眠期进行。

分株繁殖依萌枝的来源不同大致分为以下 3 类。

1) 根蘖分株法

枣、山楂、树莓、樱桃、李、石榴、杜梨、山定子、海棠果、万年青、萱草、玉簪、蜀葵、一枝黄花等,其根系在自然条件或外界刺激下可以产生大量的不定芽。当这些不定芽发出新的枝条后,连同根系一起剪离母体,成为一个独立植株。这种繁殖方式称为根蘖繁殖,所产生的幼苗称为根蘖苗。如果产生根蘖苗的母株地上部与地下部遗传特性一致(无论是自根苗还是实生苗),那么根蘖苗的遗传特性也与母株完全一致。如果母株是嫁接苗,那么根蘖苗的遗传特性只与母株的砧木一致。为了促进根蘖苗的发生,可以结合秋冬施肥,将树冠外围部分骨干根切断,然后施以肥水,促使根蘖大量发生。

2) 吸芽分株法

某些植物根际或地上茎叶腋间自然发生的短缩、肥厚呈莲座状短枝。吸芽的下部可自然生根,故可分离而成新株。多浆植物中的芦荟、景天,拟石莲花等在根际处常着生吸芽,凤梨、菠萝在地上茎叶腋间产生吸芽,落地生根叶子边缘常生出很多带根的无性芽。将吸芽与母株分开,便可培育出与母株遗传性一致的无性系幼苗。

3) 匍匐茎或走茎分株法

草莓以及草坪草(如狗牙根、野牛草等)地上茎的腋芽在生长季节能够萌发出一段细的匍匐于地面的变态茎,被称为匍匐茎。匍匐茎的节位上能够发生叶簇和芽,下部与土壤接触,能长出不定根。夏末秋初,将匍匐茎剪断,得到独立的幼苗。虎耳草、吊兰等叶腋间能长出一段较长的不贴地面的变态茎,被称为走茎。走茎的节上也能产生不定根和叶簇,分离后栽植即可成为新植株。

3.2.3.2　分球繁殖

分球繁殖是指利用具有贮藏作用的地下变态器官（或特化器官）进行繁殖的一种方法。一些园艺作物具有产生变态根（如块根）或变态茎（如鳞茎、球茎、根茎、块茎等）的特性，利用这些变态营养器官，可以培育出遗传特性一致的无性系后代幼苗。

1）块根繁殖

块根由不定根（营养繁殖的植株）或侧根（实生繁殖植株）经过增粗生长而形成块状的肉质贮藏根。繁殖时，可以用整个块根，也可将块根切块繁殖，但需将块根和根茎处萌生芽一起分割，才能生长发育。有些分割部分能形成不定芽，如大丽花、花毛茛、豆薯、天门冬、欧洲银莲花等。

2）块茎繁殖

块茎由茎肥大变态形成，形状不一，多近于块状。块茎上有芽眼，根系自块茎底部发生。块茎外没有薄膜状变态叶包裹，芽仅着生在顶部附近。块茎类可分为由胚轴部分年年肥大而成的非更新类型和侧芽着生在块茎各部可自然分球的种类，前者如仙客来、大岩桐，由于无自然分球的习性，依靠种子繁殖；后者如花叶芋、银莲花、马玲薯、菊芋类等，这类块茎能进行自然分球繁殖。可用整个块茎繁殖，亦可将块茎分割繁殖，但切块须有一定的大小。

3）根茎繁殖

根茎是植物的地下茎肥大变态而成的一些种类，在地下水平生长呈圆柱形，有节和节间，节上有小而退化的鳞片叶，叶腋中有腋芽，由此发育为地上枝，并产生不定根。具根茎的植物可将根茎切成数段进行繁殖。根茎节上的不定芽生长膨大形成新的根茎，通常在新老根茎的交界处分割，保持每节具 2～3 个芽于春季发芽之前进行分割栽种。一般如美人蕉、荷花、睡莲、鸢尾、香蒲、紫菀等多用此法繁殖。

4）球茎繁殖

球茎由茎肥大变态成球状或扁球状，顶端及节间上有芽，叶成薄膜状包裹着外面，主要种类如：唐菖蒲、番红花、小苍兰、酢浆草、荸荠、慈姑等。球茎通过顶芽的生长发育，基部膨大短缩成肥厚近球状的地下茎，茎上有节和节间，节上有干膜状的鳞片叶和腋芽，繁殖时可分离新球和子球，或切块繁殖。唐菖蒲除经过上述分生形成新球外，母球和新球间的茎节上的腋芽伸长分枝，继而先端膨大可形成小球茎，小球茎栽种一年即成新球。小苍兰、鸢尾等球茎类虽然也形成小球茎，但与唐菖蒲不同，其腋芽不分枝，因此小球茎数相对较少。

5）鳞茎繁殖

具有鳞茎的植物，其叶变态成多肉肥厚的鳞片，茎短缩成盘状，俗称鳞茎盘，鳞茎盘顶端的中心芽和鳞片间的侧芽，为植物体生育的新个体，在繁殖上有重要的意义。依有无外皮膜的包裹，分为有皮鳞茎和无皮鳞茎。

(1) 有皮鳞茎：也称层状鳞茎，鳞片层层包裹着主轴，最外部的鳞叶成皮膜状。如郁金香、风信子、水仙、朱顶红、球根鸢尾、大蒜、韭葱等。多数有皮鳞茎都由鳞片间的侧芽发育成子球，并逐渐变大，不久即可自然分球。中国水仙的分球习性也属于这一类，母球种植时，鳞片间的小球原基已能辨认，并有 4～5 枚叶的分化，种植一年后，叶原基分化伸长，长出辅叶和同化叶，小球原基发育成侧鳞茎。同时，在主球和侧鳞茎同化叶的叶腋中又能观察到小球原基（相当于孙球），采收挖掘时，侧鳞茎与主球的底相连，干燥后可分离，一般分化一年以上就可从主球进行自然分球,栽种2~3年后即可开花。

但有的鳞茎类,如朱顶红、风信子等自然分球的繁殖系数很低。因此,实践中常采用一些人为的促进方法。

(2)无皮鳞茎:其由肥厚的鳞片瓦片状排列在鳞茎盘四周,没有外皮包裹。无皮鳞茎种类不多,主要有百合、贝母等。百合类的营养繁殖除自然分球外,许多种的地下茎产生的侧鳞茎也可作为繁殖材料,如铁炮百合、鹿子百合、毛百合、卷丹等,其中卷丹还可用珠芽繁殖。

6)珠芽及零余子

珠芽为某些植物所具有的特殊形式的芽,生于叶腋间,如卷丹。零余子是某些植物的生于花序中的特殊形式的芽,呈鳞茎状(如观赏葱类)或块茎状(如山药类)。珠芽及零余子脱离母株后自然落地即可生根。

3.2.4　嫁接繁殖

嫁接是将一植物体的枝或芽移接到另一带根的植物上,使两者结合成一个独立的新个体,并能继续生长的繁殖方法。被接的枝和芽叫做接穗,承受接穗的植物叫砧木。嫁接繁殖是果树、花卉植物繁育技术的一种主要方法。通过嫁接方法培育出来的幼苗,称为嫁接苗。嫁接繁殖具有成苗快,开花早等特点。

3.2.4.1　嫁接繁殖的特点

1)克服某些植物不易繁殖的缺点

一些优良花卉植物扦插或压条不易成活,或者播种繁殖不能保持其优良特性,如矮化观赏碧桃、重瓣梅花等。再如仙人掌类不含叶绿素的黄红、粉色品种只有嫁接在绿色砧木上才能生存。一些不易用扦插、分株等方法繁殖或生长发育较慢的优良品种,如云南山茶、白兰、梅花、桃花、樱花等,常用嫁接方法繁殖。

2)保持原品种优良性状

由于接穗能保持植株的优良性状,而砧木一般不会对接穗的遗传性产生影响。因此可将不同品种花木嫁接在一株砧木上以提高观赏价值,这种做法在杜鹃、山茶、菊花、仙人掌类上常用。

3)扩大接穗品种适应性

嫁接可以利用砧木对风土的适应性达到扩大栽植区域的目的。如利用砧木抗寒、抗旱、耐涝、耐盐碱、抗病虫害等特性来增强接穗品种的适应性。为使葡萄抗根瘤蚜和抗寒,可以采用抗根瘤蚜砧木河岸葡萄和抗寒的山葡萄砧嫁接。柑橘利用枸头橙耐盐碱的特性,将其作砧木嫁接温州蜜柑,可使温州蜜柑扩大到海涂种植。如果将北京冬季易遭冻害的龙柏、洒金柏、翠柏等接在桧柏或侧柏上,便能安全越冬。再如牡丹嫁接在芍药上、西鹃嫁接在毛白杜鹃上均可提高其适应能力。切花月季常用强壮品种作砧木使其能旺盛生长。

4)提前开花结实

由于接穗嫁接时已处于成熟阶段,砧木根系强大,能提供充足的营养,使其生长旺盛,有助于养分积累。所以嫁接苗比实生苗、扦插苗生长苗壮,能提早开花结实。实生板栗要10~15年才能结果,而嫁接苗一般2~3年就可结果;银杏实生苗需要生长18~20年才开始结果,而嫁接苗生长 3～4 年便可结果。

5）改变植株造型

通过选用砧木,可培育出不同株型的苗木,如利用矮化砧寿星桃嫁接碧桃;利用乔化砧嫁接龙爪柳;利用蔷薇嫁接月季,可以生产出树状月季等,使嫁接后的植物具有特殊的观赏效果。垂枝桃、垂枝槐(盘槐)、垂丝樱桃等只有嫁接在直立生长的砧木上方能体现下垂的优美姿态。菊花利用黄蒿作砧木可培育出高达 5 m 的塔菊。

6）成苗快

由于砧木比较容易获得,而接穗只用一小段枝条或一个芽,因而繁殖期短,可大量出苗。

7）提高观赏性和促进变异

对于仙人掌类植物,嫁接后,由于砧木和接穗互相影响,接穗的形态比母株更具观赏性。有些嫁接种类由于遗传物质相互影响而发生变异,产生了新种。著名的龙凤牡丹,就是绯牡丹嫁接在量天尺上发生的变异品种。适当的砧木接穗组合往往可以增进品质,提高产量。用山杏砧嫁接紫叶李比用山桃砧嫁接紫叶李的叶色更红而鲜艳美观。

8）嫁接的缺点

一是局限性,嫁接主要限于双子叶植物,单子叶植物较难成活,即使成活,寿命也较短。二是费工费时,嫁接和管理以及砧木的培育需要一定的人力和时间。三是技术性强,嫁接是一项技术性较强的工作,要有熟练的技术员工。

3.2.4.2　嫁接愈合过程

嫁接的过程实际上是砧木与接穗切口相互愈合的过程。愈合发生在新的分生组织或恢复分生的薄壁组织的细胞间,通过彼此间连合完成。嫁接口的愈合通常分为愈伤组织的产生、形成层的产生和新维管束组织产生三个阶段。

首先在砧木和接穗切口表面产生一层褐色的坏死层,把砧木和接穗的生活细胞分隔开。在适宜的温度和湿度下,不久坏死层下的薄壁细胞便大量增殖,产生一些新的细胞,称为愈伤组织。愈伤组织的不断增生,将接穗包围且固定下来,使两者愈伤组织内的薄壁细胞相互连成一体。由愈伤组织的外层与砧木和接穗原有形成层相连部分分化出新的形成层细胞,并逐渐向内分化,最终与砧穗原有的形成层连接起来。新形成层产生新的维管束组织,完成砧穗间水分和养分的相互交流,这样就形成一个新的植株。

3.2.4.3　影响嫁接成活的因子

1）砧木与接穗的亲和性

嫁接亲和力是指砧木与接穗经嫁接能愈合并正常生长的能力。具体讲,指砧木和接穗内部组织结构、遗传和生理特性的相识性,通过嫁接能够成活以及成活后生理上相互适应。嫁接能否成功,亲和力是最基本的条件。亲和力越强,嫁接愈合性越好,成活率越高,生长发育越正常。

砧、穗不亲和或亲和力低现象的表现形式很多,一是愈合不良:嫁接后不能愈合,不成活,或愈合能力差,成活率低。有的虽能愈合,但接芽不萌发;或愈合的牢固性很差,萌发后极易断裂。二是生长结果不正常:嫁接后虽能生长,但枝叶黄化,叶片小而簇生,生长衰弱,以致枯死。有的早期形成大量花芽,或果实发育不正常,肉质变劣,果实畸形。三是砧、穗接口上下生长不协调:造成"大脚"、"小脚"或"环缢"现象。四是后期不亲和:有些嫁接组合接口愈合良好,能正常生长结果,但经过若干年后表现严重不亲和。如桃嫁接到毛樱桃砧上,进入结果期后不久,即出现叶片黄化、焦梢,枝干甚至整株衰老枯死现象。

亲和力的强弱取决于砧、穗之间亲缘关系的远近,一般亲缘关系越近,亲和力越强。同种或同品种间亲和力最强,如板栗接板栗、秋子梨接南果梨等,西瓜接在南瓜上、月季接在蔷薇上都较好。同属不同种间的亲和力较不同科不同属的强。

此外,砧、穗组织结构、代谢状况及生理生化特性与嫁接亲和力大小有很大的关系。如中国栗接在日本栗上,由于后者吸收无机盐较多,因而产生不亲和,而中国板栗嫁接在中国板栗上则亲和良好。

2)植物种类

植物种类不同,嫁接愈合的难易也不同。一般愈伤组织形成快的树种,成活率高。因为形成愈伤组织需要一定的营养物质和能量,含营养物质多的、韧皮部发达的树种就容易成活,而含树脂、单宁多,髓部较大,导管、管胞细小的种类愈合就较困难,嫁接也不易成功。如嫁接柿和核桃时常因单宁类物质较多而影响成活。

3)嫁接后的温度、湿度和通气条件

形成层和愈伤组织要在一定温度下才能活动,桑树形成层最适温度在 $20\sim25℃$,所以在春季 4 月嫁接成活率最高。苹果嫁接在 20℃时最有利于愈合。嫁接葡萄,以 $24\sim27℃$ 最为合适,29℃或更高温度会过度地生出柔软的愈伤组织,春季嫁接过晚成活率低,其中温度升高也是原因之一。

空气相对湿度接近饱和,对愈合最为适宜。愈伤组织内薄壁细胞嫩弱,不耐干燥。过度干燥会使接穗失水,切口细胞枯死。极饱满的细胞比萎蔫细跑更有利于愈伤组织增殖,生产上用接蜡或塑料薄膜使愈伤组织上保持一层水膜,这样大大有利愈合。

通气有利于愈合,一般空气中氧气在 12% 以下或 20% 以上都会妨碍愈合作用进行。愈合能在二氧化碳浓度大的情况下进行,但二氧化碳浓度大而氧气供应不足有时也影响愈合。不同植物对氧气要求高低不同,要求高的不宜用接蜡,否则会限制通气和氧气的供应而影响愈合。

4)砧木接穗生理

嫁接季节对一般露地嫁接的成活率影响很大。生产上多在春季和晚夏进行,这时嫁接省力、成活率高、费用少,不需要特殊保护措施。枝接多在春季萌发前进行,此时砧木接穗组织充实,温度、湿度均有利于形成层旺盛分裂和愈伤组织的形成。芽接则在晚夏或早春进行,此时接芽充实饱满,晚夏砧木形成层处于活动旺盛期,在形成层两侧产生幼年的薄壁细胞。这些新形成的细胞彼此很易分离,因而造成树皮容易剥离,此时芽接成活率高。

5)植物内含物对愈合的影响

核桃、板栗、柿、葡萄等树木,嫁接时在砧木的切口处常常流出很多伤流,伤流成分因树种不同而异,一般含有各种糖、氨基酸,有些则含较多的酚类物质。核桃、柿子、板栗、葡萄等植物伤流多,接穗浸泡在伤流中,窒息伤口细胞呼吸,阻碍砧木与接穗双方物质交流和愈合,使嫁接失败。

6)植物极性

以根颈为中心,当嫁接两个茎段时,要将接穗形态学近端插在砧木形态学远端;嫁接一个茎段到一个根段上,则接穗近端要接到根砧近端上。嫁接时如极性正确,接穗不久成活,就会逐渐增粗;倒接虽然能愈合,但不能生长。

3.2.4.4 接穗和砧木的选择

1) 接穗的选择

接穗是嫁接于砧木上的枝或芽,生长发育成接穗品种的树冠。严格选用接穗是苗木成活和植物栽培成功的前提。多肉植物或草本植物嫁接,以及一些阔叶常绿植物嫁接,如油橄榄、柑橘等植物都是随采随用,不宜预先收集贮藏。这些阔叶树接穗采集后,必须立即将叶片全部剪除,保留叶柄,否则蒸腾过快,会造成枝条失水而影响成活。

生产上为了保证品种纯正优良,须建立良种母本园。一般要选用发育健壮、丰产稳定、无检疫对象、无病虫害和病毒、性状已充分表现的成年植株作母本树。通常剪取树冠外围生长充实、枝条光洁、芽体饱满的发育枝或结果枝(如橘柑类)作接穗。春季嫁接多采用翌年生长的枝条,避免采用老枝。但有些种类,如无花果、油橄榄等只要枝条粗度适宜,虽然二年生也能取得很高成活率,枣树则可用1~4年生枝条作接穗。夏季嫁接选用当年成熟的新梢,也可用贮藏一年生枝或多年生枝;秋季嫁接则多选用当年生春梢。

夏、秋季嫁接用的接穗,可随采随用。采集最好是在早、晚进行,此时枝条含水量最高。要剪取木质化程度较高、新芽未萌发的成熟枝条。剪去枝条上下两端不充实、芽眼不饱满的枝段,生长期取的则应立即剪去叶片,留下与芽相连的小段叶柄。为防止病虫害传播,应对接穗消毒,并喷水保湿。接穗在空气相对湿度80%~90%、4~13℃的低温下存放最理想。贮藏期间要防止霉烂、干死和芽提前萌发。

2) 砧木的选择与培育

(1) 砧木的选择:由于砧木对接穗的影响较大,而且可选取砧木种类繁多,在选择时应因地、因时制宜。依据砧木来源可分为实生砧和无性系砧两类。

① 实生砧:用种子繁殖,生产简单,成本低,能在短时间内获得大量的苗木。又由于大部分病毒不是通过种子传播,因而实生砧带其母株病毒的机会少,这是我国当前生产砧木的主要方法。

② 无性系砧:是指经过选择或育出对接穗有良好影响的砧木,再经营养繁殖法加以繁殖作为砧木使用。

理想砧木的选择应具备以下条件:一是与接穗亲和力强,和多数栽培品种亲和良好,一般同属植物的亲和力较强。二是对栽培地区、气候、土壤等环境条件的适应能力强,如毛桃耐湿性强,但抗寒性较弱;而山桃则相反。因此,在选用梅花砧木时,南方地区选用毛桃,北方地区多选用山桃。三是对接穗的生长、开花、结果、寿命能产生积极的影响。四是来源充足、易繁殖,如西鹃嫁接所用砧木映山红或毛鹃的来源广泛,野生数量较大,可满足嫁接的需要。五是对病虫害、旱涝、低温等有较好的抗性,野生砧木一般都具有较强的抗性。六是在运用上能满足特殊需要,具有所希望的生长力,如乔化、矮化、无刺等。七是根系发达,能吸收足够的营养物质。

(2) 砧木的培育:砧木可无性繁殖或有性繁殖。但繁殖砧木最好用播种方法培育实生苗,这是因为实生苗对外界不良环境条件抵抗力强、寿命长。另外,实生苗的真年龄小,不会改变优良品种接穗的固有性状。如月季可用蔷薇的实生苗或扦插苗嫁接,但扦插苗的真年龄往往比月季的真年龄要大,嫁接后容易改变月季的某些特性。实生苗砧木在培育时应注意肥水供应,并结合摘心措施使之尽快达到嫁接的要求。

3.2.4.5 嫁接的时间和方法

1) 嫁接时期

一般的枝接多在早春进行,芽接以在夏末秋初接穗腋芽已发育充实时进行为佳。菊花在其生长期内均可进行嫁接,仙人掌类植物可周年进行。常绿阔叶树、针叶树一般现采现接。嫁接后砧木和接穗要有一定的温度才能愈合。因此,自然条件下的嫁接多在生长季节。各时期嫁接特点如下。

(1) 春季嫁接:带木质芽接,接穗的芽必须未萌发,并要在砧木大量萌芽前结束嫁接。而根接则可在冬季进行,接好后成小捆砂藏,春季再移植到地里。除根接外嫁接时期较短,接后当年可以培养成苗出圃。

(2) 初夏嫁接:5 月中旬至 6 月上旬,砧木和接穗皮层都能剥离时进行芽接。适宜嫁接时期很短,一般掌握在剪砧后接芽萌发时仍处于梅雨季节嫁接,这样接芽所发新梢在空气湿度高的环境下生长,成活率高。而桃、杏、李、樱桃及扁桃等核果类果树嫁接时易流胶,则要避开高湿季,多在梅雨前进行嫁接并愈合,使梅雨季抽梢。

(3) 夏秋嫁接:7~8 月主要进行不带木质的芽接,我国中部和华北地区一般可延至 9 月下旬。此阶段砧、穗形成层分裂活跃,容易离皮,适宜嫁接时期长,成活率高。接穗多随采随用。

在低纬度湿热地带嫁接柑橘,除冬季 12 月至翌年 1 月外,其余时间都可进行。温室植物不受季节影响,只要有适宜的接穗和砧木,全年均可嫁接。

2) 嫁接前的准备工作

(1) 嫁接工具:主要有刀、剪、凿、锯、手锤。正确选择使用这些工具,不但可提高工效,而且可使伤面平滑,接面密接,有利愈合,从而提高嫁接成活率,促使苗木整齐、生长健壮。

嫁接刀有芽接刀、切接刀、劈接刀、根接刀、单面刀片等。单面刀片主要进行嫩枝劈接,尤以瓜类嫁接中多用。在多头高接时,可用锯、凿子、撬子等进行劈接,对于较粗枝条桥接,为防止接枝反弹,常用钉子将其钉在砧木上。

(2) 涂抹和包绑材料:涂抹材料通常为接蜡,用来涂抹接合部和接穗剪口,以减少砧穗切片丧失水分,促使愈合组织产生,防止雨水、微生物侵入和伤口腐烂,从而提高嫁接成活率。接蜡有固体和液体两种。固体接蜡由松香、黄蜡、猪油(或植物油)按 4∶2∶1 的比例配成,液体接蜡由松香、猪油、酒精按 16∶1∶18 的比例配成。

包绑材料使接穗与砧木密接,保持接口湿度,防止接位移动。现多用塑料薄膜条进行包绑,塑料薄膜条具弹性、韧性,并能保湿。芽接的绑缚:用 1 cm 宽、20 cm 长的塑料薄膜,放在接芽上方,然后向接芽下方绑缚 3~5 圈后,打成活结即可。枝接的绑缚:普通枝接都由接口上向下绑缚 5 圈即可,如砧木较粗的劈接、大枝高接等,先在砧木削平锯面上包上大小相应的塑料薄膜或涂上接蜡,然后绑缚。绑缚塑料膜宽一般 3 cm,长 50~60 cm。

3) 主要嫁接方法

(1) 枝接:用植物的枝条作为接穗进行嫁接。接穗多选择成年母树树冠外围一年生左右的枝条。按其操作方法又分为切接、劈接、靠接、插接、舌接等。

① 切接:在春季芽刚萌动而新梢尚未抽出时进行,成活率高。一般选一年生枝条剪成长 6~10 cm 的接穗、有两个以上腋芽,然后用切接刀在接穗上削出两个对称斜面,一面长 1 cm,另一

面长 2~3 cm。砧木在距地面 5~8 cm 平滑处剪断,削平截面后,按接穗粗细在砧木一侧垂直向下纵切 2~3 cm,将接穗的长削面向里插入砧木切口内,形成层对齐,接穗削面基部露出砧木上 1 mm,将砧木切口皮层包在接穗外,用塑料薄膜条绑紧。幼嫩接穗可套一小塑料袋,在接穗成活后去除(图 3-9)。

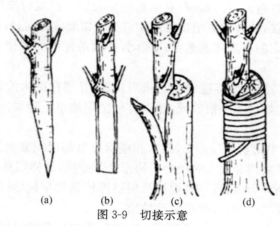

图 3-9　切接示意

(a)、(b) 接穗的长短削面　(c) 插入接穗　(d) 绑缚

② 劈接:此法与切接相似。只是砧木截面上的切口位于截面的中央,劈接接穗两侧削面长短一致,削面长约 3 cm,外侧稍厚于内侧,即两侧一厚一薄。接穗削面基部露出砧木 1~2 mm,有利愈合,然后绑紧(图 3-10)。大型母株作砧木时,常在劈口两端各接一接穗。

③ 靠接:一些常绿木本花卉扦插困难,其他嫁接方法也不易成活时,常用靠接法繁殖。如用女贞作砧木靠接桂花,木兰作砧木靠接白兰。在生长季节均可进行靠接,但最好避开雨季和伏天。选两株粗细相近的花木,在接穗的部位削出梭形切口,一般长 3~5 cm,深至木质部,另一株在相同部位相应处削出切口,然后使两株形成层对齐。用塑料薄膜条扎紧,2~3 个月后愈合,剪断接口下的接穗和接口上的砧木即成(图 3-11)。

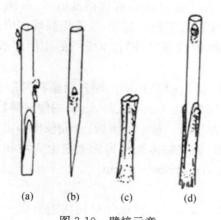

图 3-10　劈接示意

(a)、(b) 削接穗　(c) 劈开砧木　(d) 插接穗和包扎

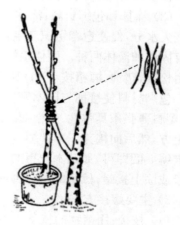

图 3-11　靠接示意

④ 腹接：又称腰接，即在砧木腹部的枝接。砧木不在嫁接口处剪截，或仅剪去顶梢，待成活后再剪除上部枝条。接穗留 2～3 个芽，于顶端芽的同侧作长削面，长 2～2.5 cm；对侧作短削面，长 1.0～1.5 cm(类似于切接接穗的削面)。在砧木嫁接部位，选择平滑面，自上向下斜切一刀，切口与砧木约成 45°，深达木质部，约为砧木直径的 1/3，将接穗长削面与砧木内切面的形成层对准插入切口，用塑料薄膜条包扎嫁接口即可(图 3-12)。

⑤ 插皮接：又称皮下接。砧木易离皮时采用此方法。将接穗基部与顶端芽同侧的一面削成长 3 cm 左右的单面舌状削面，在其对面下部削去 0.2～0.3 cm 的皮层形成一小斜面。将砧木在嫁接部位剪断，削平切口，用与接穗削面近似的竹签自形成层处垂直插下，取出竹签后插入刚削好的接穗，接穗的削面应微露，然后用塑料薄膜条绑缚(图 3-13)。

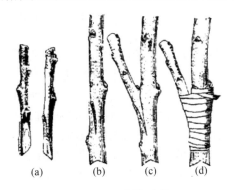

图 3-12　腹接示意
(a) 削接穗　(b) 切砧木
(c) 插入接穗　(d) 绑缚

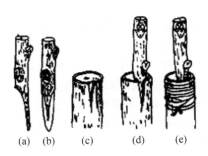

图 3-13　插皮接示意
(a)、(b) 削接穗　(c) 纵切砧木皮部
(d) 插入接穗　(e) 绑缚

⑥ 插皮舌接：又称皮下舌接。砧木和接穗均离皮时进行。将接穗基部与顶端芽同侧的一面削成长 3～4 cm 的单面舌状长削面，在长削面的对面轻削一刀去掉前端较软的部分，以便插入。用手轻捏使接穗基部的韧皮部与木质部分离。用刀削去砧木最外层较粗的周皮，露出韧皮部，长度 3～5 cm。然后用刀纵割一长度略短于接穗长削面的直口，也可以不割，直接插入接穗。将接穗的木质部徐徐插入砧木的木质部与韧皮部之间，直至微露接穗削面为止，再将接穗的皮部敷在砧木的嫩皮上，用塑料薄膜条包扎嫁接口(图 3-14)。

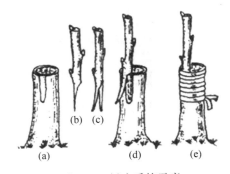

图 3-14　插皮舌接示意
(a) 削砧木(露出皮部)　(b) 削接穗　(c) 捏开接穗削面皮层　(d) 插入接穗　(e) 绑缚

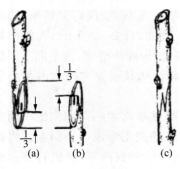

图 3-15　舌接示意
（a）接穗切削状　（b）砧木切削状
（c）接合状态

⑦ 舌接：又名双舌接或对接。一般适用于砧径 1 cm 左右，且砧、穗粗细大体相同的情况下。在接穗底芽背面先削一长约 3 cm 的斜面，在斜面底端再由下部 1/3 处向上劈一切口，长约 1 cm，成舌状。选砧木的适当部位剪截，然后在一侧也削成 3 cm 长的斜面，再从斜面顶端由上向下约 1/3 处，顺着砧干向下劈一切口，长约 1 cm，呈舌状，使砧、穗两个斜面的舌位相互对应，接时可以彼此交叉。将接穗的劈口向下插入砧木劈口，使砧、穗的舌片交叉对接，相互咬紧，对准形成层。如粗度不同时，至少要有一边的形成层对准，再行绑扎。由于这一接法的接合部位十分牢固，因而成活率极高，且不怕风吹摇动（图 3-15）。

（2）芽接：在接穗上剥取一个芽嫁接在砧木上，由接芽发育成一个新植株。一年生苗即可嫁接，一般 6～9 月进行。方法简便，成活率高。芽接分"T"字型接法和嵌芽接法。

① "T"字型芽接法：在砧木和接穗均离皮时进行。适用于 1～2 年生小砧木，或大砧木的当年枝上进行。嫁接前采带叶且生长旺盛发育充实的当年新枝，剪去叶片但留 1～2 cm 长的叶柄，用湿布包好，放在阴凉处。在砧木的地上部 4～5 cm 处嫁接。选光滑无疤的部位切一个"T"形口，横切口宽约为砧木粗的一半，纵切口长约 2 cm，深至木质部。选饱满芽用芽接刀由下而上取盾形芽片，即在芽上部 0.5 cm 处横切，另一刀在芽下部 1 cm 处深至木质部向上削至横切口处，取下芽片，留少许木质部。芽片长 1.5～2 cm，宽约 1 cm，不带木质部，芽和叶柄在中间；如果不易离皮时可稍带木质部。撬开砧木"T"形口，芽片上端与"T"字上切口对齐，埋入"T"口皮中，切忌留有空隙或与砧木皮层重叠，用塑料薄膜带由下而上绕圈包严，只露出芽和叶柄（图 3-16）。

② 嵌芽接：用带木质部的芽片嵌在砧木上，多适用于小砧木。从春至秋都可进行。春接时取上年生的枝条，从上到下削一盾形薄斜面，长约 2 cm，接着在刀口下部再向上削一刀使其能取下一块长 2 cm 的盾形芽片，带少许木质部。同样在砧木上削一个盾形刀口，使两者能相吻合，对准形成层绑紧（图 3-17）。

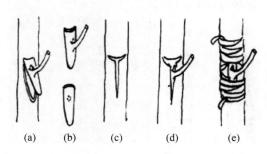

图 3-16　"T"字型芽接示意
（a）削芽片　（b）取下芽
（c）砧木"T"字型切口
（d）插入芽　（e）绑缚

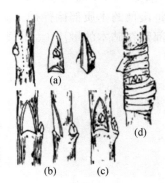

图 3-17　嵌芽接示意
（a）取接芽（接芽正面、侧面）
（b）切砧木（砧木正削面、侧削面）
（c）插接芽　（d）绑缚

③ 芽苗嫁接：瓜类作物常用芽接，用未展叶或刚展叶的幼嫩芽苗为砧穗嫁接。以西瓜嫁接为例介绍如下。

砧木的准备：砧木播于穴盘或塑料钵中。当瓠瓜砧木第一片真叶展开时为嫁接适宜时期。嫁接时，先用刀片或竹签消除砧木的真叶及生长点，然后用与接穗下胚轴粗细相同、尖端削成楔形的竹签，从砧木右侧子叶的主脉向另一侧子叶方向朝下斜插深约 1 cm，以不划破外表皮、隐约可见竹签为宜。

接穗的准备：接穗一般比砧木晚播 7～10 d，一般在砧木出苗后接穗浸种催芽。当接穗两片子叶展开时，用刀片在子叶节下 1～1.5 cm 处削成斜面长约 1cm 的楔形面。

嫁接：将插在砧木上的竹签拔出，随即将削好的接穗插入孔中，接穗子叶与砧木子叶呈十字状（图 3-18）。

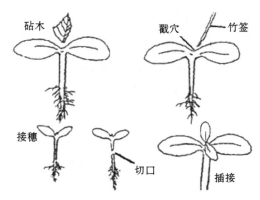

图 3-18　瓜类作物嫁接示意

（3）髓心接：接穗与砧木以髓心愈合而成新植株的嫁接方法。一般常用于仙人掌类花卉。在温室内一年四季均可进行。与其他嫁接不同之处是，只需髓心对齐使维管束相接即可（图 3-19）。

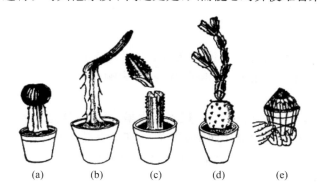

图 3-19　仙人掌类植物髓心接
（a）平接法　（b）斜接法　（c）楔接法　（d）插接法　（e）绑扎固定

① 仙人球嫁接：以一般仙人球或三棱箭（量天尺）作为砧木，观赏价值高的仙人球为接穗。先用利刀在砧木上端适当高度切平，露出髓心；再把接穗基部平整地切掉 1/3，也削成一个平面；然后把接穗和砧木的髓心对接在一起，使中间髓心对齐；最后用细绳连盆一块绑扎固定。放置半阴干燥处，1 周内不浇水；保持一定的空气湿度，防止伤口干燥。

② 蟹爪莲嫁接：以仙人掌或三棱箭为砧木，蟹爪莲为接穗。先用利刀在砧木的适当高度

平削一刀,露出髓心部分。蟹爪莲接穗要采集生长成熟、色泽鲜绿肥厚的2～3节分枝,在基部1 cm处两面都削去外皮,露出髓心。在砧木切面中心的髓心部位切一深度1.5～2.0 cm的楔形切口,立即将接穗插入挤紧,用仙人掌针刺将髓心穿透固定。髓心切口处用溶解蜡汁封平,防止水分进入切口。1周内不浇水。保持一定的空气湿度,当蟹爪莲嫁接成活后移到阳光下进行正常管理。

(4) 根接:用根作砧木采用劈接、切接等方法进行嫁接。如用芍药根接牡丹,于秋分前后把芍药地上的根茎剪除,将接穗下部中间切一个口,深约2 cm,根的上部左右各削一刀成楔形插入接穗下部劈口中,接后埋入土中,来年发芽。此法适于牡丹、玉兰、月季、大丽花等花木。多在冬季和早春进行(图3-20)。

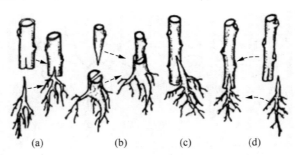

图3-20　根接法示意
(a) 劈接倒接　(b) 劈接正接　(c) 倒腹接　(d) 皮下接

3.2.4.6　嫁接后的管理

嫁接后的苗木要加强管理,尤其在最初的一段时间,温度应保持12～32℃,空气相对湿度90%以上有利于愈合。光照对愈伤组织的形成和生长有抑制作用,因此嫁接后要遮光。嫁接后一般要进行如下管理。

1) 检查成活

枝接一般在接后3～4周检查成活,如接穗已萌发,接穗鲜绿,则已成活。一般枝接穗上的新芽长到3 cm时可以解除绑扎物。如解除太晚,会影响加粗生长,形成接口上下加粗现象。

2) 松绑

枝接的接穗成活1个月后可松绑,一般不宜太早,否则接穗愈合不牢固,受风吹易脱落;松绑也不宜过迟,否则绑扎处出现溢伤而影响生长。芽接一般在9月进行,成活后腋芽当年不再萌发,因此可不将绑扎物除掉,待来年早春接芽萌发后再解除。

3) 剪砧、抹芽、去萌蘖

剪砧视情况而定,枝接苗成活后当年就可剪砧,大部分芽接苗可在抽穗当年分1～2次剪砧,并抹去砧木孳生的大量萌芽,还应除掉接穗上过多的萌芽,以保证养分集中供应。

在生长期要进行土、肥、水管理,注意防治病虫害,及时中耕除草。

3.3　工厂化育苗技术

工厂化育苗是随着现代农业快速发展,农业规模化经营、专业化生产、机械化和自动化程度不断提高而出现的一项成熟的农业先进技术,是工厂化农业的重要组成部分。

工厂化育苗是指在人工创造的优良环境条件下,采用科学化、机械化、自动化等技术措施和手段,快速而稳定地批量生产优质秧苗的一种育苗技术。与传统的育苗方式相比,工厂化育苗技术具有用种量少,占地面积小;能够缩短苗龄,节省育苗时间;能尽可能减少病虫害发生;提高育苗生产效率,降低成本;有利于统一管理,推广新技术等优点,可以做到周年连续生产。工厂化育苗是世界各国育苗技术改革的目标和发展方向,也是园艺作物工厂化生产的重要应用类型。

3.3.1 工厂化育苗的概况

园艺作物的工厂化育苗在国际上是一项成熟的农业先进技术,是现代农业、工厂化农业的重要组成部分。早在20世纪50年代开始,一些发达国家就开展了蔬菜工厂化育苗的研究,到了60年代,美国、法国、荷兰、澳大利亚和日本等国的工厂化育苗产业已经形成了一定的规模。1967年美国建成了世界上最大的综合人工气候室,为育苗综合环境控制技术提供了科学依据。1972年日本电子振兴协会由16个团体企业组成了植物工厂委员会,对番茄工厂化栽培进行试验。荷兰的现代化育苗技术作为欧洲的典型代表,以大规模、专业化的工厂化育苗为特点,实现了蔬菜育苗的机械化、自动化操作,其境内有130多家种苗专营公司,所生产的秧苗除供给本国蔬菜栽培农场外,还大量地向欧洲其他国家出口。80年代美国、日本、英国等无土育苗(又称营养液育苗)新技术迅速发展起来。90年代初,美国专业种苗生产规模最大的是Speedling Transplanting和Green Heart Farms公司,包括花卉在内的商品苗年产量都在5亿～6亿株,现在这两个育苗公司的商品苗年产量都突破了10亿株,其中蔬菜苗产量占80%以上。目前美国100%的芹菜、鲜食番茄,90%的青椒都采用了穴盘育苗移栽。1992年韩国引进工厂化育苗技术,专门设计了两种标准化结构的温室——等屋面钢结构玻璃温室和等屋面刚性覆盖材料温室,开发了专业化的自动播种系统、环境控制系统、可移动式苗床、嫁接装置、催芽室、灌溉施肥系统和幼苗发育管理技术体系,蔬菜工厂化商品苗覆盖率达到80%以上。

20世纪80年代,我国北京、广州和台湾等地先后引进蔬菜工厂化育苗的设备,许多农业高等院校和科研院所开展了相关研究,对国外的工厂化育苗技术进行全面的消化吸收,并逐步在国内应用推广。1987年和1989年北京郊区相继建立了两个蔬菜机械化育苗场,进行蔬菜种苗商品化生产的试验示范。北京丰台区花乡育苗场利用先进设施与技术,已实现了工厂化规模育苗,运营状况良好。90年代,我国农村的产业结构发生了根本的改变,随着农业现代化高潮的到来,工厂化农业在经济发达地区已形成雏形,随着粮食生产面积的大幅度减少,形成了大面积的蔬菜、花卉和果树生产基地。因此,园艺作物的工厂化育苗技术也迅速推广开来。

3.3.2 工厂化育苗的特点

3.3.2.1 节省能源与资源

工厂化育苗又称为穴盘育苗,与传统的营养钵育苗相比较,育苗效率由100株/m²提高到700～1000株/m²,大幅度提高了单位面积的种苗产量,节省电能2/3以上,显著降低育苗成本。

3.3.2.2　提高秧苗素质

工厂化育苗能实现种苗的标准化生产,育苗基质、营养液等采用科学配方,实现肥水管理和环境控制的机械化和自动化。穴盘育苗一次成苗,幼苗根系发达并与基质紧密黏着,定植时不伤根系,容易成活,缓苗快,能严格保证种苗质量和供苗时间。

3.3.2.3　提高种苗生产效率

工厂化育苗采用机械精量播种技术,大大提高了播种率,节省种子用量,提高成苗率。

3.3.2.4　便于规范化管理,商品种苗适于长距离运输

成批出售,对发展集约化生产、规模化经营十分有利。

3.3.3　工厂化育苗设施与设备

3.3.3.1　工厂化育苗设施

工厂化育苗的设施由播种室、催芽室、育苗温室和包装车间及附属用房等组成。

1) 播种室

播种室占地面积视育苗数量和播种机的体积而定,一般面积为 100 m²,主要放置精量播种流水线和一部分的基质、肥料、育苗车、育苗盘等,播种室要求有足够的空间,便于播种操作,使操作人员和育苗车的出入快速顺畅,不发生拥堵。同时要求室内的水、电、暖设备完备,不出故障。

2) 催芽室

催芽室设有加热、增湿和空气交换等自动控制和显示系统,室内温度在 20～35℃范围内可以调节,相对湿度能保持在 85％～90％范围内,催芽室内温、湿度在允许范围内相对均匀一致。

3) 育苗温室

大规模的工厂化育苗企业要求建设现代化的连栋温室作为育苗温室。温室要求南北走向、透明屋面东西朝向,保证光照均匀。

3.3.3.2　工厂化育苗主要设备

1) 穴盘精量播种设备和生产流水线

穴盘精量播种设备是工厂化育苗的核心设备,包括以每小时 40～300 盘的播种速度完成拌料、育苗基质装盘、刮平、打洞、精量播种、覆盖、喷淋等全过程的生产流水线(图 3-21)。20

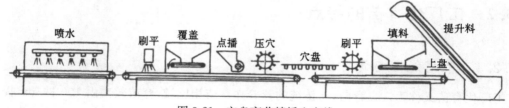

图 3-21　穴盘育苗精播生产线

世纪 80 年代初,北京引进了我国第一套美国种苗工厂化生产的设施设备,多年来政府有关部门组织多行业专家和研究人员,消化吸收使之国产化。穴盘精量播种技术包括种子精选、种子包衣、种子丸粒化和各类蔬菜种子的自动化播种技术。精量播种技术的应用可节省劳动力,降低成本,提高效益。

2) 育苗环境自动控制系统

该系统主要指育苗过程中对温度、湿度、光照等环境进行因子的控制。我国多数地区园艺作物的育苗是在冬季和早春低温季节(平均温度 5℃、极端低温−5℃以下)或夏季高温季节(平均温度 30℃,极端高温 35℃以上)进行,外界环境不适于园艺作物幼苗的生长,温室内的环境必然受到影响。园艺作物幼苗对环境条件敏感、要求严格,所以必须通过仪器设备进行调节控制,使之满足园艺作物对光、温及湿度(水分)的要求,才能育出优质壮苗。

(1) 加温系统:育苗温室内冬季温度要求白天温度晴天达 25℃,阴雪天达 20℃,夜间温度能保持 14~16℃,以配备若干台 15 万 kJ/h 燃油热风炉为宜,水暖加温往往不利于出苗前后的温度升温控制。育苗床架内埋设电加热线可以保证秧苗根部温度在 10~30℃范围内任意调控,以便满足在同一温室内培育不同园艺作物秧苗的需要。

(2) 保温系统:温室内设置遮荫保温帘,四周有侧卷帘,入冬前四周加装薄膜保温。

(3) 降温排湿系统:育苗温室上部可设置外遮阳网,在夏季有效地阻挡部分直射光的照射,在基本满足秧苗光合作用的前提下,通过遮光降低温室内的温度。温室一侧配置大功率排风扇,高温季节育苗时可显著降低温室内的温、湿度。通过温室的天窗和侧墙的开启或关闭,也能实现对温、湿度的有效调节。在夏季高温干燥地区,还可通过湿帘风机设备降温加湿。

(4) 补光系统:苗床上部配置光通量 1.6 万 lx,光谱波长 550~600 nm 的高压钠灯,在自然光照不足时,开启补光系统可增加光照强度,满足各种园艺作物幼苗健壮生长的要求。

(5) 控制系统:工厂化育苗的控制系统由传感器、计算机、电源、监视和控制软件等组成,对环境的温度、光照、空气湿度和水分、营养液灌溉。通过加温、保温、降温排湿、补光和微灌系统实施准确而有效的控制。

3) 灌溉和营养液补充设备

种苗工厂化生产必须有高精度的喷灌设备,要求供水量和喷淋时间可以调节,并能兼顾营养液的补充和喷施农药;对于灌溉控制系统,最理想的是能根据水分张力或基质含水量、温度变化来控制调节灌水时间和灌水量。应根据种苗的生长速度、生长量、叶片大小以及环境的温、湿度状况决定育苗过程中的灌溉时间和灌溉量。苗床上部设行走式喷灌系统,保证穴盘每个孔浇入的水分(含养分)均匀。

4) 运苗车与育苗床架

运苗车包括穴盘转移车和成苗转移车。穴盘转移车将播种后的穴盘运往催芽室,车的高度及宽度应根据穴盘的尺寸、催芽室的空间和育苗数量来确定。成苗转移车采用多层结构,根据商品苗的高度确定放置架的高度,车体可设计成分体组合式,以利于不同种类园艺作物种苗的搬运和装卸。

育苗床架可选用固定床架和育苗框组合结构或移动式育苗床架。应根据温室的宽度和长度设计育苗床架,育苗床上铺设电加温线、珍珠岩填料和无纺布,以保证育苗时根部的温度,每行育苗床的电加温由独立的组合式控温仪控制;移动式苗床设计只需留一条走道,通过苗床的滚轴任意移动苗床,可扩大苗床的面积,使育苗温室的空间利用率由 60%提高到 80%以上。

育苗车间育苗架的设置以经济有效地利用空间、提高单位面积的种苗产出率、便于机械化操作为目标,选材以坚固、耐用、低耗为原则。

3.3.3.3 穴盘育苗基质与穴盘

1) 基质

适用于穴盘育苗的基质应具备以下主要特点:结构疏松,质地轻,颗粒较大,可溶性盐含量较低,pH 值 5.5～6.5 等。如有条件,应对基质的颗粒大小、阳离子交换量(EC)、整体气孔体积大小及持水量等作测试。好的发芽基质宜有 50% 的固型物、25% 的水分和 25% 的空气,一般干基质的容重应在 0.4～0.6 之间。常用的基质有泥炭、蛭石、珍珠岩、炉渣、沙、岩棉、秸秆、锯木屑、砻糠灰及合成泡沫塑料等,根据种子不同进行混配,以保证种子的发芽率和生长的整齐度。

2) 穴盘

为了适应精量播种的需要和提高苗床的利用率,工厂化育苗宜选用规格化的穴盘。穴盘多由塑料制成,外形和孔穴的大小国际上已实现了标准化。其规格为:宽 28 cm,长 45～55 cm,高 3.5～5.5 cm(图 3-22);孔穴数有 50 穴、72 穴、98 穴、128 穴、200 穴、288 穴、392 穴、512 穴等多种规格(图 3-23);根据穴盘自身的重量有 130 g 的轻型穴盘、170 g 的普通穴盘和 200 g 以上的重型穴盘 3 种,轻型穴盘的价格较重型穴盘低 30% 左右,但重型穴盘的使用寿命是轻型穴盘的 2 倍。

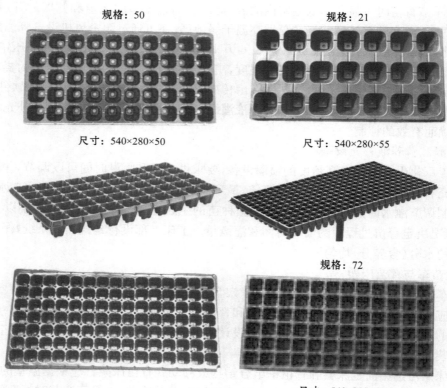

规格:50　　尺寸:540×280×50

规格:21　　尺寸:540×280×55

规格:72　　尺寸:540×280×45

图 3-22　穴盘的各种外形规格

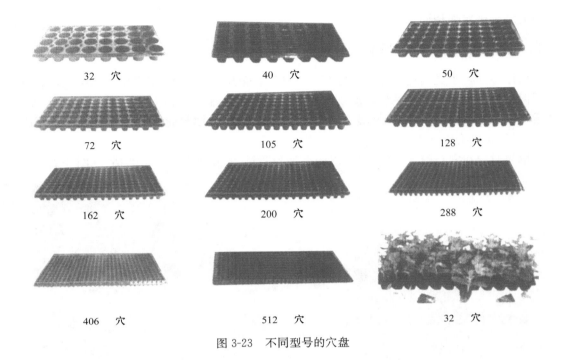

32 穴	40 穴	50 穴
72 穴	105 穴	128 穴
162 穴	200 穴	288 穴
406 穴	512 穴	32 穴

图 3-23 不同型号的穴盘

3.3.4 穴盘育苗技术

3.3.4.1 适于工厂化育苗的园艺作物种类及种子精选

目前,适于工厂化育苗的园艺作物种类很多,主要的蔬菜和花卉种类见表 3-7。

表 3-7 工厂化育苗的主要蔬菜和花卉种类

园艺作物类型	园艺作物种类
蔬菜	番茄、茄子、辣椒
	黄瓜、南瓜、冬瓜、丝瓜、苦瓜、西瓜、甜瓜、金瓜、瓠瓜
	菜豆、豇豆、豌豆
	甘蓝、花椰菜、羽衣甘蓝
	芹菜、落葵、生菜、莴笋、空心菜
	洋葱、芦笋、甜玉米、香椿
花卉	切花菊、非洲菊、万寿菊、银叶菊、黄晶菊、翠菊、白晶菊、蛇鞭菊
	康乃馨、丝石竹、郁金香;观赏南瓜、北瓜、羽衣甘蓝、红豆杉
	古代稀、鸡冠花、一串红、百日草、矮牵牛、三色堇、紫薇、天竺葵
	丁香、鼠尾草、孔雀草、紫罗兰、荷包花

工厂化育苗的园艺作物种子必须精选,以保证较高的发芽率与发芽势。种子精选可以去除破籽、瘪籽和畸形籽,清除杂质,提高种子的纯度与净度。高精度针式精量播种流水线采用空气压缩机控制的真空泵吸取种子。每次吸取一粒,所播种子发芽率不足 100% 时,会造成空穴,影响育苗数,为了充分利用育苗空间、降低成本,必须做好待播种子的发芽试验,根据发芽

试验的结果确定播种面积与数量。

3.3.4.2　基质选配与填料

　　根据不同种子类型选择并混配好基质或选用育苗用商品基质,将基质加水增湿,以手抓后成团但又挤不出水为宜。基质增湿既可使其不易从穴盘排水孔漏出,又不致于因太干而使填料后下沉,造成透气性下降。增湿后基质通过填料机填料,填料时应使每穴孔填充量相同,并扫去余料,否则会在苗期出现穴孔干湿不均的现象。

　　填料时应在穴孔留下一定空间,以便播种和覆料,尤其是大粒种子的播种(图 3-24)。

图 3-24　基质装盘、播种

3.3.4.3　播种与覆盖

　　填料后的穴盘宜及时播种,播种可根据种子类别选择适宜的播种机及其内部配件。播种时要保持播种环境的光照、通风条件,便于操作人员检查播种精度。同时要保持较低的空气湿度,以免小粒种子黏机或相互黏连。

　　多数种类的种子在播种后都需要用播种基质或其他覆料进行盖种,以满足种子发芽所需的环境条件,保证其正常萌发和出苗。

　　覆料时应注意厚度,如覆盖太少,则失去原有作用;覆盖太多,种子被埋得过深,会使种子腐烂增多。此外,覆料应均匀一致,如厚薄不等,易使种子出苗不整齐、大会小不一,不利于苗期管理,也影响整批苗的质量。覆料可人工操作,但如有条件最好用专门的覆料设备来给穴盘覆料。现在有较多的中高档播种机都有覆料功能。

　　选择合适的覆盖材料也很重要,最常用的覆盖材料除了播种基质外,还有蛭石、沙子等,也可选用塑料薄膜。除播种基质,粗质蛭石是较为多用的覆料,因其质地轻,保湿性、透气性好。

3.3.4.4　发芽室催芽

　　播好种子浇过水后放在发芽架上进入发芽室,根据种类不同,选择加光或不加光,并调好适宜温度。由于不同种类或品种的发芽时间不同,因此,当种子胚根开始长出后每 3～4 h 观察一次,当有 50％种苗的胚芽开始顶出基质而子叶尚未展开时,就应移出发芽室,若过迟移出,可能导致小苗徒长。一些发芽和生长很快的品种,应在天黑前检查一下出芽情况,如有相当部分苗已顶出基质,就应马上移出发芽室,以免隔夜后苗已徒长。此外,发芽室应定期清洗,有条件的可使用紫外灯或药物定期杀菌消毒,以防止发芽室内发生病虫害。

3.3.4.5 种苗的管理

从发芽室移出的幼苗进入育苗温室,由于刚移出发芽室的种苗长势弱、适应能力差,所以应加强管理,注意调整光照、湿度、温度及通风情况。光照应视种苗类别、苗龄、季节等情况进行调整,大多数种苗除夏季育苗期外,其后季节可不遮荫或少遮荫,以免苗徒长。

1) 湿度管理

温度管理是苗期管理极其重要的一环。若植株缺水,会使幼苗叶色变色、卷曲,幼苗老化而提早开花;而若浇水过多,植株会徒长,茎软,叶大而薄嫩,并且易感染病虫害。一般温室应注意维持较高的空气湿度,可利用自走式浇水机进行水分管理(图 3-25)。由于种苗大小、生长季节不同,应选用浇水机不同大小的喷头,并控制次数、时间等,以适应种苗的生长。自走式浇水机不但可以整齐、适时、适量地浇水,而且可以省水、省工。

图 3-25 浇水、穴盘育苗精量播种机

2) 定植前炼苗

秧苗在移出育苗温室前必须进行炼苗,以适应定植地点的环境。如果幼苗定植于有加热设施的温室中,只需保持运输过程中的环境温度;幼苗若定植于没有加热设施的塑料大棚内,应提前 3～5 d 降温、通风、炼苗;定植于露地无保护设施的秧苗,必须严格做好炼苗工作,定植前 7～10 d 逐渐降温,使温室内的温度逐渐与露地相近,防止幼苗定植时因不适应环境而发生冷害。另外,幼苗移出育苗温室前 2～3 d 应施一次肥水,并喷洒杀菌、杀虫剂,做到带肥、带药出室。

穴盘育苗的生产流程见图 3-26。

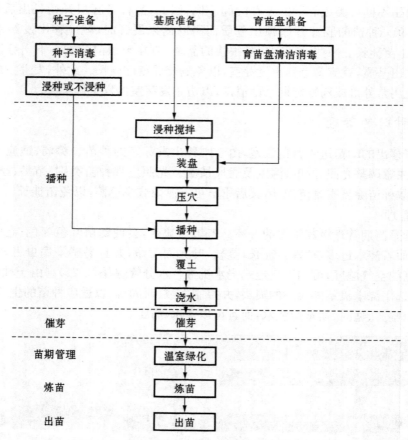

图 3-26　穴盘育苗生产流程

3.4　组织培养繁殖

　　植物的组织培养(tissue culture)是指通过无菌操作,把植物体的器官、组织或细胞(即外植体)接种于人工配制的培养基上,在人工控制的环境条件下培养,使之生长、发育成植株的技术与方法。由于培养物是脱离植物母体,在试管中进行培养的,所以也叫离体培养。利用适宜的植物材料(外植体),通过组织培养的途径,使之分生出的新的植株个体,即为组培苗。这种繁殖方式称为微体繁殖或离体繁殖或快繁(简称微繁或快繁)(图 3-27)。

　　组织培养只需取用植物体极小一部分的细胞、组织或器官就可进行,可以利用植物激素、营养、环境条件来控制再分化的过程及数量,可进行周年生产,因而大大提高了营养繁殖的速度,通常一年内可以繁殖数以万计的较为整齐一致的种苗。特别对于难繁殖的园艺作物的名贵品种、稀有种质的繁殖推广具有重要意义。一个兰花的茎尖一年内可育成 400 万个原球茎,一个草莓茎尖一年内可育出成苗 3 000 万株。组织培养不仅可保留原品种的优良性状,而且可通过茎尖、根尖分生组织的培养获得脱毒植株。组培快繁在园艺作物生产中已经得到了广泛的应用,并有着良好的发展前景。

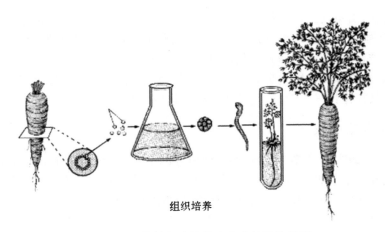

组织培养

图 3-27　植物体细胞培养产生完整植株示意

3.4.1　组织培养的途径

3.4.1.1　顶芽和腋芽的发育

又称微型扦插、无菌短枝扦插。采用顶芽、侧芽或带有芽的茎切段作为外植体,在离体培养条件下诱导出多枝多芽的丛生苗;将丛生苗转接继代,可迅速获得无数嫩茎;将嫩茎再转接到生根培养基上,就可获得完整的小植株。有些植物顶端优势明显,可加适量细胞分裂素促进侧芽的分化,形成芽丛。如果芽仍不分枝,只长成一条茎,则采用切段法,对侧芽进行单独培养,以实现增殖。这种途径由于不经过愈伤组织,而是器官直接再生,故能真正保持原品种的特性。

在顶芽的培养中,还有较为特殊的一种方法,即采用极其幼嫩顶芽的茎尖分生组织为材料进行脱毒苗的培养。现有许多植物由于长期的无性繁殖使病毒积累,观赏品质严重下降,如兰花、香石竹、菊花、大丽花、水仙等出现花小、色暗、量少的现象。而在感染病毒的植株体内,病毒并不是均匀分布的,由于分生区内无维管束,病毒扩散慢,且细胞不断分裂增生,致使在茎尖生长点的小范围区域内,病毒含量少,甚至无。因此,切取 0.1~0.3 mm 的茎尖(根尖亦可)进行培养,可获得去病毒(同时也去除了真菌、细菌和线虫等的寄生)的幼苗,进而扩繁以满足生产。

3.4.1.2　不定芽的发育

植物的许多器官都可以作为诱导不定芽产生的外植体,如茎段(鳞茎、球茎、块茎、根状茎)、叶、叶柄、花茎、花萼、花瓣、根等。不定芽在这些外植体上的发生有两种途径。一种是先从外植体上诱导产生愈伤组织,将愈伤组织继代增殖后再诱导出不定芽,最后在生根培养基上培育成完整植株;另一种途径是不经愈伤组织,不定芽直接从外植体表面受伤的或没有受伤的部位直接分化出来,同样将不定芽发育的苗丛进行继代,再经生根培养,长成完整植株。显然,不经过愈伤组织而直接形成不定芽的途径更易保持品种的特性。

3.4.1.3　胚状体的发育

胚状体是由体细胞形成的,具有类似于生殖细胞形成的合子胚发育过程的胚胎发生途径。

胚状体的产生包括由愈伤组织表面细胞产生,由愈伤组织经悬浮培养后的单个细胞产生,由外植体表皮细胞产生或内部组织细胞产生,由胚性细胞复合体的表面细胞产生等。胚状体一旦产生,极易继代增殖,且由于类似独立的微型植株不需生根诱导,在经过一定的发育后,可直接用人工合成的营养物和保护物包裹起来,做成"超级种子"。胚状体的发生虽然具有普遍性,但比例并不高,故其规律性尚不明显,有待进一步的研究发掘。

3.4.1.4　原球茎的发育

在兰科等植物的组织培养中,常从茎尖或侧芽的培养中产生一些原球茎,原球茎本身可以继代增殖,再经分化培养出小植株。原球茎最初是兰花种子萌发过程中的一种形态学构造,要理解为缩短的、呈珠粒状的、由胚性细胞组成的类似嫩茎的器官。

以上四种途径中,在组培快繁中应用较多的是前两种,即顶芽和腋芽的发育及不定芽的发育。原球茎的发育多用于兰科花卉的组培,胚状体的发育由于规律性不明确,应用较少。

3.4.2　组织培养的程序

组织培养繁殖流程见图 3-28。

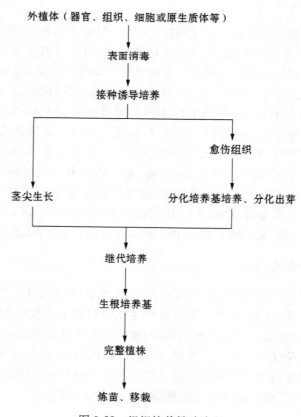

图 3-28　组织培养繁殖流程

3.4.2.1　无菌培养物的建立

包括外植体的选择、采样、灭菌与接种。

1) 外植体选择

外植体指的是从植物体上切取下来用于组织培养的部分。外植体的选择根据植物种类和组织培养的途径来进行。通常再生能力较弱的木本植物、较大的草本植物以采取茎段比较适宜,可在培养基上促其侧芽萌发、增殖。对一些比较容易繁殖,或本身短小、缺乏显著茎的草本植物,则可采用叶片、叶柄、花葶、花萼、花瓣等作为外植体。通过顶芽和腋芽的发育进行组织培养的,其外植体宜用顶芽、侧芽或带芽的茎段;通过不定芽的发育进行组织培养的,宜选容易产生不定芽的器官作外植体,如大岩桐、秋海棠的叶片,百合、水仙的鳞片,玉簪的花等;通过胚状体的发育进行组织培养的,常用胚、分生组织或生殖器官作外植体;兰花类植物原球茎的发育是从茎尖或侧芽的培养中获得的。

2) 外植体采样

要注意选取受污染较轻、无病虫害、生长健壮、发育充实的植株。具体措施包括植物移栽、采用盆栽、喷布杀虫剂和杀菌剂或室外套袋采新枝;采摘前加强肥水管理,给予充足营养,久晴之后采摘距地面部位较高、暴露在阳光下的枝条等。

3) 灭菌

采取的外植体尽快带回实验室进行表面灭菌处理,方法是:剪除多余部分,用自来水冲洗30 min 以上,然后在70%的乙醇中迅速浸泡(不超过30 s)一下,再用灭菌剂(2%～10%次氯酸钠水溶液或0.1%～0.2%升汞)浸泡3～15 min,取出后用无菌水冲洗4～5次,即可接种。

4) 接种

经过灭菌的外植体必须在超净工作台上,在无菌的条件下接种到已备好的培养基上。

3.4.2.2　外植体生长与分化的诱导

为促进侧芽分化生长,常在培养基中添加0.1～10 mg/L 的细胞分裂素及少量生长素(0.01～0.5 mg/L)或0.05～1 mg/L 的赤霉素。常用的细胞分裂素有6-苄基腺嘌呤(6-BA)、细胞激动素(KT)和玉米素,常用的生长素有萘乙酸(NAA)、吲哚乙酸(IAA)、吲哚丁酸(IBA)。诱导外植体产生不定芽的所用激素与上同,其中生长素浓度应低于细胞分裂素。诱导胚状体的发育,一部分植物种类在培养初期,要求必须含适量生长素类物质,可用2,4-二氯苯氧乙酸(2.4-D),以诱导脱分化、愈伤组织生长和胚性细胞形成,后期则必须降低或完全去掉2,4-二氯苯氧乙酸(2.4-D)才能完成胚状体的发育,如金鱼草、矮牵牛、紫苏等;另一部分植物则在只含细胞分裂素的培养基上可诱导胚状体,如檀香、红醋栗、山岭麻黄等;大多数植物在生长素和细胞分裂素同时添加的培养基上可诱导出胚状体,如彩叶芋、海枣、山茶、泡桐、桉树等。此外,还原态氮化物(如0.1 mmol/L 的氯化铵)及有机氮化合物(如氨基酸、酰胺)、水解乳蛋白等也对胚状体的诱导有利。原球茎的诱导比较容易,只需用MS 基本培养基或稍稍提高NAA 浓度0.1～0.2 mg/L 即可。

诱导的环境条件依培养对象的种类而有所不同。一般要求在23～26℃恒温,每天12～16 h,1 000～3 000 lx 的光照条件下进行培养,另外培养室要求清洁卫生,以减少污染。

3.4.2.3 中间繁殖体的继代培养

将在第二阶段诱导出的芽、胚状体、原球茎等称为中间繁殖体。将中间繁殖体在人为控制的最好的营养供应、激素配比和环境条件下进行进一步的培养增殖,即转接继代,组培快繁的优势才能充分发挥出来。具体做法是,配制适宜继代的培养基,将中间繁殖体不断地接种其上,在培养室继续培养。注意继代培养必须及时,否则中间繁殖体老化会影响其进一步增殖。

3.4.2.4 壮苗与生根培养

在中间繁殖体增殖到一定数量后,即开始进行生根与壮苗的培养。将最后一次继代培养的中间繁殖体在未发黄老化或出现拥挤前,及时转移至生根培养基上,转移的同时进行苗丛、胚状体或原球茎的分离。较低的矿物元素浓度、较低的细胞分裂素含量及较多的生长素有利于生根,故此时一般采用1/2或1/4的MS培养基,全部去除细胞分裂素或减至极少量、加入适量萘乙酸的方法,经14～28h即可生根。对于容易生根的种类可直接在培养室外进行嫩茎的扦插或延长其继代培养瓶中生长的时间,均可生根,形成完整植株,壮苗则可通过减少培养基中糖含量和提高光照强度来实现。

3.4.2.5 试管苗的出瓶与移栽

试管苗是在培养室中无菌、有营养与激素供给、适宜的光照、恒定的温度和100%的空气相对湿度下生长的,非常娇嫩,要适应外界环境必须逐步过渡。其步骤为:先在培养室中去掉瓶盖,继续培养锻炼1～2d;然后创造一个较高温度与湿度并略加遮荫、卫生的环境,将试管苗上培养基洗净后种植于消过毒、灭过菌、疏松透气的介质中;最后进入田间栽培。

思考题

1. 常用的种子贮藏方法有哪几种? 各自特点是什么?
2. 引起种子休眠的原因有哪些? 常用哪些方法来打破休眠?
3. 播种繁殖与无性繁殖各有哪些优缺点?
4. 扦插繁殖有哪些方法? 影响扦插成活的因素有哪些?
5. 嫁接繁殖有何意义? 哪些因素影响嫁接成活?
6. 什么是压条繁殖?
7. 什么是分生繁殖? 变态茎繁殖的类型有几种?
8. 工厂化育苗的优点体现在哪些方面?

4 园艺作物栽培的技术基础

【学习重点】

通过本章的学习,要求学生了解园地选择的依据,园地土壤改良的方法,掌握园艺作物栽培过程中施肥方法及施肥技术,园艺作物整形修剪的目的、作用及整形修剪方法;草本园艺作物植株调整的方法及关键技术;花卉、果树矮化栽培的途径、生理机制及栽培技术。

4.1 土壤改良与土壤耕作

土壤是岩石的风化产物,是成土母质、气候、生物、时间、地形五大因素共同作用的结果。我国土地宽广,土壤种类繁多,肥力各异,其中不乏基于人类参与程度而划分的自然土壤和农业土壤(或称耕作土壤),基于土壤质地标准而划分的砂土、壤土、黏土土壤。针对具体的土壤类型选择适宜植物,或者针对特定植物选择和改良土壤,是获得高产、优质、高效园艺产品的基本保障。

4.1.1 园地的选择与规划

4.1.1.1 园地选择

种植园的选择应以气候、交通、土壤、水源、社会经济等条件为依据。在各种条件中,首先应考虑的是气候条件,在灾害性气候易发地区,多年经营的园地往往毁于一旦,造成巨大损失。其次是交通条件,因为其他条件虽然具备,但如果生产出的产品难以运输到各地市场,也会直接降低园艺作物生产的经济效益。土壤理化性状的优劣和天然肥力的高低,虽然是园地评价的重要因素之一,但一般不成为发展的限制因素。我国长期以来十分注重土壤改良和土壤管理,这类园地已能获得较高的经济效益。另外,随着工业的发展,废气、粉尘、污水等污染使园艺作物种植园生态系统恶化,因此,种植园应选在远离工业废气、废水排放点,具备良好的灌排条件,地下水水质尽可能达到饮用水最低标准的地方。同时,种植园还应在地域分布上相对集中,便于形成"大生产、大市场、大流通"的生产格局。

我国是多山国家,总的地势为西高东低,呈梯状分布。例如,江苏省位于长江中下游地区,地势高度在 500 m 以下,以平原和丘陵地形为主,同时涉及少量低山,因此,考虑地势、地形对园地选择的影响,园艺作物的建园还需要了解平原、丘陵和山地的地势特点。

平原是指地势平坦或者向一方稍微倾斜且高度起伏不大的地带,分为冲积平原和泛滥平原两类。冲积平原是大江大河长期冲积形成的地带,一般地势平坦,地面平整,土层深厚,土壤有机质含量较高,灌溉水源充足,建园成本较低,管理方便。泛滥平原专指河流故道和沿河两岸的沙滩地带,肥力水平差异较大,如黄河故道地区中游为黄土,肥力较高;下游为粉沙或与淤泥相间的沙荒地,土壤贫瘠,且大部分盐碱化。沙荒地建园,应注意防风固沙、增施有机肥、排碱洗盐,以改良土壤的理化性状并解决排灌问题。山地空气流通,日照充足,昼夜温差较大,有利于糖类的积累和果实着色;山地排水良好,土壤瘠薄,应加强肥水管理;山地由于坡形、坡向、坡度的变化,气候分布复杂多样,在谷口或低洼地带容易出现冷气流,因此不适宜易抽条、易受冻害的作物种植。丘陵地一般相对海拔高度在 200 m 以下,是介于平地和山地之间的过渡性地形。深丘(相对高差为 100～200 m)的特点近于山地,浅丘(相对高差在 100 m 以下)的特点近于平地。

4.1.1.2 园地规划

按照种植园的总体布局,根据地形、地势和地下水位状况,应对土地进行平整,划分田块。同一田块的要求是:气候和土壤条件应基本一致;便于机械化管理、水土保持和防止有害风的危害等。田块的大小依具体情况而定,不宜太小,一般蔬菜、花卉作物以轮作区设置田块,果园以 1～2 hm² 为宜。平地田块形状通常以长方形为好,且长边应与当地主要有害风方面垂直;山地和丘陵园一般为带状长方形,小区长边与等高线走向一致。

道路系统中,主路通常设置在栽培大区之间,主、副林带一侧,路面宽度 6～8 m。山地园的主路可环山而上或呈"之"字形,纵向路面的坡度不宜过大,以卡车能安全行驶为宜。支路常设置在大区之内、小区之间,与主路垂直,路面宽 4～6 m。山地果园的支路可沿坡修筑。小区内或环绕园可根据需要进一步设置小路,路面宽 1～3 m。山地园的小路可根据需要顺坡修筑,一般修筑在分水线上。

种植园的辅助建筑物包括办公室、财会室、车库、工具室、肥料农药库、包装场、配药场、果品贮藏库、加工厂、职工宿舍和休息室等。一般在 2～3 个小区的中间、靠近干路和支路处设立休息室和工具库。配药场应设在较高的部位,以便肥料由上往下运输,或者沿固定的渠道自流灌施。包装场、果品贮藏库和其他建筑物应设在交通方便和有利作业的地方。

防护林能减轻园地风害、提高园内空气湿度、缓和气温变幅、防止水土流失、保证蜜蜂等昆虫的活动,因此,在种植园规划时应设置防护林。防护林带的有效防护范围与林带类型有关,一般为树高的 25～30 倍,而最有效的防护范围通常为树高的 15～20 倍。防护林设置方向应与有害风向相垂直,副林带与主林带垂直。平地带型主要为紧密型林带(不透风林带),而山地则顶部为紧密型林带、底部为疏透型林带(透风林带)。树种要求乔化、生长迅速、树体高大、枝叶繁茂、根系深、林相整齐、寿命长、适应性强,并与种植作物无相同病虫害的乡土树种。

排灌设施中,应考虑灌溉水的来源,包括小型水库、堰塘蓄水、河流引水、井下取水等。灌溉渠道包括干渠、支渠和毛渠(园内灌水沟)。干渠将灌溉用水引到种植园并贯穿全园;支渠将水引到各栽培小区;毛渠将支渠中的水引到栽植行间或株间。另外,发展地面和地下管道浸润灌溉系统或定位灌溉(喷灌和滴灌)技术也是我国园艺作物栽培园中的主要推广对象,可以酌情考虑。种植园的排水系统包括明沟排水和暗沟排水两种方式。山地园宜用明沟排水,它由集水的等高沟和总排水沟组成。平地园则可选择明沟排水或暗沟排水,其中,明沟系统由园区内的集水沟、小区边缘的支沟和干沟三部分组成,集水沟与小区长边和种植行向一致,也可与行间灌水沟合并或并列。集水沟的纵沟应朝向支沟,支沟的纵沟应朝向干沟,干沟布置在最低处,以便接纳来自支沟和集水沟的径流。暗沟排水不占用园间土地,且不影响机械化操作,但需要较多的人力、物力和财力。暗沟排水系统的构成和位置与明沟排水基本一致。

4.1.2 土壤改良与耕作

通过土壤调查与评价,如得出不适于规划的土壤类型时,就需要进行改良,而在实际种植管理中,如果土壤的水、肥、气、热不协调,就难以获得高产、优质、高效的园艺产品,因此,合理耕作,协调土壤的水、肥、气、热也就十分必要。

4.1.2.1 土壤改良

1) 土壤结构的改良

一般来说,富有团粒结构的土壤,其水、肥、气、热等肥力因素的协调能力好,耕层稳定,适合园艺作物的生长。因此,增加土壤中的团粒结构是土壤结构改良的核心。

在有效土层浅的种植园,对土壤进行深翻改良非常重要。深翻可改善根系分布层土壤的通透性和保水性,且对于改善根系生长和吸收环境、促进地上部生长、提高植物的产量和品质都有明显的作用。我国北方的夏耕晒垡、冬耕冻垡,南方的犁冬晒白等经验,都是通过耕犁加上干湿、冻融交替,改良土壤的基本方法。另外,雨后中耕破除地表板结,春旱季节采取耙、耱、镇压以消除大土块等,也是创造良好结构的有效方法。

土壤深翻一年四季都可以进行,但主要依据植物的生物学特性和农事空闲时段安排耕翻时间。多年生木本植物园地通常以秋季深翻的效果最好。一是由于地上部生长已经缓慢,果实多已采收,养分开始回流,对地上部影响不大;二是由于此时处在根系生长的第三次高峰,伤根易愈合,能产生大量新根,结合秋施基肥并及时灌水,有利于维持和促进叶片的光合作用,提高树体的贮藏营养水平。

深翻方式有全园深翻、隔行深翻和扩穴深翻等,可根据种植作物种类、树龄和栽培方式等采取不同的深翻方式。

深耕时,宜将生土翻上来,遵守"生土在上,熟土在下"的原则;深翻不需要每年进行,可结合作物特性,3~10年进行一次;深度依土层和作物种类而定,土层厚时,可适当深耕,土层浅时,可适当浅耕。果树宜深耕至 1 m 左右;根菜类、果菜类蔬菜宜中耕至 50 cm 左右;而叶菜类蔬菜可浅耕,深约 30 cm。

在深翻的同时增施有机肥,使土壤改良的效果更加明显。有机肥的分解不仅能增加土壤养分的含量,更重要的是能促进土壤团粒结构的形成,使土壤的物理性质得到改善。有机肥的种类包括家畜粪便、秸秆、草皮、生活垃圾以及它们的堆积物。最好是将有机肥预先腐熟后再施入土壤,因为未腐熟的肥料和粗大有机物不仅肥效慢,而且还可能含有纹羽病菌等有害物质。除结合施基肥进行深翻外,深翻时还应注意立即灌水,这一方面有助于有机物的分解和根系的吸收,另一方面有利于土壤团粒结构的形成。

生草休闲或种植、翻压绿肥作物,皆有利于土壤形成良好的结构。这是因为一方面表土有机质含量有所增加,另一方面密集的草本植物根系对土壤的穿插、挤压作用也促使土粒团聚。三叶草(白三叶)就是适合长江流域的良好改土植物。

灌溉方式对土壤结构影响很大。与大水漫灌和喷灌相比,沟灌、渗灌、滴灌对土壤的冲刷力较弱,对土壤结构体的保护也较好,是维持团粒结构的较好灌溉方式。

聚丙烯酰胺、聚丙烯腈水解物钠盐和羧化聚合物的钙盐等均是人工合成的结构改良剂。它们能溶于水,施于土壤后与土壤相互作用转化为不溶态,吸附在土粒表面,黏结土粒使之成为水稳性的团粒结构。近年来,在生产中逐渐得到重视。其维持效果可达 2～3 年。

2)土壤质地改良

从土壤结构上考虑,园艺作物的生长以壤土、砂壤土与黏壤土为宜,而黏重土壤和砂质土壤均需改良。

黏重土壤改良时,掺沙子或砂土改变颗粒组成是最根本方法。改良前,可事先测定原土壤的理化特性,以计算出将土壤质地调整到壤质土壤所需的最低掺沙(砂)量。选用砂材以直径 0.1～0.5 mm 的中、细河沙为佳。在冲积平原地区,有时黏土层下不深处会有砂土层,称为腰砂或隔砂地。遇到这种情况,可采用表土大揭盖、底土大翻身、沙黏搅混掺的方法改良。除掺沙外,在局部小面积情况下,也可施用膨化岩石类,如珍珠岩、膨胀页岩、岩棉、煅烧黏土等,来改良土壤的通透性和黏性,同时增加持水量。施用粗的有机物料同样是有效措施之一。

砂质土壤改良的根本办法是增加土壤黏粒含量,可通过掺入黏土或河泥、垢泥等进行。也可以考虑施用有机肥进行改良。

3)土壤酸化改良

栽植喜酸植物,如兰花、杜鹃、栀子、越橘等,需要对土壤进行酸化。

硫磺或硫酸亚铁是两种常用改良剂。露地使用时,如果拟使土壤 pH 值降低 0.5～1 个单位,可分别施用硫磺 50 g/m² 或硫酸亚铁 150 g/m²,但当土壤过于黏重时,需要再增加 1/3 用量。硫磺作用较慢,通常需要提前 1 个月左右施用。盆栽花卉可用 1:50 的硫酸铝水溶液,或 1:180 的硫酸亚铁水溶液,生长季中每两周浇一次或每个月浇一次的方法施用。另外,对于花池、花坛等小型栽植地,可采用草炭、松针土及南方酸性山泥等进行改良。

4)盐碱土改良

盐碱地含盐量高,对园艺作物的根系生长不利,容易发生缺素、生理干旱和盐分毒害。生产中除了选择耐盐的作物种类外,更重要的是要对土壤进行改良。据统计,我国有 100 多个大、中、小城市直接位于盐渍土区,另有大量沿海滩涂也长期遭受严重的盐碱侵害。盐碱土改良在我国沿海大开发战略中具有十分重要意义。当前,我国改良盐碱土的有效途径和方法大致概括为以下三个方面。

(1)开沟起垄:在低洼或地下水位较高的地方,通过开沟起垄的方式适当抬高土位,使栽植区高出原地面,不仅加厚了上层,而且相对降低了地下水位,提高了土壤的排水透气性,有利于淋洗盐分。

(2)地面覆盖:土壤蒸发的同时将盐分带到地表积累是造成土壤盐渍化的主要原因,因此通过地面覆盖抑制蒸发可以有效地抑制土壤返盐。相应措施有中耕、地表覆盖、增施有机肥、施用酸性肥料等措施。常用的地面覆盖物有地膜、草帘、秸秆、锯末、粗砂、砾石(卵石)等。另外,种植绿肥作物也可降低地面蒸发,抑制土壤返盐。常用的绿肥有田菁、苜蓿、燕麦、草木犀、黑麦草、绿豆、偃麦草等。

（3）淡水洗盐：建立排灌系统，在易于积盐的季节，引淡水适时合理的灌溉或用大雨淋洗，可以抑制返盐，也可稀释土壤溶液中的盐分浓度，使绿地植物减轻或免受盐害。具体方法是在园内深开排水沟，降低地下水位，定期引淡水灌溉，将盐碱排出园外。

（4）深沟栽植：也是一种躲盐巧种的方法。由于盐碱土中盐分的分布具有上重下轻的分布特点，因此，通过在地里开出一道比较深的沟，再在沟底施肥、播种，然后上面盖一层覆盖物，躲开积盐最多的表层，使种子处于含盐少的土层里，从而减轻盐田的危害，达到苗齐、苗全的目的。

在保护地栽培条件下，由于特定的小气候（温度高，湿度大，不受雨水淋失）和长期大量或过量施用肥料，土壤表层会出现盐分积累、土壤溶液浓度增高现象。特别是在一年四季连续覆盖的温室或大棚里，盐渍化现象会日益严重。这种土壤最根本的改良方法是科学地施用无机和有机肥料，增施有机肥，正确掌握化肥施用方法。化肥中一些副成分如 Cl^-、SO_4^{2-}，是提高土壤溶液盐分浓度的因素之一，而多数蔬菜喜硝态氮，种植蔬菜最好施用不带副成分的肥料，如硝铵、尿素、磷铵和硝酸钾等或以这些肥料为主体的复合肥料。此外，可以在夏季去掉覆盖让雨水冲盐，或在休闲季节大量灌水除盐。

5）连作园地改良

连作会导致土壤营养元素缺乏、有毒物质积累、病原微生物和害虫增加，造成园艺作物生长发育不良、病虫害严重发生甚至死亡，如茄科植物、枇杷、无花果、桃、杏、西瓜、黄瓜等都是对连作比较敏感的作物，除了尽量避免连作，还可以通过选择利用抗连作的砧木、更换土壤、增施有机肥及对土壤进行消毒等方法加以改良。

土壤消毒是园艺作物种植过程中处理连作土壤和保护地土壤的一项重要和常用的土壤管理措施，包括物理消毒和化学消毒两种方法。

（1）物理消毒：对于面积较大、管理比较粗放的土壤，可选择无风日，将柴草、树叶和秸秆等堆放在地上进行焚烧，使 30 cm 以内的表层土壤升温至 50～80℃，并持续半个小时左右。

对于规模较小且集约程度高的土壤，可用蒸汽消毒法。方法是先将土壤翻松，然后以一定密度埋设导管，地面覆盖后通热气消毒。大多土壤病原菌用 60℃蒸汽处理 30 min 即可杀死，多数杂草种子需用 80℃蒸汽处理 10 min。为避免高温杀死硝化细菌而造成土壤 NH_4^+ 积累，可在蒸汽中混入空气，并保持适宜的温度。一般采用 82℃蒸汽处理 30 min，可达到既杀死有害病菌又保留大多有益微生物的目的。

直接利用太阳能也能起到一定的土壤消毒作用。夏季，对有机肥料、营养土或播种用土，可灌透水后用薄膜盖严，利用太阳能提高土温，达到消毒的目的。如果结合温室或大棚的保温功能，效果会更好。

（2）化学消毒：方法有熏蒸法、洒液喷雾法、固体直接掺入法等，常用的化学药剂有甲醛、氯化苦、溴甲烷、硫磺等。

以甲醛洒液喷雾法为例。使用时，先将耕作层土壤翻松，用喷雾器将 50～100 倍的 40%甲醛均匀喷洒在地面再稍加翻动，用塑料薄膜覆盖地面，两天后揭开薄膜，通风备用。

以溴甲烷熏蒸法为例。使用时，先将土翻松、湿润，以便药气浸入。放好蒸发皿，用塑料薄膜覆盖并密封，保证土温高于 32℃，将溴甲烷加入少量氯化苦作警示，用塑料管导入蒸发皿；24～48 h 后揭膜，再过 48 h 即可播种或移栽。

以硫酸亚铁的固体掺入法为例。使用时，用硫酸亚铁干粉以 2%～3% 的比例与细干土混合,制成药土。耕翻时混入土壤或直接洒在床面,药土用量为 $150\sim225\ \text{g/m}^2$。此法最好在雨季施行。

4.1.2.2　土壤耕作

土壤耕作是指有目的地利用机械力、自然力(如冻溶交替、干湿交替等)及生物力(根系的穿插,微生物的活动等)来调节土壤肥力状况的措施。它是土壤表层的耕作管理方式,目的在于为作物创造一个固、液、气三相比例适宜的耕层构造,从而提高园艺作物的产量和质量。

1) 土壤耕作制度

(1) 清耕法:是指在生长季内经常耕作,除园艺作物外不种植其他作物,保持土壤疏松和无杂草状态的一种土壤管理制度。清耕法一般在秋季深耕,春、夏季多次中耕。

清耕法的优点:经常中耕可以使土壤保持疏松通透,促进土壤微生物的活动和有机物的分解,有效养分补给及时,施肥效应迅速,春季土壤温度上升较快。而且,经常切断土壤表层的毛细管可以防止土壤水分蒸发,去除杂草可以减少其与园艺作物对养分和水分的竞争。

清耕法的缺点:水土流失严重,尤其在坡地;长期采用清耕法会破坏土壤结构,使土壤有机质含量迅速减少;土表的水、热条件常随大气变化而有较大的变幅,不利于根系发育;劳动强度大,费时费工。目前清耕法仍是我国果园、菜地和花圃进行土壤管理应用较多的一种耕作制度,但因弊端多,近年已不再提倡使用。若实施,应尽量减少耕作次数,或在长期应用免耕法、生草法后进行短期清耕。

(2) 生草法:是在果树等多年生木本植物的行间种植禾本科、豆科等草类而不进行耕作的土壤管理方法,它可分为永久生草和短期生草两类。永久性生草是指苗木定植时,一同在行间播种多年生牧草,定期刈割、不加翻耕;短期生草一般选择一二年生的豆科和禾本科的草类,逐年或越年播于行间,待果树花前或秋后刈割。生草法采用较多的植物有豆科的紫云英、白三叶草、小冠花、苕子、紫花苜蓿、鸡眼草、箭舌豌豆等,禾本科的草地早熟禾、匍匐剪股颖、野牛草、羊草、结缕草等。多年生豆科牧草培肥地力的效果好。在氮素缺乏的园地,应避免禾本科草类。在有机质缺乏、土壤深厚、水土易流失的园地,生草法也是一种较好的土壤管理方法。目前,生草法已在国内外的果园中被广泛采用。

(3) 覆盖法:是指地表覆盖一系列有利于保护或改善土壤环境物质的耕法。按覆盖物的不同可划分为有机物覆盖法和塑料薄膜覆盖法两大类。有机物覆盖法使用的覆盖材料包括作物秸秆、腐叶、松针、杂草、糠壳、锯末、藻类等;覆盖方式有整年覆盖和间断覆盖。整年覆盖,作物秸秆和杂草等覆盖物经过一定时期会逐渐腐烂减少,腐烂后再换新草;间断覆盖,采用作物秸秆和杂草覆盖一定时期后将其埋入土内,然后再更换新的覆盖物。塑料薄膜覆盖法使用的覆盖材料主要是塑料地膜。

通过覆盖有机物代替土壤耕作,能有效抑制土壤水分的蒸发,防止水土流失和土壤侵蚀,改善土壤结构,调节地表温度,还可抑制杂草生长。与生草法相比较,覆草法对表土层的作用更明显。薄膜覆盖则具有提高地温、保持土壤水分、改善土壤物理性状、促进养分分解、增强田间光照、抑制杂草、甚至防治病害的作用。

种植果树、园林树木和成年木本花卉的园地可采用有机物覆盖,厚度一般为 $3\sim10\ \text{cm}$,果园覆盖厚度可达 $20\ \text{cm}$ 以上。草花育苗、蔬菜生产则多采用地膜覆盖。

(4) 免、少耕法:免耕法又称零耕或直接种植,是指种植前不耕整土地,种植后也不进行土壤管理,而仅在种植前后喷洒化学除草剂、消灭杂草的一类耕作方法。该耕作法有一年一季、一年多季、多年一季等栽培模式,且一季作物的生产过程中,机具作业仅3次,即种植、喷药、收获时各一次。免耕制管理下的土壤能够维持土体的自然结构,具有水气协调、表层结构结实、吸热放热较快、便于操作、省时省力、管理成本低等优点,但其缺点是长期免耕会使土壤有机质含量下降,造成对人工施肥的依赖。另外,还存在除草剂污染的问题。

少耕法是指在常规耕作基础上尽量减少土壤耕作次数或间隔耕种、减少耕作面积的一类耕作方法,它介于常规耕作和免耕之间。它在一季作物中,生产机具作业3~5次。

免、少耕法的提出始自美国。在20世纪20年代后,美国由于大面积开荒和农业机械化的操作,土体结构破坏,风蚀水蚀加重,多次出现尘暴。1943年佛克纳提出了土壤的免耕法和随后的阿特拉津除草剂研制成功,促进了免耕法的广泛推广和应用。免、少耕法的核心是通过生物(植物根系、土壤动物等)进行耕作,而传统耕作法则是通过机械物理方法来改变土壤构造。免、少耕法具有保护自然土体结构,逐年增加表层土壤通气孔隙,减少地表蒸发的特点;传统耕作法则具有破坏土壤结构和随着耕作次数的增加而使土壤下沉变紧的不足。

上述几种土壤管理制度在不同条件下各有利弊,实践中应根据土壤类型、作物种类、自然条件和生产条件选择适宜的方法或结合利用。

2) 耕作技术

土壤耕作技术包括耕翻、耙、松、镇压、整地、作畦等作业。耕翻是指在耕层范围内土质在上下空间上易位的耕作过程。耙,又称垂直耕作,是指将土块破碎的同时使土壤表面平整的耕作作业。松是指使土壤近地表结构疏松的耕作方式。镇压则是使土壤表层紧密化的耕作作业。

(1) 春耕、秋耕与作畦:土壤耕作按时间划分可分为春耕和秋耕。秋耕一般在秋季作物收获后,土壤尚未冻结前进行。秋耕可以使土壤经过冬季冰冻,质地疏松,增加吸水与保水力,消灭土壤中的虫卵、病菌孢子等,因此凡是早春直播的或栽种的菜田,一般都采取秋耕,秋耕时以翻耕为主。春耕是指对已秋耕过的地块进行耙磨、镇压、保墒等作业。春耕时间一般在土壤化冻5 cm左右时进行。以补耕为主的春耕应注意不宜深耕,且随耕随耙,以保墒情。在二作或三作区,当前茬栽培结束后,还应进行伏耕。伏耕以整地、保墒为目的,同时进行一定的晒垡也有利于土壤肥力的提高。

栽培畦的形式,视当地气候条件(主要是雨量和雨季)、土壤条件及作物种类而异。常见的形式有平畦、高畦、低畦和垄等。

① 平畦:畦面与田间通道相平的栽培形式。适宜于排水良好,雨量均匀,不需要经常灌溉的地区应用。当雨水多或地下水位高时,除土面有一定倾斜的地块外,不常采用。

② 低畦:畦面低于地面,即畦间走道比畦面高的栽培形式。这种畦利于蓄水和灌溉,在少雨的季节、干旱地区较为普遍。

③ 高畦:为了排水方便,在平畦基础上,挖一定的排水沟,使畦面拢起的栽培形式。适合于降水量大且集中的地区采用。

④ 垄:是一种较窄的高畦,其特点是垄底宽上面窄。北方地区秋季大白菜栽培所用的垄底宽为60~70 cm,垂直高度约20 cm。北方地区春季栽培时,为了保证定植后成活和提高土温,也常采用这种形式。

栽培畦的走向影响栽培作物的行向,不同的栽培行向,植株所受的光照度及光在群体内的分布状况差异较大,且群体内的空气流通、热量以及地表的水分、热量状况也有所不同。特别是对于植株较为高大的作物,行向对作物的影响较大。在风力较大的地区,当植株的行向与栽培畦的走向平行时,畦的走向以与风向平行为宜,这样可以减少风害,利于行间通风。由于我国地处北半球,冬季和早春太阳辐射以偏向南面的时间居长,且太阳高度角低,因此宜采用东西延长的畦向,植株的受光较好,冷风危害较轻。当植株的行向与栽培畦的走向平行时,夏季以南北延长的走向作畦,可使植株接受阳光多,热量状况也是如此。

(2)中耕、除草与培土:中耕、除草是蔬菜田间管理的重要环节。中耕就是在雨后或灌溉后进行调整土壤结构的田间管理作业。中耕的深度因蔬菜的种类而异,黄瓜、葱蒜类根系较浅,应进行浅中耕;番茄及南瓜等蔬菜作物根群较深,宜进行深中耕。最初及最后的中耕宜浅,中间的中耕宜深;距根远处宜深,近处宜浅。中耕的深浅一般为 $7\sim10$ cm。

中耕的次数依作物种类、生长期的长短及土壤性质而定。生长期长的作物次数较多,生长期短的次数较少,但必须在植株未全部覆盖地面以前进行。后期的中耕只是拔除杂草而已。杂草大量滋生,不但夺去了作物生长的水分、养分和阳光,而且很多杂草又是病原微生物潜伏的场所和传播的媒介。

除草方式主要有人工除草、机械除草和化学除草等 3 种。人工除草有时结合中耕进行,方法是用小锄头在松土的同时将杂草铲出,比较费工,效率低,但除草质量好,目前仍有应用。机械除草效率高,但容易伤害植株,而且除草不彻底,需要用人工除草作为辅助措施。化学除草是现代农业的重要方面。蔬菜化学除草多在出苗前和苗期应用,以杀死杂草幼苗或幼芽。化学除草剂杀死杂草而不影响蔬菜作物正常生育,其原因在于化学除草剂的选择性,这种选择性表现为生态选择性、生理选择性和生物化学选择性。除草剂的使用,一般用喷雾、喷洒、泼浇、随水浇入、药土法等。

培土是在植株生长期间将行间土壤分次培于植株根部的耕作方法,一般结合中耕除草进行。北方地区的稠地就是培土的方式之一,南方地区培土作业可加深畦沟,利于排水。培土对不同种类园艺作物的作用不同。大葱、韭菜、芹菜、石刁柏等进行培土后可使产品器官软化,增进产品质量;对于马铃薯、芋、生姜等地下根、茎类蔬菜,培土可促进产品器官的形成与肥大。另外,培土还可以防止植株倒伏,具有一定的防寒、防热作用。

对于爬蔓的瓜类作物,与培土相类似的作业是压蔓,即隔一定的节位,在其蔓上用土压上,一方面可防止植株徒长,同时在压蔓处可诱发出不定根,起到增加水分和养分吸收的作用。

4.2　植物营养与施肥

植物从外界环境中吸取生长发育所需养分,并用以维持其生命活动,这些养分即为植物营养。其中,除了碳、氢、氧为非矿质元素,来源于空气和水外,其余的均依靠土壤供应。因此,认识植物、土壤、肥料的各自特性和其内在规律,对获得优质高产园艺产品十分重要。

4.2.1　园艺作物的营养特点和施肥原则

植物体内含有几十种化学元素,但必需的营养元素只有 16 种,它们分别是碳、氢、氧、氮、磷、钾、钙、镁、硫、铁、锰、锌、铜、钼、硼和氯。在不同植物体内及同一植物的不同发育阶段和不同部位,它们的含量存在差异。这说明园艺作物因种类、品种、发育阶段和器官差异而对各种营养元素的需求和利用存在差异。因此,了解各种园艺作物的营养特点和需肥规律,有助于做到合理施肥,从而满足其对矿质元素的需要。

4.2.1.1 果树

大多数果树是多年生木本植物,定植后一般要生长几十年甚至更长,在发育过程中需要养分的量很大,而根系不断地从同一块土壤中选择性地吸收所需要的矿质营养,很容易造成某些营养元素贫乏和土壤环境恶化。因此,需要不断地施用肥料,以改善土壤理化性状,创造果树生长与结果的良好环境条件。

1) 生命周期与施肥

果树在其生命周期中要经历幼龄期、结果期和衰老期等不同发育阶段,在不同阶段果树有其特殊的生理特点和营养要求。幼龄期果树以营养生长为主,主要任务是扩大树冠和扩展根系,该期需肥不多,但对肥料的反应十分敏感,要求施足磷肥,适当配施氮肥和钾肥。果树结果初期的管理主要是继续扩大树冠和促进花芽分化,所以应在施用氮肥的基础上,增施磷、钾肥;结果盛期主要是保证果品优质丰产,所以施肥要注意氮、磷、钾配合,应随结果量的增加提高钾肥施用量,磷与果实品质关系密切,为提高果实品质应注意磷肥使用;盛果期的果树容易出现微量元素缺乏症,应及时补充。至果树衰老期,为延缓其生长势迅速衰退,可结合地上部更新修剪,多施氮肥,以促进更新复壮,延长经济寿命。

2) 年生长周期与施肥

果树在年发育周期过程中,在其营养生长的同时,还伴随着开花、结果与花芽分化的生殖生长。管理中必须注意营养生长与生殖生长的平衡,才能获得优质高产的商品果实。若供肥不足,则营养生长不良,即使花芽较多,也会因得不到足够的营养而影响发育,造成果少质次;若施肥过量、尤其是氮肥过多,又会使营养生长过旺、梢叶徒长、花芽分化不良。有的虽然能开花结果,但生理落果严重、果实着色不良、风味不佳。同时,枝叶徒长还会与果实争夺养分,引起果实缺素而发生生理性病害。所以,必须根据树体生长和结果的具体情况科学施肥,以保持营养器官和生殖器官的营养平衡。

春季,果树萌芽、开花、抽枝、展叶都需要消耗上一年的贮藏营养。由于基肥施入后需要至少 8 周的腐熟期,因此,常在上一年秋季施入。为防止落花落果,在萌芽前 2~4 周还需要追施速效氮为主的化肥 1 次;落花后,新梢迅速生长,果树上一年的贮藏营养已经消耗殆尽,而新的光合产物还未大量形成,因此,养分供应十分紧张。除施氮肥外,还应补充速效磷、钾肥;果实迅速膨大、新梢停止生长、花芽分化开始时,施肥可以促进果实膨大、提高果实品质、充实新梢、促进花芽的继续分化,因此需要追施磷、钾为主的化肥 1 次;采果前后,应及早弥补果树的营养亏缺,恢复树势,需要追施氮肥为主,磷、钾肥为辅的化肥 1 次。

3) 砧穗组合与树体营养关系密切

嫁接是果树繁殖最常用的方法之一。由于不同砧木的吸收能力和对不良环境的耐受力有较大差异,因而会影响果树对养分的吸收,进而影响果树的生长发育。如苹果用湖北海棠作砧木较耐微酸性土壤,以八棱海棠为砧木较耐微碱或石灰性土壤,而以山定子为砧木则极易产生缺铁黄化。苹果用不同 M 系为砧木时,不但地上部生长量有显著差别,而且营养特性也不同,如 M1 和 M7 能使接穗品种具有较高的营养浓度,而接在 M13 和 M16 上则养分含量较低。因此,选用适宜的砧穗组合不仅可以节省肥料,而且可以减轻或克服营养元素缺乏症。

4）根系特性与施肥

多数果树的根系分布深而广,对固地、吸收和抗逆性有重要作用。但与一年生作物相比,果树的根密度较低,须根较少,往往造成局部根域养分亏缺,不利于对难移动养分的吸收。施肥时应施到根系分布最密集的层次,尤其是溶解度小、在土壤中容易固定、挥发或流失的肥料,更需注意施肥方法和深度。幼年果园由于根密度低,在间作情况下与根密度高的作物或杂草在水分和养分的吸收上容易发生矛盾。

另外,大多数果树根系可与真菌共生形成菌根。菌根对养分的吸收有明显的影响,可以扩大根系的吸收范围,促进糖代谢,提高根系向地上部供应营养的能力,增强吸收磷、锌、铁、镁、钙等矿质营养的能力,其中促进磷吸收的效应尤为明显。如美国的柑橘,由于形成菌根较多,很少发生缺磷的问题。在干旱和贫瘠(低肥水平)条件下,菌根可以增加水分和养分吸收,促进矿质营养的吸收和运输。目前,菌根在生产上应用还很少,但它在果树上的应用前景广阔,潜力巨大。

4.2.1.2　蔬菜

蔬菜的种类、品种繁多,生物学特性和产品器官不同,对肥料的需求也存在差异。例如叶菜类蔬菜中,绿叶菜类生长速度快,单位面积上的营养元素吸收量较高;而结球类蔬菜的吸收量偏低,但对钙的需求量较高。茄果类蔬菜中,茄子、辣椒属于收获单位产量吸收营养元素较多、耐肥性较强的喜肥作物,而番茄则较低些;但由于番茄的单位面积产量较茄子、辣椒高,所以在单位面积上的需肥量反而比茄子和辣椒高。一般蔬菜对土壤中营养元素的吸收量决定于根系的吸收能力、植株的生育期、生长速度以及土壤和气候条件等,主要表现为喜肥、喜硝态氮、喜钙、需硼量高等特点。另外,蔬菜的营养需求也与生育期有关。

1）喜肥

大量试验表明,蔬菜要求的养分浓度普遍较其他作物要高。前田正男用营养液培养蔬菜和水稻的试验指出,蔬菜要求的氮素浓度较水稻高20倍,磷素高2倍,钾素高6~8倍。蔬菜的喜肥特性与其根系阳离子代换量高、吸肥能力强有关。据测定,大部分蔬菜的阳离子代换量为400~600 mg/kg,而一般粮食作物的阳离子代换量仅为200 mg/kg左右。另外,由于蔬菜的复种指数高、栽植密度大,因而对土壤的养分要求更高。

2）喜硝态氮

在氮肥的吸收上,大多数蔬菜以吸收硝态氮为主。铵态氮在氮源中所占比例过高会对蔬菜造成伤害。番茄、四季豆、菠菜、甘蓝、洋葱等作物上的研究指出,硝态氮为100%的处理,大多数蔬菜生育良好,但随着铵态氮比例增加,蔬菜的生育指数往往呈下降趋势,在全部为铵态氮的处理时,生育指数下降到15左右。酰胺态氮的作用效果介于两者之间。

需要指出的是,蔬菜以吸收硝态氮为主并不等同于蔬菜施肥以硝态氮为主,因为在土壤通气良好的情况下,施入土壤中的铵态氮和酰胺态氮均会通过硝化作用转化为硝态氮。

3）喜钙

与大田作物相比,蔬菜是需钙量较多的作物。这一方面由于蔬菜根系的阳离子代换量高,钙离子交换能力强;另一方面,则由于蔬菜喜欢吸收硝态氮,而硝态氮在体内代谢时容易产生大量草酸。为避免体内草酸危害,需要吸收大量的钙离子来形成草酸钙,以降低游离草酸量。据测定,蔬菜的吸钙量是小麦的5倍以上,其中萝卜和甘蓝的吸钙量分别为小麦的10倍和25倍。

由于钙在植物体内移动很慢,因此常会造成植株体内钙分布的不平衡,局部组织或器官中的钙不足以中和大量草酸,从而引起植株出现生理病害。由此引起的生理病害一般出现在生长旺盛的部位,症状是生长点萎缩。甘蓝和白菜的干烧心病、番茄和甜椒的脐腐病等都是常见的缺钙生理病害。

4）需硼量高

植物体内硼含量通常在 $2\sim100\,mg/kg$,不同种类间的差异很大。蔬菜作物硼含量较高,特别是根菜类蔬菜,如胡萝卜地上部硼含量为 $25.0\,mg/kg$、甘蓝 $37.1\,mg/kg$、萝卜 $64.5\,mg/kg$、甜菜 $75.6\sim100\,mg/kg$,而谷类植物只有 $4\sim10\,mg/kg$。同一植物不同组织器官的含量也有较大差异,硼主要集中分布在茎尖、根尖、叶片和花器官中。

硼以 $B(OH)_3$ 形式被植物吸收,运输到植物各部位的硼几乎不再移动,难以再利用。当介质缺硼时,往往在新生部位容易出现缺硼症。花椰菜和萝卜的褐心病、芹菜茎裂病、马铃薯卷叶病、芜菁和甘蓝褐腐病等都是缺硼所致。

5）生育期与施肥

蔬菜在不同生育期对营养的需求量有很大差异,幼苗期吸收营养元素很少,例如甘蓝苗期吸收量只有成株的 $15\%\sim20\%$,此时要求营养元素平衡、浓度低、呈易吸收状态。在食用器官形成期,植株对营养元素的需求量最大,其耐肥性也大为提高。根菜类在生长初期和中期对营养元素的需求较大,吸收量以胡萝卜最高,萝卜较低。瓜类蔬菜对磷的吸收量较大,尤其是苗期对缺磷十分敏感。

4.2.1.3 花卉

与其他植物不同,花卉是一种环境装饰物,大多种在门前、屋后、阳台、花园、室内等处。因此,对肥料有着特殊要求。

盆栽花卉装土少,肥水不易贮藏,必须经常补充肥水,施肥要做到薄肥勤施。又由于盆栽花卉经常浇水,土壤中各种养分均易亏缺。为保证正常的生长发育,必须补充养分完全的肥料,尤其是氮、磷、钾肥。盆栽花卉一般植株矮小,对可溶性盐类浓度敏感,因此最好选用肥效平稳的长效肥料,以避免肥分释放过快而带来的浓度危害。追肥常在浇水时一起供给,而基肥常在换盆或在培养土中供给,但一次肥料用量不能过多,以防发生浓度障碍。

花卉肥要求无毒无臭,不污染环境。我国花农习惯用饼肥、杂骨等有机肥泡制花肥,但这些沤制发酵出的液体花肥,常有一股难闻的臭味,使环境受到污染。尤其近年来,一些风景区的厕所为消除臭气,常用硫酸、盐酸冲洗,因而粪液酸度很高,用这些人粪尿浇施花坛、草坪常造成严重危害。

花卉施肥还必须考虑其观赏价值。对观叶花卉,如文竹、水竹、吊兰等,在其整个生长期间需要施用较多的氮素,才能保持其美观的叶丛;对观花、观果类花卉,除在长枝叶时增施以氮为主的养分外,在花芽分化、花蕾形成时,则应增施以磷、钾为主的肥科,这样才能使花蕾饱满、果实丰硕。特别是一年中能开若干次花的花木,如木兰、茉莉、石榴等木本花卉,则更应多施几次以磷为主的肥料,如果缺肥,就会减少开花次数。但需注意,对一年只开一次花的,如杜鹃、山茶、菊花等,花期施肥应适当,否则会引起花朵过早凋零。

不同种类的花卉矿质养分含量相差较大,如菊花、一品红、天竺葵、玫瑰等花卉的氮、钾含量远高于杜鹃;含钙量以菊花、香石竹等为多;镁的含量以一品红、菊花为多;硼的含量以天竺葵、菊花为多。因此,种花、养花需要区别对待。不同元素对植物花色的影响也很大,如氮素过量就会导致红色减褪,碳水化合物过量也会使红色变淡。磷、钾对冷色系花卉有显著影响,对秋菊品种"绿云"施用磷酸二氢钾,其花朵绿色更重;蓝色系花卉增施钾肥,可以使蓝色更艳更蓝,且不易褪色;有钾存在时红色系花卉的花色更红,且时间持久。微量元素铁、锰、钼、铜、镁等与均与色素形成有关,缺少时会使花色变淡、花色不鲜艳、易褪色。元素的比例对花卉产量、品质以及抗逆性也有重要作用,以菊花为例,其体内适宜的氮、钾比例是 $1:(1.2\sim1.5)$,过高时植株易受害、花色变差、品质降低,若过低则会导致节间缩短、植株变矮。

花卉体内的氮、磷、钾等元素的含量随着生长发育阶段的不同而有一定的动态变化,而且这种变化在不同花卉中又有较大差异。比较菊花、百合和一品红的营养物质含量变化,发现菊花在生长初期需氮肥较多,含氮量增加,而且在整个生育期中均维持在较高的水平;而百合含氮量开始较高,几周后含量下降到一个相对稳定的状态,成熟期又迅速下降。花卉的磷素含量相对稳定。菊花和一品红的钾含量动态相似,即在生长早期含量增加,中期保持稳定,随着成熟逐渐下降;百合在生长早期增加,随后则稳定地下降。

由于花卉植物栽培场所的特殊性,对肥料和施肥技术的要求较高。作为观赏植物,要求肥料无毒无臭、不污染环境,而且肥料中的养分完全、肥效长;另一方面,花卉作物的栽培环境和方式较多,施肥方式、施肥种类等都存在着很大的差异。

4.2.2　施用方法和时期

植物营养的最大效率期,即为植物最需要肥料的时期和吸收最好的时期。园艺作物中,该时期通常是在植物生长最旺盛的时期,因为植物养分的分配首先满足生命活动最旺盛的器官,所以,一般营养生长最快和产品器官大量形成时是需肥最多的时期。如结球白菜在幼苗期对氮、磷、钾的吸收量很少,莲座期急剧上升,结球期达到峰值,施肥的关键时期为莲座期和包心初期。萝卜生长中后期,肉质根迅速膨大,养分吸收急剧增加,氮、磷、钾的吸收量占总吸收量的 80% 以上。另外,植物营养也具有一定的阶段性,即植物在不同的生长发育阶段对营养元素的需要有差别。园艺作物一般在生长前期对氮肥的需要量较大,而生长后期则对磷、钾、钙等肥料需要较多。根据园艺作物在不同生长发育阶段对养分需求的特点,用科学的施肥方法适时适量地供应肥料,是生产优质、高产、高效园艺产品的基本保证。

为满足作物对养分的需求,人们需根据作物的不同营养阶段的特点,分别施用作用不同的肥料。施肥的方法一般包括基肥、追肥和种肥 3 种,但基肥和追肥的应用相对更为普遍。

4.2.2.1　基肥

基肥又称为底肥。它是在播种(或定植)前结合土壤耕作施入的肥料,其作用是双重的,一方面是培肥和改良土壤,另一方面是供给植物整个生长发育时期所需要的养分;通常多用有机肥料,配合一部分化学肥料作基肥。

常用的基肥有堆肥、厩肥、饼肥、粪肥、鱼粉、骨粉、河泥、腐植酸肥以及绿肥、作物秸秆、杂草等;配合施用的无机肥有尿素、硫铵、过磷酸钙、钙镁磷肥、复合肥等。基肥在施肥量中的比例,现在还没有一致的看法,但一般认为应占全年总施肥量的 60%~70%。

从有机肥开始施用到成为可吸收状态需要一定的时间。以饼肥为例,其无机化率达到100% 时,需 8 周时间,而且对温度条件还有要求。因此,施用未腐熟基肥时,应注意在温度尚高的季节进行,同时需要提前至少 2 个月施用。

对于果树等多年生木本植物来讲,秋施基肥十分有利。一方面因为此时正值根系生长的第三次高峰,若根系被切断,伤口易于愈合。但对于冬季有冻害的地区来说,基肥施用时期应提前,或者推迟至翌年春季气温回升后进行。黏质土壤应提前施用,而砂质土壤可适当推迟,施用部位通常在土层 40~60 cm 深处。

4.2.2.2 追肥

追肥是指在植物生长发育期间施入的肥料,其作用是及时补充植物在生长发育过程中所需的养分,以促进植物进一步,提高产量和改善品质。追肥一般在作物吸肥数量大而集中的时期前进行,所用肥料为速效性肥,包括完全腐熟的有机肥和化学肥料,如无特殊原因,一般不用磷、钾肥作追肥,而是作基肥在播种或移栽前一次施足。追肥除叶面喷施约 1 d 即可见效外,一般在施入土中 4~5 d 后开始见效。

不同种类园艺作物的生长发育特点和对产品的要求有较大差异,追肥时期和次数也不同。

1)果树

果树追肥的次数和时期与气候、土质、树龄等因素有关。高温多雨地区或砂质土地区,肥料易淋失,追肥宜少量多次;反之,追肥次数可适当减少。幼树追肥次数宜少,随树龄增长和产量增加,长势减缓,追肥次数应逐步增多,以调节生长和结果的矛盾。生产上对成年结果树一般每年追肥 2~4 次,但需根据果园具体情况增减。主要的追肥时期如下。

(1)催芽肥:又称花前追肥。果树早春萌芽、开花需要消耗大量营养,尤其是氮素,但此时根系吸收能力较差,因此,利用的主要是树体贮藏养分。若树体营养水平低,则导致授粉不良,落花落果严重,萌芽不整齐,影响生长。此期追肥以速效性氮肥为主,可加适量硼肥。

(2)花后追肥:一般在落花后施用。该期幼果迅速膨大,新梢生长加速,需要氮素营养较多,但由于当年光合产物尚未大量形成,因此果树处于一个营养的临界期。追肥可促进新梢生长和叶面积扩大,提高光合效能,减轻生理落果,提高坐果率。肥料以氮为主,适当增加磷、钾肥。

(3)果实膨大和花芽分化期追肥:此时部分新梢停止生长,落叶果树花芽分化开始。追肥可增加光合生产,促进养分积累,提高细胞液浓度,有利于新梢生长充实、果实肥大和花芽分化。这次追肥既保证当年产量,又为来年结果打下基础。施肥应注意氮、磷、钾配合施用。

(4)果实采摘前后追肥:果树在该期由于大量结果造成营养物质亏缺,同时花芽分化也需较多养分,此时施肥能够及时补充树体所需养分,尤其晚熟品种后期追肥更为重要。这次施肥应以磷、钾肥为主,可酌情配合氮肥,对于果实着色和品质的提高有显著作用。

2)蔬菜

蔬菜作物种类多,产品器官不同,确定追肥时期应了解不同类型蔬菜的生长发育特点。

结球白菜、花椰菜、萝卜、洋葱等叶菜类、根菜类、葱蒜类蔬菜,从播种到产品采收的整个生长周期分为发芽期、幼苗期、营养生长旺盛期和养分积累期 4 个时期,其中营养生长旺盛期和养分积累前期吸收养分最多,该期肥量是否充足将直接影响后期养分积累的多少,因此,是追肥的关键时期。

番茄、辣椒、黄瓜等茄果类、瓜类、豆类蔬菜的生长发育分为发芽期、幼苗期、开花期和结果期 4 个时期。一般情况下,花芽分化在幼苗期已经开始,产品器官的雏形已经形成,叶片生长与果实发育同步进行,因而在幼苗后期调节营养生长与生殖生长的需肥矛盾是施肥的关键。又因其多次结果、陆续采收,在开花结果的同时仍有旺盛的生长,所以,结果期需要充足的养分供应。

菠菜、生菜等以绿叶为产品器官的蔬菜的肥水管理比较简单,从苗期进入扩叶期后,需要均衡供应养分,一促到底。

3) 花卉

追肥施用的时期和次数受花卉种类、生育阶段、气候、土质和栽培方式的影响。

一般在苗期、叶片生长期以及花前花后应施肥,尤其是观花植物在花前一定要追肥。苗期宜多施氮肥,花芽分化和孕蕾期多施用磷、钾肥。

盆栽花卉生活在有限的介质中,其养分来源是营养土,除了上盆或换盆时施入基肥外,还需要不断地补充营养物质,在生长期间进行多次追肥。

宿根花卉和花木类可根据开花次数进行施肥,一年多次开花的月季、香石竹等,花前花后应重施肥;喜肥的花卉如大岩桐,每次灌水应酌情加少量肥料,生长缓慢的可每两周至1个月施1次;球根类花卉如百合类、郁金香等较嗜肥,宜多施肥尤其是钾肥。

观叶植物在生长季以施氮肥为主,每隔6～15 d追一次肥。追肥的肥料种类多为速效氮、钾肥和少量磷肥,每次施用量不宜过多,通常150～300 kg/hm^2。

4.2.3　施肥方法

4.2.3.1　基肥

基肥的施用方法一般有以下几种。

1) 撒施

在土地翻耕前将肥料均匀地撒施于地表,然后翻耕入土,一般深约20 cm,称为撒施。撒施是基肥施用最常用的方法。凡是栽培植物植株密度较大,植物根系遍布于整个耕层,施肥量又较大时,都采用这种方法。但撒施的肥料必须均匀,做到土、肥相融,防止因肥料集结而致蔬菜或花卉生长不齐。

2) 条施及穴施

条施基肥是在播种或移栽前结合整地作畦、开沟把肥料施在播种沟的底层,覆一薄层土壤,然后播种或移栽,再覆土、镇压。这是除撒施法外,在条播或条栽植物时还可采用的一种基肥施用方法。果树行间开沟施肥时,基肥沟宽30～50 cm、深40～60 cm;放射沟施肥时,在距树干1 m远处向外挖辐射状沟4～8条,沟宽30～50 cm、深30～60 cm,长度应超过树冠投影的外缘,且内浅外深、内窄外宽;环状沟施时,在树冠投影外围稍远处挖环状沟,沟宽30～50 cm、深50 cm左右,施肥后覆土即可。

穴施法是在整地时开穴,播种前把肥料施在播种穴中,并覆薄土,再进行播种、覆土、镇压,点播蔬菜或花卉,以及果树的基肥施用多采用此法。

条施和穴施法基肥用量都较撒施法少,肥效也较高,而穴施法的肥料比条施法更经济。但应注意肥料的浓度不宜过高,所用的有机肥料以充分腐熟为宜。

3) 分层施肥法

根据所用基肥性质结合深耕,把迟效性的肥料施于中下层,上层施速效性肥料,做到各层土中肥分均匀分布,以适应植物根系不断伸长对养分的吸收,称为分层施肥法。采用分层施用基肥,既可不断地供给植物养分,又能促进土壤的迅速熟化。但分层施肥法施用的肥料量应当多些。

4)混合施肥法

这是将性质不同、作用不一的各种肥料混合起来施用,称为混合施肥法。混合施肥法可以按照植物的营养特性和土壤性质的要求,使基肥中的各种养分缓急相济,调整基肥中营养元素比例,使其能较持久地供应植物充足的养分以提高基肥的肥效。例如有机肥料和无机肥料混合施用;将分解速度不同的有机肥料混合施用,比如绿肥、厩肥可与粪尿肥混合施用等。

4.2.3.2 追肥

常用的追肥方法有以下几种。

1)撒施法

在植株密度较大、根系遍布于整个耕作层、追肥用量又比较大的情况下采用。一般要求应与中耕、除草、松土和灌溉相结合,并力求撒施均匀。撒施法的优点是简便易行,随时可给作物补充营养元素,保证栽培植物生长发育健壮。缺点是肥料利用率不高,其原因,一是肥料在土层中均匀分布,同时也肥育了杂草,养分不能全部供给所栽培的植物;二是肥料特别是水溶性磷肥做追肥撒施时,与土壤接触面积大,被固定的程度也大;三是在干燥炎热的夏季,表面撒施的氮肥容易挥发损失。

2)沟施法

在开好播种沟或定植沟后,将肥料施入沟中的施肥方法。条播植物施肥沟常位于植物的一侧或两例。果树行间开沟施肥,追肥沟宽 20~30 cm、深 15~20 cm;放射沟追肥是在距树干1 m 远处向外挖辐射状沟 4~8 条,沟宽 30~50 cm、深 30~60 cm,长度超过树冠投影,内浅外深,内窄外宽,施肥后覆土即可;环状沟追施时,沟在树冠投影外围稍远处,沟深 15~20cm。追肥时可先中耕除草,然后在行间开沟将肥料施入,并结合覆土、培土等措施。施肥深度应与植物根系入土深度相适应。沟施可有效地节省施肥量,增进肥效。

3)穴施法

就是在点播的、株行距较大的栽培植物的株间或行间开穴施入追肥。此法肥料用量少,又可减少流失,但挖穴施肥需工量较大。

4)根外追肥

将肥料配成稀溶液(浓度为 0.1%~1%),用喷雾器喷施于叶面上的方法。采用喷施法肥料用量少、利用率高、见效快。当栽培植物出现营养元素缺乏症时,用喷施法是最易纠正病症的方法。微量元素使用喷施法特别有利,因其施用量少,喷施于叶面能被植物直接吸收,损失少、见效快、效率高。根外追肥所施用的肥料以尿素、磷酸二氢钾、硼酸、硼砂、硫酸亚铁、硫酸锌、硝酸钙、氯化钙、草木灰浸出液为主,还有稀土、高美施等。

为提高叶面喷肥的效果,应选无风、晴朗、湿润的天气,夏季最好在上午 10:00 以前或下午 16:00 以后进行,以增加溶液的存留时间,提高肥效。喷施部位一般以幼嫩叶片和叶背面为主,因这些部位细胞间隙大、吸收能力强。

根外追肥也可采用枝干涂抹或注射及产品采后浸泡等方法。例如苹果果实采收后用 3% 的氯化钙溶液浸渍,可以提高果实钙含量,防治贮藏期生理病害。此外,园艺作物在设施栽培条件下,因空气流通不畅常导致二氧化碳供应不足而影响光合作用。目前,已经可用二氧化碳发生装置向温室、大棚补充二氧化碳,称为施气肥。

5) 灌溉式施肥

这是一种结合灌溉作业,按照水流速度,将一定量的肥料加入灌溉水中的施肥方法。滴灌时,在给水管上,用"T"形管接施肥器,将肥料加入施肥器溶解,随水流分布到各个支管,又从微孔喷射到植株周围的土壤中。

4.2.3.3 施肥量

施肥量的确定受到植物产量、土壤供肥量、肥料利用率、当地气候、环境条件及栽培技术等综合因素的影响。目前,园艺作物施肥量的确定方法有养分平衡法、丰产指标法等。下面主要介绍养分平衡法。

以实现作物目标产量所需养分量与土壤供应养分量的差额作为确定施肥量的依据,以达到养分收支平衡,所以,又称为目标产量法。计算公式为:

$$施肥量(kg/hm^2)$$
$$= \frac{目标产量(kg/hm^2) \times 单位产量的养分吸收量(kg) - 土壤供应养分量(kg/hm^2)}{所施肥料中的养分含量(\%) \times 肥料当季利用率(\%)}$$

1) 目标产量的确定

植物计划产量的确定应根据植物的种类与品种、树龄、生长发育状况、土壤条件、肥料特性、目标产量、施肥方法等多种因素综合考虑来确定,不可盲目估算。确定计划产量的方法很多,常用的方法是以当地前3年植物的平均产量为基础,再增加10%~15%的产量作为计划产量。

2) 单位产量的养分吸收量

不同植物由于其生物学特性不同,每形成一定数量的经济产量,所需养分总量是不相同的。表 4-1 列出了常见园艺作物每形成 100 kg 产量所需的养分量。

表 4-1　常见园艺作物形成 100 kg 产量所需养分量

序号	物　种	收获物	从土壤中吸收养分量(kg)		
			N	P_2O_5	K_2O
1	黄瓜	果实	0.27	0.13	0.35
2	茄子	果实	0.81	0.23	0.68
3	番茄	果实	0.45	0.50	0.50
4	胡萝卜	块根	0.31	0.10	0.50
5	萝卜	块根	0.60	0.31	0.50
6	卷心菜	叶球	0.41	0.05	0.38
7	洋葱	葱头	0.27	0.12	0.23
8	芹菜	全株	0.16	0.08	0.42
9	菠菜	全株	0.36	0.18	0.52
10	大葱	全株	0.30	0.12	0.40
11	柑橘(温州蜜柑)	果实	0.60	0.11	0.40
12	梨(二十世纪)	果实	0.47	0.23	0.48
13	柿子(富有)	果实	0.59	0.14	0.54
14	葡萄(玫瑰露)	果实	0.60	0.30	0.72
15	苹果(国光)	果实	0.30	0.08	0.32
16	桃(白凤)	果实	0.48	0.20	0.76

注:引自沈其荣主编的《土壤肥料学通论》,高等教育出版社,2001。

3）土壤供应量

是指植物达到一定产量水平时从土壤中吸收的养分量。获得这一参数值的方法很多，一般来讲，土壤的供肥量多以该种土壤上无肥区全收获物中总养分量来表示。各地应按土壤类型对不同植物进行多点试验，取得当地的可靠数据后，按下式估计土壤供肥量。

$$土壤供肥量 = \frac{无肥区植物产量}{100} \times 形成 100\,kg\,产量的养分吸收量$$

4）肥料中的养分含量

园艺作物中使用的肥料包括有机肥和化肥两类。它们的养分含量差异很大。根据测定，常见肥料的养分含量见表 4-2。

表 4-2　常见肥料的主要养分含量

肥料种类	养分含量（%）			肥料种类	养分含量（%）		
	N	P_2O_5	K_2O		N	P_2O_5	K_2O
碳酸氢铵	17.00			菜籽饼肥	4.50	2.48	1.40
硫酸铵	21.00			猪粪	0.60	0.40	0.44
氯化铵	24.00			羊粪	0.65	0.47	0.23
硝酸铵	34.00			牛粪	0.32	0.25	0.16
尿素	45.00			马粪	0.58	0.30	0.24
普通过磷酸钙		16.00		垃圾	0.18	0.18	0.24
硫酸钾			50.00	一般针叶树灰		1.27	5.00
磷酸二氢钾		24.00	28.00	一般阔叶树灰		1.53	8.27
人粪尿	0.75	0.30	0.25	小灌木灰		1.37	4.88
人粪	1.03	0.50	0.37	稻草秸秆灰		0.19	1.48
人尿	0.50	0.13	0.19	小麦秸秆灰		2.80	11.4
大豆饼肥	7.00	1.32	2.13	向日葵秸秆灰		1.11	29.3
棉籽饼肥	3.41	1.63	0.97				

5）肥料当季利用率

施入土壤的肥料，一部分被土壤吸附、固定，一部分随水分淋失或分解挥发，因而不可能全部被植物吸收利用。肥料当季利用率即指植物吸收的养分中来自所施肥料的百分率。

肥料的利用率因园艺作物的种类、树种、品种、砧木、土壤性状和土壤管理制度等而不同。它可以通过田间试验和室内的化学分析结果求得，公式如下：

$$肥料当季利用率 = \frac{施肥区植物养分吸收量 - 无肥区植物养分吸收量}{施入的养分总量}$$

将施入肥料的养分用同位素标记，测定其进入植物体的数量，也可以直接得到肥料的当季利用率。

一般果树对肥料的利用率，氮约为 50%、磷约为 30%、钾为 40%。在我国南方，蔬菜的肥料利用率一般为氮 40%～70%、磷 15%～20%、钾 60%～70%。若改进灌溉方式，可进一步提高肥料利用率。为便于计算，氮的利用率通常近似估算为 1/3、磷为 1/2、钾为 1/2。

估算实例：某葡萄园近 3 年的平均 667 m² 产量分别为 1 950 kg、2 015 kg、2 008 kg，不施肥时平均 667 m² 产量为 1 000 kg。若以表 4-3 所列方案进行施肥，请分别计算每次的肥料用量。

表 4-3　某葡萄园施肥方案设计

种类	施用时期	养分分配方案			肥料用量(kg)			
		氮素(%)	磷素(%)	钾素(%)	猪肥	尿素	磷酸二氢钾	硫酸钾
基肥	落叶后	60	70	70				
追肥	萌芽期	12	7	7				
	幼果膨大期	13	6	6				
	果实着色期	6	10	10				
	采果后	9	7	7				

注:猪肥仅作为基肥使用,尿素和磷酸二氢钾既可作积肥,也可追肥使用。

解:

(1) 目标产量计算:已知该葡萄园近 3 年的平均 667 m² 产量分别为 1 950 kg、2 015 kg、2 008 kg,按照下一年增长 10% 的目标,计算得目标产量为:

$$目标产量 = \frac{1\,950 + 2\,015 + 2\,008}{3} \times (1 + 10\%) = 2\,190.1\,kg$$

(2) 所需养分总量计算:已知每形成 100 kg 葡萄所需养分量为:氮素 0.60 kg,磷素 0.30 kg,钾素 0.72 kg(表 4-1),氮素、磷素、钾素在土壤中的当季利用率分别为 1/3、1/2、1/2,不施肥区的平均 667 m² 产量为 1 000 kg,故计算获得目标产量情况下,所需施入的各养分总量为:

$$氮素总需求量 = \frac{2\,190.1 - 1\,000}{100} \times 0.60 \div \frac{1}{3} = 21.4\,kg$$

$$磷素总需求量 = \frac{2\,190.1 - 1\,000}{100} \times 0.30 \div \frac{1}{2} = 7.1\,kg$$

$$钾素总需求量 = \frac{2\,190.1 - 1\,000}{100} \times 0.72 \div \frac{1}{2} = 17.1\,kg$$

(3) 基肥中的各肥料用量计算:按施肥要求,基肥中应分别包含有氮素、磷素、钾素总量的 60%、70%、70%。已知猪肥中的养分含量分别为:氮素 0.60%,磷素 0.40%,钾素 0.44%。故计算得猪肥的用量分别为:

$$N:猪肥用量 = \frac{21.4 \times 60\%}{0.60\%} = 2\,140.0\,kg$$

$$P:猪肥用量 = \frac{7.1 \times 70\%}{0.40\%} = 1\,242.5\,kg$$

$$K:猪肥用量 = \frac{17.1 \times 70\%}{0.44\%} = 2\,720.5\,kg$$

取猪肥的用量最少者,即 1 242.5 kg,为实际用量。由于基肥中的磷素含量已达要求,故不需补充磷素,仅需补充氮素和钾素。已知尿素、硫酸钾中的氮素、钾素含量分别为 45%、50%,故计算它们的所需用量分别为:

$$基肥中的尿素用量 = \frac{21.4 \times 60\% - 1\,242.5 \times 0.60\%}{45\%} = 12.0\,kg$$

$$基肥中的硫酸钾用量 = \frac{17.1 \times 70\% - 1\,242.5 \times 0.44\%}{50\%} = 13.1\,kg$$

(4) 追肥中的各肥料用量计算:已知磷酸二氢钾中,磷素和钾素的含量分别为 24% 和 28%,故计算各时期的化肥用量分别如下:

① 萌芽期:氮素、磷素、钾素量分别为 12%、7%、7%,计算得:

$$尿素用量=\frac{21.4\times12\%}{45\%}=5.7\,kg$$

$$磷酸二氢钾用量=\frac{7.1\times7\%}{24\%}=2.1\,kg$$

$$硫酸钾用量=\frac{17.1\times7\%-2.1\times28\%}{50\%}=1.2\,kg$$

② 幼果膨大期:氮素、磷素、钾素量分别为13%、6%、6%,计算得:

$$尿素用量=\frac{21.4\times13\%}{45\%}=6.2\,kg$$

$$磷酸二氢钾用量=\frac{7.1\times6\%}{24\%}=1.8\,kg$$

$$硫酸钾用量=\frac{17.1\times6\%-1.8\times28\%}{50\%}=1.1\,kg$$

③ 果实着色期:氮素、磷素、钾素量分别为6%、10%、10%,计算得:

$$尿素用量=\frac{21.4\times6\%}{45\%}=2.9\,kg$$

$$磷酸二氢钾用量=\frac{7.1\times10\%}{24\%}=3.0\,kg$$

$$硫酸钾用量=\frac{17.1\times10\%-3.0\times28\%}{50\%}=1.8\,kg$$

④ 采果后:氮素、磷素、钾素量分别为9%、7%、7%,计算得:

$$尿素用量=\frac{21.4\times9\%}{45\%}=4.3\,kg$$

$$磷酸二氢钾用量=\frac{7.1\times7\%}{24\%}=2.1\,kg$$

$$硫酸钾用量=\frac{17.1\times7\%-2.1\times28\%}{50\%}=1.2\,kg$$

（5）结果汇总:将结果填入表4-4。

表 4-4　某葡萄园施肥方案计算结果

种类	施用时期	养分分配方案			肥料用量(kg)			
		氮素(%)	磷素(%)	钾素(%)	猪肥	尿素	磷酸二氢钾	硫酸钾
基肥	落叶后	60	70	70	1 242.5	12.0	0	13.1
追肥	萌芽期	12	7	7	0	5.7	2.1	1.2
	幼果膨大期	13	6	6	0	6.2	1.8	1.1
	果实着色期	6	10	10	0	2.9	3.0	1.8
	采果后	9	7	7	0	4.3	2.1	1.2

4.3　水分管理

适宜的水分含量是园艺作物体内各种生理生化反应得以正常进行的保证,也是实现丰产、优质、高效栽培的基础。根据园艺作物对水分需求的特性,通过合理水分管理促控作物生长,协调群体与个体、地上部与地下部、营养生长与生殖生长之间的关系,使作物始终处于适宜的水分状态,这就是水分管理。我国是一个水资源短缺的农业大国,在园艺作物生产中采用科学的灌溉技术,节约用水,提高水的利用效率,具有非常重要的意义。

4.3.1　园艺作物对水分的需求

4.3.1.1　不同园艺作物种类对水分的需求特性

不同园艺作物种类的形态构造和生长发育特点有很大差异,导致对水分的要求不同。一般生长期长、叶面积大且叶幕形成快、植株生长速度快、根系发达、产量高的园艺作物,需水量较大;反之,需水量较小。

草本园艺作物产品都是柔嫩多汁的器官,含水量在90%以上。根据对水分的需要程度不同,可以把草本园艺作物分为以下五类。

(1)消耗水分很多,但对水分吸收能力弱的种类:如白菜、甘蓝、绿叶菜类、黄瓜、四季萝卜、长春花、美女樱等,这些作物叶面积较大而组织柔嫩,但根系入土不深,所以要求较高的土壤和空气湿度。

(2)消耗水分不多,但有较强吸收力的种类:如西瓜、甜瓜、苦瓜、中国月季、爬山虎、鸡冠花等,这些作物的叶子虽大,但其叶子有裂刻(如西瓜)或表面有茸毛,能减少水分的蒸发,并有强大的根系,能深入土壤中吸收水分,抗旱能力很强。

(3)叶面消耗水分少,根系吸收力很弱,土壤湿度要求较高的种类:如葱、蒜、石刁柏、风信子、郁金香、石蒜、石竹等。葱叶和蒜叶面积都很小,而其表面被有蜡质,蒸腾作用很小。但根系分布的范围小,入土浅而几乎没有根毛,所以吸收水分的能力弱。

(4)水分消耗量及吸水能力中等的种类:如茄果类、根菜类、豆类蔬菜、菊花等,这些作物叶面积小,组织较硬,且叶面常有茸毛,所以水分消耗量较少,其根系虽发达,但又不如西瓜、甜瓜等。

(5)抗旱力弱,消耗水分很快,但吸收水分的能力很弱的种类:如藕、荸荠、凤眼莲、茭白、菱等水生园艺作物,这些作物的植株全部或大部都需浸在水中才能生长,茎叶柔嫩,在高温下蒸腾作用旺盛,但它们的根系不发达,根毛退化,所以吸收力很弱。

木本园艺作物的枝叶中含水量占50%以上,耗水量也大,因此木本园艺作物的需水量比草本大。以果树为例,按需水量大小大体上可将其分成三大类:梨、苹果、柑橘、葡萄等属需水量大的树种;桃、柿、杨梅、枇杷等需水量中等;枣、栗、无花果、银杏等需水量较小。

4.3.1.2　不同生育期的需水特性

园艺作物在不同的生长发育阶段对水分的需求量不同。在种子发芽阶段需要较多的水分来改善种皮的状态,有利于种胚穿透种皮而萌发,也有利于胚根、胚芽的生长;幼苗期由于植物体根系比较弱,生长比较浅,对水分需求量虽不大,但也不能缺水,必须维持土壤的湿润状态,水分过多常易导致烂根;处在营养生长期的植物对水分需求量比较大,有些植物不仅需要一定的土壤湿度,还要求一定的空气湿度;在开花期、幼果期,要求保持一定的土壤水分,而对空气湿度要求较低。对以果实为产品器官的园艺作物而言,果实发育阶段要求水分充足,果实成熟后期及种子发育期对水分的需求量则降低。

蔬菜在种子萌发时期对水分要求很大,甘蓝、黄瓜种子的膨胀需要吸收种子重量 50% 左右的水分;而豌豆等种子需水量可达种子重量的 150%。因此播种后,必须保证土壤中有充足的水分。苗期因其根系小、根量少,植株的吸水量不多,但对土壤湿度的要求严格,应经常浇水,移苗后应多浇水。到生育后期,特别是种子成熟时,则要求适当干燥。

花卉对水分的需要决定于生长状况。休眠期的鳞茎和块茎不需要水,有水反而会引起腐烂。如朱顶红种植后只要保持土壤湿润,就会终止休眠生出根来。一旦抽出花茎,蒸腾增加,就需少量灌水。当叶片大量发育后,应充足供水。

多数果树在花芽分化期和果实成熟期不宜灌水,以免影响花芽分化,降低果实品质或引起裂果;在新梢迅速生长和果实膨大期,果树生理机能旺盛,是需水量最多的时期,必须保证水分供应充足,以利生长与结果;而在生长后期则要控制水分,保证及时停止生长,使果树适时进入休眠期,做好越冬准备,在北方干旱地区,越冬前应灌足封冻水。落叶果树在休眠期代谢活动微弱,需水量较小。

4.3.1.3 生态环境对水分需求的影响

园艺作物的需水量受所在区域生态环境的影响。气温、光照、湿度和风速是影响蒸腾作用和植物需水量的主要环境因素。气温高、日照强、空气干燥、风大,则植物蒸腾和地面蒸发的强度大,因此需水量也大;反之,则小。

4.3.1.4 需水临界期

对园艺作物而言,需水临界期是园艺作物对缺水反应最敏感的关键时期。如马铃薯在开花至块茎形成期、番茄在开花结果期、苹果在新梢生长和幼果膨大期均属于需水临界期。园艺作物对水分胁迫反应的敏感时期,栽培管理中必须维持较高的土壤供水能力,否则会影响生长和产量。

4.3.2 灌溉技术

4.3.2.1 灌溉指标

在园艺作物生长发育过程中,什么时间进行灌水,灌多少水,除根据作物需水特点和关键时期外,还应考虑土壤水分含量、植株形态及生理指标等因素,适时进行补水灌溉。

1) 土壤含水量指标

一般认为,适宜园艺作物正常生长发育的根系活动层(0~80 cm)的土壤含水量为田间持水量的 60%~80%,此时土壤的水分和空气含量最适于根系生长。但这个数值随园艺作物种类和不同的生育阶段而有所不同。耐旱作物可适当低些,湿生作物要适当高些。苗期土壤含水量指标可低些,中期指标可适当高些。合理灌溉应根据作物的需水规律确定不同时期的土壤含水量指标。

不同质地的土壤,田间持水量和萎蔫系数各不相同(表 4-5),同一质地的土壤上,不同植物的永久萎蔫系数变化幅度很小。

表 4-5　不同土壤持水量、萎蔫系数及容重

（章镇，王秀峰. 2003）

土壤种类	饱和持水量（%）	田间持水量（%）	萎蔫系数	容重（g/cm³）
粉沙土	28.8	19	2.7	1.36
砂壤土	36.7	25	5.4	1.32
壤土	52.3	26	10.8	1.25
黏壤土	60.2	28	13.5	1.28
黏土	71.2	30	17.3	1.30

2）植株形态指标

"看苗灌溉"就是根据园艺作物各生育时期的需水特性和植株体内水分状况，以长势、外部形态特征发生的变化来确定是否进行灌溉。植株缺水的形态一般表现为：幼嫩的茎叶在中午前后发生萎蔫、生长速度下降、叶茎呈暗绿色等。

在露地上，早晨时看叶的上翘与下垂；中午则看叶的萎蔫与否以及轻重；傍晚看萎蔫恢复得快慢。如番茄、黄瓜、胡萝卜等出现叶色变暗并中午稍有萎蔫，甘蓝、洋葱叶片蜡粉较多且变硬变脆时，即可判定植株缺水，需要立即进行灌溉；如出现叶色变淡而中午不萎蔫，节间伸长，即可知道水分过多，需要排水除湿。在温室，韭菜看其早晨叶尖有无溢液，黄瓜则要看植株顶端的姿态与颜色。水分丰缺如表现在形态上时，说明植株已中度水分胁迫。

根据植物形态的反应状况指导灌溉的方法还有器官体积变化连续测微法，即利用植物器官体积变化连续测微仪，定时（通常半小时一次）测量植物器官的体积（直径），并对所获得的数据进行处理和分析，从而判断植物的水分状况并据此施行灌溉。这种方法多在果树上使用，可靠性高，可以配合应用于自动化灌溉系统。

3）植株生理指标

植物叶片的细胞汁液浓度、渗透势、水势和气孔开度等均可作为灌溉的生理指标。植株在缺水时，叶片反应最为敏感，表现为叶片水势下降，细胞汁液浓度升高，溶质势下降，气孔开度减小甚至关闭。

需要强调的是，园艺作物灌溉的生理指标因不同的地区、时间、种类、生育期、不同部位而异，实际应用时应结合当地情况，测定出临界值，以确定适宜的灌溉时期。

此外，还可根据叶片角质或蜡质层厚度，叶内脯氨酸、自由水和束缚水、甜菜碱含量等生理指标进行灌溉。

4.3.2.2　灌水量

最适宜的灌水量，应在灌溉后使根域土壤湿度达到最有利于植物生长发育的程度。只浸润土壤表层或上层根系分布的土壤难以达到灌溉目的，且由于多次补充灌溉，容易引起土壤板结、土温降低。每次灌水量与所采用的灌溉技术和灌溉时土壤湿度及土壤类型密切相关，同时也与植物根系分布深度有关。采用喷灌和漫灌时，每次的灌溉量较大；而采用沟灌、滴灌或微喷时，每次所需的灌溉量较小。壤土和黏壤土的灌溉量大，而砂壤土的灌溉量小。梨树等根系分布深的园艺作物每次的灌溉量大，桃树等根系分布浅的园艺作物每次的灌溉量小。

灌水量可根据不同土壤的持水量、灌溉前的土壤湿度、土壤容重、要求土壤浸润的深度来计算。计算公式如下：

$$灌水量＝灌溉面积×土壤浸润深度×土壤容重×$$
$$（田间持水量－灌溉前土壤湿度）$$

例如要灌溉 $667m^2$ 梨园,使 $1m$ 深度的土壤湿度达到田间持水量,土壤的田间持水量为 23%,土壤容重为 1.25,灌溉前的土壤湿度为 15%。灌水量则可按上述公式计算:

$$灌水量＝667×1×1.25×（0.23－0.15）＝67m^3$$

应用该公式计算灌水量,还需根据灌溉方式、树种、品种、不同生育期、物候期、间作物,以及日照、温度、风、干旱持续时间等因素进行调整,以便更符合实际需要。若采用沟灌,湿润面积占总面积的 60%,则灌水量可约 40%。使用滴灌进行灌溉的果园,每次的灌溉量为前一天树体的蒸腾量,灌溉深度通常为 $3\sim6mm$。

实际上在土壤灌溉时有两种方式:定量随时灌溉和定时变量灌溉。前者每一次灌水量固定,根据作物耗水量的不同所能维持的时间长短有别;后者则是按照每天的耗水量,通过改变灌水量,使得在每日固定时刻或以固定的时间间隔进行灌溉。事实上定时变量灌溉方法不但能够有效地利用土壤水分,而且不会使土壤物理性状发生不良变化。

4.3.2.3　灌溉技术

灌溉是园艺作物生产的重要措施之一。科学合理的灌溉方法可以保证灌水均匀,节约用水,调节土壤水分状况,保持土壤良好的物理性状和提高土壤肥力。灌水方法不当,灌溉量过大,会产生深层渗漏和地表径流冲刷,浪费水资源,引起地下水位上升,使土壤和生态环境恶化;灌溉水量不足,土壤灌水不均,影响作物正常生长。因此,正确选择灌溉方法与技术是提高灌水质量、保证园艺作物丰产的重要环节。

1）地面灌溉

地面灌溉是我国目前应用最普遍的传统灌溉方式,包括漫灌、树盘或树行灌水、沟灌、畦灌等。果树和多年生木本观赏植物多采用漫灌、树盘或树行灌水、沟灌、穴灌等方式。蔬菜作物多作畦栽植,因此灌溉多采用畦灌;作畦种植的草本花卉也可以采用这种方式。漫灌适用于夏季高温地区大面积种植且生长密集的草坪,沟灌适宜用于大面积、宽行距栽培的花卉和蔬菜。

地面灌溉耗水量大,水分利用效率低,灌水过程中常发生渠道渗漏和土壤渗漏加之地表蒸发,使得水分浪费严重。

（1）穴灌:适于水源缺乏地区的多年生树木或果树。方法是在树冠投影的外缘挖穴,穴的数量依树冠大小而定,一般为 $8\sim12$ 个,直径 $30cm$ 左右,穴深以不伤粗根为准,将水灌入穴中直至灌满,灌后将土还原。干旱期穴灌,可以将穴覆草或覆膜长期保存而不盖土。这种方法比较节水,浸润根系的土壤范围较宽而均匀,不会引起土壤板结。

（2）沟灌:在作物行间开灌溉沟,沟深依作物种类而异,沟向与配水道相垂直,灌溉沟与配水道之间有微小的比降。沟灌是地面灌溉中较合理的一种方法,其优点是灌溉水经沟底和沟壁渗入土中,水分蒸发量与流失量较小,还可防止土壤结构的破坏,土壤通气良好,有利于土壤微生物的活动。现代的沟灌技术比传统方法有所改进,如采用管道输水避免渗漏,采用塑料或合金粗管代替灌水沟,管上按植株的株距开喷水孔,并可通过开关调节水流大小。

（3）盘灌,又称树盘灌水、盘状灌溉。以树干为圆心,沿树冠投影线筑土埂围成圆盘,圆盘与灌溉沟相通或以软管引水。灌溉后锄松表土或用草覆盖,以减少水分蒸发。此法简便易行,但浸润土壤的范围较小,距离树干较远的外围根系难以得到水分的充分供应;同时容易破坏土壤结构,使表土板结。

(4)畦灌:用土埂把园地分隔成许多长方形的小区,即灌水畦,灌水时将水引入,借重力作用和毛细管作用湿润土壤。此法适于密植蔬菜和花卉作物。缺点是易造成土壤表面板结,破坏土壤结构,费力,妨碍机械化操作。

2)节水灌溉

节水灌溉技术是指根据作物需水规律,有效地利用当地水资源,获取农业的最佳经济效益、社会效益、生态效益而采取的多种灌溉技术措施的总称。目前常用的节水灌溉方法有喷灌、微灌和地膜覆盖灌溉技术。

节水灌溉成本较高,主要在水源缺乏、经济效益高的园艺作物上应用,要求水质好,并需要特殊的管理、喷头和泵房。

(1)喷灌:这是利用管道系统和动力设备,在一定的压力下将水喷到空中,形成细小水滴,模拟自然降雨对作物供应水分的一种灌溉方式,有移动式、半移动式和固定式3种。喷灌的优点,一是易于按照园艺作物需水量控制灌溉量,且均匀度高,可比传统方法节水30%~50%;二是能够保持土壤结构不板结,避免土壤发生次生盐渍化,同时可节约耕地10%以上;三是对整地质量要求不高;四是喷灌使田间气温比地面灌溉时低2~3℃,而空气湿度则比地面灌溉高出4%~8%。但喷灌需要一定数量的机械设备和大量管道,基建和运行费用较高,需要消耗较多的动力;灌水质量受风力影响较大,风力达到三级以上,不宜进行喷灌;同时,由于喷灌会增加园内空气湿度,利于病虫害滋生,所以在南方高温多湿地区的园区内一般不提倡采用喷灌。

(2)微灌(定位灌溉):是以低压力的小水流向作物根部送水而浸润地面的灌溉方式,目前在设施园艺栽培中使用日益普遍。按灌水水流出流方式不同,主要有滴灌、微喷灌、渗灌和小管出流灌溉(涌泉灌)等形式。微灌系统组成如图4-1所示。

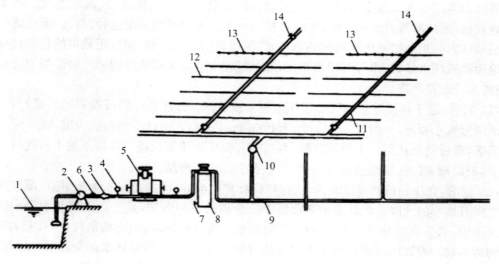

图 4-1 微灌系统组成示意

(章镇,王秀峰.2003)

1-水源 2-水泵 3-流量计 4-压力表 5-化肥罐 6-阀门 7-冲洗阀 8-过滤阀
9-干管 10-流量调节器 11-支管 12-毛管 13-灌水器 14-冲洗阀门

微灌技术均匀、适时、适量地直接将水分输送到作物根部土壤表面或土层中进行灌溉,使灌溉水的深层渗漏和地表蒸发减少到最低限度,省水,省工,省肥,不污染地下水,不提高地下水位;与地面灌溉相比,一般可使水果增产 20%～40%、蔬菜增产 100%～200%,特别适用于干旱缺水地区。微灌的主要缺点是成本较高、滴头容易堵塞。

(3) 地膜覆盖灌溉技术:是在地膜覆盖栽培的基础上,结合传统地面灌溉方法发展起来的灌溉技术,包括揭膜畦或沟灌、膜侧沟灌、膜上灌溉、膜下灌溉、膜孔灌溉等。各种类型的方法有其各自的特点和使用范围,如膜孔沟灌特别适于甜瓜、西瓜、辣椒等易受水土传染病害威胁的作物。

4.3.2.4 节水栽培途径

我国灌区大部分采用传统的地面灌溉方式,灌溉水的利用系数平均只有 0.45,而发达国家多在 0.7～0.8 及以上。因此,采用先进的节水灌溉方式,综合应用各种节水农业技术,对于缓解我国水资源短缺和实现农业可持续发展战略具有重要意义。节水栽培是一项系统工程,需从水土保持、土壤管理、灌溉设施和技术以及配套的各种农业技术措施等方面综合考虑。

1) 选择耐旱品种和砧木

因地制宜地选择耐旱性较强的园艺作物种类和品种,是实现节水栽培的基本途径。

2) 加强水土保持和土壤管理

根据园地自然条件营建防护林,减轻地表蒸发和作物蒸腾,涵养水源;加强水土保持工作,山、坡地修建梯田、撩壕、鱼鳞坑和蓄水池,蓄积雨水;采用科学的土壤管理制度,增施有机肥,改善土壤理化性质,提高土壤保水能力。

3) 应用节水灌溉技术

推广利用渠道防渗技术、管道输水技术以减少水分渗漏。根据条件采用喷灌、滴灌、微喷灌、地下灌溉技术,地面灌溉推广小畦灌、穴灌和细流沟灌等节水灌溉技术,减少灌溉水量,提高水分利用效率。

4) 采取保墒措施

应用地面覆盖抑制土壤水分蒸发是节水栽培的有效途径。覆盖材料可就地取材,塑料薄膜、作物秸秆、草、沙石均可。

5) 采用化控节水技术

主要利用一些无机化合物、有机高分子、植物生长调节剂等物质处理园艺作物种子、植株或土壤,起到增加水分吸收、减少水分散失的作用。如通过包衣或其他方法处理种子,有利于种子在土壤低湿度条件下的萌发和幼苗的生长,能增加根量和促进根系活力,增强对干旱环境的适应性。使用黄腐酸、聚乙烯、丁二烯丙烯酸等制剂喷布植物叶片,可以减小气孔开度、增加气孔阻力,抑制植物叶片蒸腾作用,从而达到节水的目的。

6) 植株管理

适当的植株管理和合理的种植结构也能起到节水作用。如果树矮化密植,通过修剪或使用生长延缓剂控制旺长、保持树形紧凑,都有助于减少水分消耗。

7) 采用调亏灌溉策略

调亏灌溉(调控亏水度灌溉)是在作物生长的特定阶段控制植株的水分亏缺度,只灌少量水,以达到节水和调控植株生长目的的灌溉技术,也称为生理节水技术。它以作物而非土壤为参照,所灌溉的水分只要能满足作物生长发育的需求即可,而作物在需水的非关键时期对缺水有一定的忍受力,在一定程度内限制供水对作物的产量和质量不会有明显的不良作用。

4.3.3　排水技术

作物发生涝渍害后应当尽快排除土壤中的滞水,同时采取各种栽培措施促进作物生长,减轻涝渍危害。不同种类的园艺作物对土壤积水和缺氧的忍受能力以及涝后的恢复能力有很大差别。据许多试验结果和生产实践证明,果树中的桃、无花果、杏、扁桃、樱桃、菠萝等耐涝性弱,柑橘、苹果、李等耐涝性中等,梨、葡萄、枣、柿等耐涝性强。不同类型和品种耐涝性也不同,如华北型黄瓜中具有较多的强耐涝性资源,华南型黄瓜多数属于中等耐涝类型,但是早二N品系具有较强的耐涝性;美国露地黄瓜和欧洲温室型黄瓜多数属于不耐涝或敏涝类型,而西亚型和日本型黄瓜分别属于中等耐涝和敏涝类型。

我国南北地区雨量差异极大,南方雨水繁多,尤其在梅雨季节需多次排水;北方雨量虽少但降雨时期集中,7～8月是形成水涝的主要季节。因此,种植园艺作物必须考虑排水问题,在建园时修建排水系统,以便及时做好排水工作。

目前生产上应用的排水系统主要有明沟排水、暗管排水和竖井排水3种方式。

4.3.3.1　明沟排水

明沟排水是在地面每隔一定距离,顺行向挖成沟渠。在降雨量少、地下水位低的地区建园,通常只挖深度不到1 m的浅排水沟,并与较深的干沟相连,主要排除地面积水;而在降雨量大、地下水位高的地区,园内除了挖浅排水沟外,还应挖深排水沟,后者主要用于排除地下水,降低地下水位。

明沟排水的特点是排水速度快(尤其是排地面水)、排水效果好,但明沟排水工程量大、地面建筑物多、占地面积大、沟坡易坍塌不易保持稳定。

4.3.3.2　暗管排水

暗管排水主要通过埋设在地下的管道排水。排水管道的口径、埋置深度和排水管之间的距离应根据土壤类型、降雨量和地下水位等情况决定。暗管材料多用陶管、混凝土管、黏土管等。

暗管排水的特点是排得快,降得深,同时在自然地形许可的地区,可自流节水,节省能源。与明沟排水相比,具有工程量小、地面建筑物少、土地利用率高等特点,并可避免沟坡坍塌、沟深不宜保持等缺陷。但地下管道容易堵塞,成本较高。

4.3.3.3　竖井排水

竖井排水是指在田间按一定的间距打井,井群抽水时在较大的范围内形成地下水位降落漏斗,从而起到降低地下水位的作用。竖井排水是近年来发展起来的排水方法,国外许多国家已应用,但我国应用较少。

竖井排水具有较好的排水效果,特别适宜防治土壤次生盐碱化,可以加大冲洗或灌溉水的入渗速度和淋洗作用,使表层土壤脱盐,而且不容易再度返盐。同时在旱涝相间出现的地区,抽水后可在地下水面以上形成一个库容较大的地下水库,雨涝季节能容纳较大的入渗水量,起到减轻涝渍灾害的作用,又为旱季抽水灌溉提供一定的水源。但是,竖井排水需要消耗大量能源而且运行费用高,对水文地质条件要求及排水的成本都比较高。

4.4 园艺作物生长发育的调控

4.4.1 整形修剪

整形修剪是园艺作物综合管理过程中不可缺少的一项重要技术措施。整形修剪广泛地用于果树、蔬菜、花卉的造型和养护,这对提高园艺作物生长发育水平和观赏价值起着十分重要的作用。整形是将树体整成一定的形状,也就是使树体的主干、主枝及枝组等具有一定的数量关系、空间布局和明确的主从关系,从而构成特定树形。修剪是指对具体枝条所采取的各种剪截和处理措施。整形修剪一般是特指木本作物的整形修剪,但从广义上讲,草本作物的植株调整也应包含在整形修剪的范畴内。

4.4.1.1 整形修剪的依据

在整形修剪实践中,要达到预期的目的,就必须考虑下列几个方面的因素。

1) 树种、品种特性

树种、品种不同,具有的生物学特性,包括萌芽早晚、成枝力、萌芽力、分枝角度、枝条软硬、花芽形成难易等亦存在差异,因此整形修剪的要求不同。梨树具有明显的顶端优势,萌芽力强,成枝力弱,芽的异质性表现明显,因此适合疏散分层型,修剪上亦多缓放,少短截;桃树的干性不明显,萌芽力强,成枝力弱,花芽形成容易,异质性不明显,因此适合采用自然开心形,修剪上亦多短截,少缓放。

2) 树龄和树势

植物年龄时期不同,生长和结果的状况很不一样。幼龄至初果期间,一般长势旺盛,枝条直立,花、果数量较少;进入盛果期以后,树体长势逐渐稳定,枝条角度开张,花、果数量增多。因此,在整形修剪过程中,应根据年龄时期不同,采用不同的修剪方法。

3) 修剪反应

不同树种和品种对修剪手法和修剪强度的反应不同。修剪前,必须首先对拟修剪植物的各种修剪反应进行全面调查。其次,要在调查的基础上总结,达到从感性认知向理性认知的飞跃。

4) 生态条件和管理水平

同一品种,在不同的立地条件或管理水平下,生长状况存在差异,因此结合具体的立地条件和管理水平进行整形修剪是科学管理的关键。如向阳坡和背阳坡上的果树树型是应该存在结构差异的,尽管使用的树型在理论上为同一种。

5) 栽培目的

根据栽培目的的不同,整形修剪要求也不同。鲜食葡萄的修剪多以提高果实品质和产量为目的,而延迟栽培或促成栽培则以调整成熟期为目的,它们的修剪方式当然是不同的。

4.4.1.2　整形修剪的生理效应及调节作用

1）改善树体的生态条件

通过整形修剪来改善园艺植物对温、光、水等生态条件的利用，从而有利于园艺作物生长情况的改善，使园艺作物优生高产。各种常见树型都是合理利用上述资源的基本模型，一些新的树型也在生产中不断总结和修正。

2）调节树体的营养状况

通过整形修剪使园艺作物的营养分配向着需求最大的方向流动，从而改善植物的生长和结果质量。

3）调节地上部与地下部的平衡关系

通过整形修剪使园艺作物的上下平衡，确保单株的环境资源利用效率和群体产量与品质的提升。

4）调节生长和结果的平衡关系

整形修剪可以协调植物的营养生长和生殖生长间的平衡，从而促进结果和生长的持续性，提高园艺产品生产的质量和产量。

4.4.1.3　主要树型及树体结构

1）果树树型

按自然生长的程度分为自然形（自由形）和人工形（束缚形）两类。自然形是模拟树体自然生长的形状，根据栽培的需要，适当控制其大小、干高、树高、主枝层次等。如疏散分层形、圆柱形等属于此类。人工形是按照人为的意识进行强制性整形而成的树形。这类树型由于在一定程度上违反了树体自然生长的规律，而使整形有一定的困难，对整形修剪技术有更高的要求。生产上常用的果树树型主要有以下几种。

（1）有中心干形：主要有主干形、纺锤形、圆柱形和小冠疏散形等，如图4-2所示。

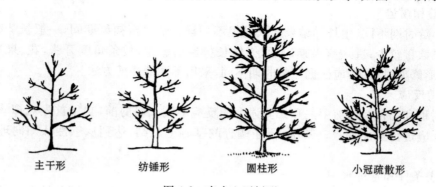

图4-2　有中心干树形

① 主干形：由自然形适当修剪而成，有中心干，主枝不分层或分层不明显，树形较高，一般高达4～6 m，甚至更高。如枣、银杏、核桃、橄榄等粗放栽培时常用该树形。

② 纺锤形：由主干形发展而来。树高2.5～3 m，冠径3 m左右，在中心干四周培养多数短于1.5 m的水平主枝，主枝不分层，上短下长。适用于分枝多、树冠开张、生长不旺的果树，如梨、李、矮化及半矮化砧苹果等。

③ 圆柱形:由纺锤形发展而来,因树形近圆柱状而称为圆柱形。树高近2.5 m,冠径约1.5 m,中心干不分生大主枝,而是配置10～12个小主枝直接作为结果枝组。枝组短,上下差别不大,结果2～3年后从基部更新。该树形在欧洲广为应用,我国一些矮化密植苹果、梨园也采用此树形。

④ 小冠疏散形:将主枝数减少、变小,使树冠相对较小,约3.5 m。树高3～3.5 m,分2～3层,第一层主枝3个,第二层主枝2～3个,每个主枝上着生2～3侧枝。此形符合有中心干的果树生长特性,主枝数适当,造形容易,结构牢固,为苹果、梨等常用的树形之一。

(2) 开心形:此类树形主干上有2～4个主枝向外延伸呈开心状,无中心干,适宜于喜光性树种,核果类果树多用此类树型,苹果、梨也偶尔采用。常用的开心形树形如下(图4-3)。

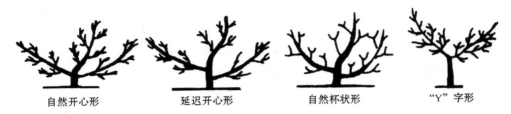

自然开心形　　延迟开心形　　自然杯状形　　"Y"字形

图4-3　开心形树形

① 自然开心形:主枝3个在主干上错落着生,对称排列,其先端直线延伸,在主枝侧外方分生副主枝。基部副主枝应加强培养,使它尽量向外伸展,树冠侧面形成两层,树冠中心仍保持空虚。

② 延迟开心形:其主枝3个,在主干上相互拉开,相距较大达1 m,3主枝分3年培养完成,主枝上培养副主枝,主干比自然开心形高。

③ 自然杯状形:主干留一定高度剪去上部,使其分生3个主枝,向四周斜生,均衡发展,而后使3个主枝各分生2个势力相等的大枝,以后逐年继续二叉分生,直至左右邻近的树枝相接近为止,而树冠中心始终保持空虚,成为杯状,故名。

④ "Y"字形:也称两主枝开心形。每株仅两个主枝,成"Y"形,与地面成60°夹角,主枝上直接着生结果枝组。常用于桃、梨密植园,在苹果上也偶有用到。

(3) 篱壁形:主要用于蔓性果树,如葡萄、猕猴桃等。对于高度矮化密植栽培的木本果树也用篱壁形整形。常用的篱壁形树形如图4-4所示。

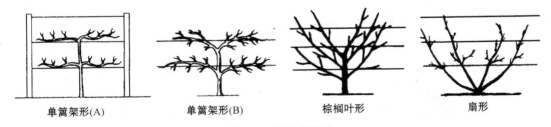

单篱架形(A)　　单篱架形(B)　　棕榈叶形　　扇形

图4-4　篱壁式树形

① 单篱架形:架高因品种、树势、树形、气候、土壤条件及肥培管理水平而定,通常为1.8～2.2 m,架上拉2～4道铁丝。作龙干式整形,用短梢或超短梢修剪。利用单篱架栽培,通风透光条件良好,有利于提高果实品质及机械耕作。

② 棕榈叶形:主枝6～8个,在主干上沿着行向平面分布,根据骨干枝分布角度,又可分为斜脉形、斜棕榈叶形等。树篱横断面多呈三角形。

③ 自然扇形：主枝斜生，在行向分布成不完全平面。干高 20～30 cm，主枝 3～4 层，每层两个，与行向保持 15°夹角，第二层主枝与行向保持和第一层相反的 15°夹角，与上下相邻两层主枝左右错开，主枝上留背后或背斜枝组。葡萄等藤本植物的篱壁式扇形，一般选留 4 主枝，均匀分布于篱架上。

（4）棚架形：主要用于蔓性果树，如葡萄、猕猴桃等，也用于梨、苹果、柿等干性果树。常见的棚架形树形如图 4-5 所示。

图 4-5　棚架形树形

棚架形(A)　　　　棚架形(B)　　　　篱架形

① 棚架形：是蔓性果树，如葡萄、猕猴桃等常用的架形，在梨、甜柿等木本果树生产栽培上也广为应用。依棚架大小分为大棚架和小棚架，大棚架架宽 6 m 以上，小棚架架宽 6 m 以下。依倾斜与否分为水平棚架和倾斜棚架。在平地上，无需埋土越冬的地区常用水平大棚架。在山地和需要埋土越冬的地区常用倾斜小棚架。

② 篱棚形：为篱架和棚架的混合形，常用于庭园绿化果树。开始为篱架形，以后果树向上生长在顶部形成棚架形。

（5）匍匐形：在我国东北、西北如新疆、黑龙江、辽宁等地栽培苹果、桃、梨及葡萄等果树时，为了抗御冻害、安全越冬而采取匍匐栽培的树形（图 4-6），这种树形有利于越冬前树体的埋土防寒作业。在寒地可减少腐烂病危害，增加树势；并可控制树势，使果树早结果早丰产，提高果实品质，增加经济效益。其缺点是栽培费工，且抑制生长，一般产量不及立式树形。

（6）丛状形：适用于灌木果树，如石榴、无花果、金柑等，核果类果树如肥城桃、深州蜜桃等也有应用。无主干或主干甚短，着地分生多个主枝，形成中心密闭的圆头丛状形树冠（图 4-7）。此形符合这类果树的自然特性，整形容易；主枝生长健康，不易患日焦病或其他病害；修剪轻，结果早，早期产量多，适合于干旱大陆性气候地区应用。但枝条多，影响通风透光，影响品质；无效体积和枝干增加，后期也影响产量的提高。

图 4-6　匍匐形树形　　　　　　　　　　　图 4-7　丛状形树形

2）观赏树木树型

在观赏园艺中，树型的概念不只是树冠内枝干骨架结构的轮廓，而且还包括叶幕的形状和整株的造型。观赏树木和盆景的树形种类极多，可以说是千姿百态，目前较普遍采用的树形有杯状形、开心形、多领导干形、中央领导干形、圆球形、拱圆形、灌丛形、树篱形、云状形、牌坊形、圆盘形、棚架形以及在盆栽观赏植物上常见的各种动物造型等。图 4-8 仅是列举一些常见的树形。

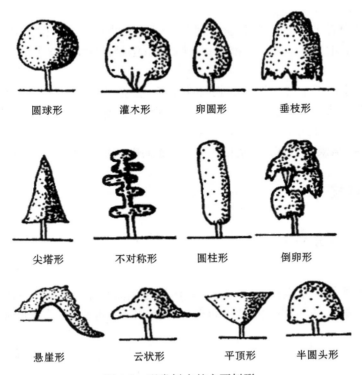

圆球形	灌木形	卵圆形	垂枝形
尖塔形	不对称形	圆柱形	倒卵形
悬崖形	云状形	平顶形	半圆头形

图 4-8 观赏树木的主要树形

3）树体结构

树体结构因木本、藤本、草本植物种类的不同而异,比如藤本植物的树体结构是由主蔓、侧蔓、结果母枝、结果枝等组成,而木本果树的树体结构如图 4-9 所示,分述如下。

图 4-9 木本果树树体结构

（1）主干:指树体从地面到第一主枝分枝处的树干,一般高 60～100 cm。干的高矮是幼树定植后修剪决定的(称定干)。

（2）中心干：又称中央领导干。指主干以上的中心骨干枝，其上着生主枝。中心干不宜太高，2～3 m 即可。中心干有直立的也有弯曲的。生长势太强的宜取弯曲中心干，而生长势弱的宜取直立中心干，以平衡树势。

（3）主枝：是中心干上的骨干枝，向外延伸占领较大的空间。主枝大的，上面有 2～4 个侧枝以及许多结果枝组或辅养枝。稀植的树，主枝大；密植的树，主枝小，甚至无主枝。如纺锤形、圆柱形树。

（4）辅养枝：中心干上或主枝上的临时性枝条，插空存在，在有空间时保留结果或长叶养树；待骨干枝上枝量大、空间拥挤时，辅养枝就逐渐缩小或删除。

（5）枝组：又称枝群或单位枝，是两个或两个以上结果枝集于一起的枝。结果枝组的寿命长短、结果枝多少、结果能力如何，对果树生产性能的影响极大，培养枝组是修剪的重要任务。

4.4.2 修剪技术

4.4.2.1 整形修剪的方法

1）短截

也称短剪，即剪去一年生枝的一部分。其作用是刺激枝条下位侧芽萌发，促进分生新枝，并改变枝条延伸方向。依据短截的程度可分为轻截、中截、重截、极重截及戴帽截等（图 4-10）。

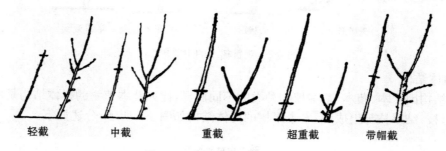

轻截　　　　中截　　　　重截　　　　超重截　　　　带帽截

图 4-10　短截的轻重及其反应

轻截是指只剪去枝条的顶部一小段（如剪去长度小于全长的 1/3）。

中截是指在枝条中部饱满芽处短截，枝条中截后易萌发中、长枝，利于枝条的生长和树冠的扩大。

重截是幼树上培养紧凑型结果枝组的重要手法。是指在枝条中、下部约枝条的 1/4 处剪截，重截后仍以促发中、短枝为主，上部可发少数长枝。

超重截是指在枝条基部的瘪芽处留很少一部分短橛的剪截，这样剪截后一般成枝力低，只发 2～3 个中短枝，有利于培养紧凑的中、小型结果枝组。

戴帽截是指在单条枝的年界轮痕或春、秋梢交界轮痕处盲芽附近剪截，这是一种抑前促后，培养中、短枝的剪法，多用于小型结果枝组的培养。

2）缩剪

又称为回缩，是指剪去多年生枝的一部分。缩剪主要以调整空间、更新枝组、恢复树势及改变枝的发展方向和平衡生长势为目的（图 4-11）。

下垂枝组　　　　　　　密度过大　　　　　　　落头

重缩，保留
结果部位

图 4-11　缩剪的主要方法

3）疏枝

将枝条从基部剪去叫疏枝。疏枝后造成的伤口能阻碍母枝营养向上运输,对剪口以上的枝芽有削弱作用,对剪口以下的枝芽有促进作用。因此,除在枝条过密时应用疏枝的办法调整空间外,在外强内弱、上强下弱的情况下也常用疏枝的手法,抑前促后,平衡长势。

4）长放

又称甩放,是指对一年生枝不修剪。枝条长放对于缓和长势,提高萌芽力,促进花芽形成的作用十分明显。如果在长放的同时加大被长放枝条的角度,并在基部环剥,形成花芽的效果更好。

5）开张角度

利用枝芽的着生位置、方向或借助外力来加大枝梢角度的方法。许多果树枝条生长的直立性极强,长势旺,不易成花结果,应开张枝条角度和长放来促进成花。开张枝梢角度的方法主要有以下几种(图 4-12)。

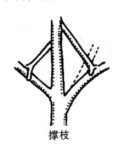  

撑枝　　　　　　　　　拉枝　　　　　　　　石块坠枝

图 4-12　开张枝条角度的主要方法

(1)撑枝:用支棍将枝条撑至要求的角度和方向,多用于骨干枝及辅养枝的开角转向。

(2)拉枝:用绳子把枝角拉大,绳子两端固定在地上或树上。拉枝的时期以春季树液流动以后为宜,此期枝较柔软,开张角度易到位而不伤枝。夏季修剪中,拉枝常是一项必不可少的工作。

(3)坠枝:用重物将枝条坠至要求的角度。生长旺的幼树用黏土与麦草混成泥团,涂在树枝前端坠枝,简单易行。

6）环剥、环割及倒贴皮

环剥是将枝干韧皮部剥去一环。环割是从主干或主枝基部整齐地切割一圈或数圈(每圈间距 5~10 cm)。倒贴皮是与环剥相近的方法,不同之处是剥下的皮再倒过来贴回原处(图 4-13)。

环剥、环割、倒贴皮的作用机理:暂时阻断韧皮部向上向下的运输通道,使叶片光合产物在上部积累,而根系合成的一些激素类物质则运不到上部去,起到抑制营养生长、促进坐果和花芽分化的作用。环剥、环割及倒贴皮一般在树体生长旺盛的季节进行。

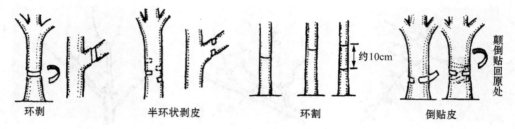

图 4-13　环剥、环割及倒贴皮

7）扭梢

扭梢是指在新梢半木质化时将旺枝向下弯曲，将其基部木质部扭伤，是一种夏季修剪措施（图 4-14）。

扭梢的主要作用是破坏新梢的营养运输通道，抑制顶端优势，减弱长势，促进花芽形成。扭梢主要用在幼旺树的直立枝上，目的是控制旺长。老龄大树旺枝少，一般不扭梢。果副梢扭梢后，不仅可控制新梢旺长，而且由于减少了营养竞争，可起到减轻生理落果的作用。

8）拿枝

对旺枝用手从基部到顶部逐步弯折，做到伤及木质部，而枝条不折断，使枝条呈水平状态或先端略向下垂（图 4-15）。拿枝的时期以春夏之交、枝梢半木质化时最好，容易操作。拿枝可以开张角度、缓和旺枝生长势，还有利于花芽分化和较快地形成结果枝组。幼年树用拿枝的方法可避免过多地疏剪或短截，以提早结果。

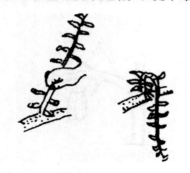

图 4-14　扭梢

图 4-15　拿枝

9）摘心

夏季去除新梢顶端的幼嫩部分，称为摘心。目的是控制旺长，减少营养竞争。但是摘心促生二次枝的效果较差，摘心后往往只在先端萌生一个枝，如果要增加二次枝的数量，应采用夏季短截。苗圃的苗木适当摘心有利于苗木增粗生长。

10）抹芽与除萌

虽然在整个生长季都需抹芽，但主要是在萌发初期进行，早抹芽节约营养，晚抹芽既浪费营养，也影响光照。由不定芽萌发的枝，只能在萌发后抹除，对于一些过密的定芽可在萌动前抹除。不需要竞争枝时，可在剪截延长枝的同时，去除剪口下第二芽；剪口附近的背上芽不需其萌发时，也可去除；枝条拉大角度后，除去弓起部位的背上芽，以防弓起部位旺长。

11）根系修剪

果树及观赏树木移栽时适当修剪根系，截断主根，促使侧根发育。这对于提高栽植成活率及促进树体生长是有好处的。果树生长过旺,近于徒长时,可采用断根法以抑制果树的生长。不过,根系修剪法一般情况下是不采用的,因为它会大大削弱树势而影响果树的生长与发育,不利于丰产、稳产。

4.4.2.2　修剪时期

对果树与观赏树木来说,修剪一年四季都可以进行。但由于不同季节的气候条件、植株营养特点、生长发育规律和管理要求的不同,各个时期修剪的主要目的、任务和方法等也应有所不同。

1) 休眠期修剪

从正常的秋季落叶后至春季萌芽前进行的修剪,为休眠期修剪,又叫冬季修剪。其主要任务是:培养树形,调整骨干枝,平衡树势,利用和控制辅养枝,培养更新枝组,保持一定的花、叶比例,调控树冠体积和枝条疏密度,改善通风透光条件等。

2) 生长季修剪

从春季萌芽至秋季落叶前进行的修剪,为生长季节修剪,又叫夏季修剪。夏季修剪的作用主要在于控制枝条旺长,提高坐果,促进花芽分化和改善树体通风透光条件。夏季修剪可以弥补冬季修剪的不足,如春季抹芽和花前复剪;可以进一步调整枝量和花量;同时合理的夏季修剪还可以减少冬季修剪的工作量。但是夏季修剪会剪去有叶的枝梢,对果树生长的抑制作用较大,宜尽量从轻。

4.4.3　整形修剪的趋势

4.4.3.1　简化修剪

主要是简化树形、减少修剪次数、简化修剪方法以及利用矮化砧、短枝型品种和修剪反应不敏感品种等。

1) 简化树形

树形简化是修剪简化的基础,主要从简化树体结构,即从减少大枝的级次入手,采用各种小型树冠,如圆柱形、扇形、细长纺锤形、自然开心形等。所形成的树形为低干矮冠,在树干或主枝上直接着生结果枝组,树体结构简单,修剪方法简便,工作量小。

2) 利用矮化砧、短枝型品种和对修剪反应不敏感品种

利用矮化砧和短枝型品种,使树体本身矮化,且树冠较小,可以大大节省修剪工作量,这类树树体不易徒长或旺长,修剪方法简单,也适合于机械化和化学修剪。此外,选择一些成花容易、对修剪反应不敏感的品种,如苹果中金冠、秦冠等,梨品种中菊水、黄花等,柑橘中椪柑、蕉柑及早熟温州蜜柑等,也可以减少修剪的工作量。这些品种修剪稍轻或稍重均能成花结果,无需细致修剪。

4.4.3.2　机械修剪

为了提高工作效率,除改进一般修剪工具外,采用篱壁式整形的果树及观赏树木都可采用机械化修剪。

机械修剪工具有电动式(如电动链式手锯)和气动式(如气动高枝剪)等。

4.4.4 蔬菜作物的植株调整

4.4.4.1 植株调整的概念和作用

1) 植株调整的概念

植株调整是指在蔬菜栽培过程中,为了改善植物群体通风透光条件,截获更多的太阳光能,提高植株光合性能,平衡营养生长和生殖生长的关系,保护植株良好的生长状态,实现优质高产的目的。植株调整包括支架、整枝和引(缚)蔓等作业,具体内容有定干、摘心、打杈、摘叶、疏花、疏果、引蔓、压蔓、吊蔓、支架、缚蔓等。

2) 植株调整的作用

植株调整的生理作用在于控制光合产物的流动中心,调节光合产物的运转关系,即"库-源"关系。栽培上的意义在于避免植株徒长,减少物质消耗,调整生长平衡;加强通风透光,提高光合效率;减少病虫害发生及机械损伤;增加单位面积株数,提高结实率,促进早熟,获得优质高产。

4.4.4.2 植株调整的主要方式

1) 支架

(1) 支架形式:

① 单柱架:在每一植株旁插一支柱,适用于分枝性弱的豆类蔬菜。

② "人"字架:在相对应的两行植株旁相向各斜插一支柱,上端分组捆紧再横向用竹木连接固定呈"人"字形,适于菜豆、豇豆、黄瓜、瓠瓜、节瓜及番茄等。

③ 圆锥架:用3或4根支柱分别斜插在各植株旁,上端捆紧使支架呈三脚或四脚的圆锥形,常用于单干整枝的冬瓜、黄瓜、菜豆、豇豆及茄果类蔬菜等。

④ 篱壁架:按栽培行向斜插支柱,编成上下交叉的篱笆。适用于分枝性强的豇豆、瓠瓜等,支架牢固,便于操作,但费用较高。

⑤ 棚架:在植株旁或畦两侧立对称支柱,并在柱上扎横竿,再用绳、竿编成网络状,引蔓上棚。有高、低棚之分。这种方法适用于生长期长、枝叶繁茂、瓜体较长的冬瓜、长丝瓜、长苦瓜和晚瓠瓜及佛手瓜等。通风透光好,便于在架下操作,有利于瓜体发育正直,商品率高,还可在棚下种植耐阴叶菜。但成本较高,搭架费工。

(2) 支架的主要作用:

① 减少瓜类、豆类等蔓生蔬菜爬地匍匐生长的占地面积,增加单位面积的定植株数,提高单位面积产量。

② 使植株间通风透光良好,改善群体光合性能,减少病虫害发生。

③ 保持植株及果实的清洁,避免被泥土污染。有利于保持果实外观美丽,提高产品商品性。

④ 植株生长规律,利于栽培管理。

2) 整枝

摘除植株部分枝叶、侧芽、花、果等,以保证植株生长健壮,发育平衡,栽培上把这种植株管理技术称为整枝,包括摘心、打杈、摘叶、束叶和疏花疏果等。

(1) 摘心、打杈:摘除植株的顶芽叫摘心,摘除侧芽或侧枝叫打杈。番茄、茄子、瓜类等蔬菜,如任其自然生长,可导致枝蔓繁生,营养生长旺盛而成花和结果减少。为控制植株旺长和减少枝蔓数量,摘心、打杈是非常有效的技术措施。

(2)摘叶、束叶:园艺作物植株下部和膛内的老叶,光合效率很低,产生的同化物质抵不上呼吸消耗。应予以摘除。

束叶主要适用于十字花科的大白菜和花椰菜栽培。在产品器官形成后期,把叶片包扎起来能促使大白菜的叶球或花椰菜的花球软化,又可改善植株间的通风透光条件,还有利于防寒。

3)压蔓和引蔓

(1)压蔓:对瓜类蔬菜等爬地匍匐蔓生作物,在茎蔓的适当部位用土埋压,定向固定茎蔓的措施称压蔓。压蔓可促生不定根,使蔓叶排列有序,利于充分利用光能,扩大根系吸收面积,既便于管理,还能防止风害。压蔓方法有二,一是埋压(暗压)法;二是地面压蔓(明压)法。

(2)引蔓:引蔓是将选定后的茎蔓按预定的方向摆放。理蔓是将交叉、缠绕、重叠在一起的枝蔓理开并按适宜的距离摆好,以使植株茎蔓排列整齐,有利通风透光,也便于田间管理。

4.5 矮化栽培

4.5.1 矮化栽培的意义

果树矮化栽培之所以在近年来兴起并成为果树生产发展的一个重要趋势,与乔砧稀植栽培相比,矮化密植栽培具有下列优点。

(1)树体矮小、管理方便,生产效率高。受高度影响,果树一般比较高大,操作不便,通过控根、修剪等方法,使树体一般不超过1 m。果树群体结构矮化后,便于喷药、施肥、修剪和采摘,同时肥料流失少、利用率高。此外,树体矮化后,利于采用机械采收,可以大大节省劳动力和成本,对提高生产效率具有显著意义。

(2)早结果,单位面积产量高。矮化密植果树一方面缩小了树体体积,另一方面提高了栽植密度。因此树体无需长得很大,就可以采取人为措施使其转向生殖生长,从而提早了结果期;同时由于栽植密度增大,尽管单株产量下降,但群体产量却得到了提高。

(3)果实成熟早、品质好。矮化栽培的果树由于树体偏小,彼此遮光和阻止空气流动效率得到了降低,因此极大地改善了栽培品质。青岛农业科学研究所对红星苹果研究表明,矮化砧条件下,一、二级果的总量增加了约1倍,果实含糖量提高了约1个百分点。

(4)密植果树生命周期短,便于品种更新换代。矮密栽培果树定植后2~3年结果,3~10年稳产,较乔化栽培下的"3~5年结果,10年以上稳产"特征,具有更短的生命周期,因此便于品种更新。

4.5.2 矮化栽培的途径

4.5.2.1 利用矮化砧木

利用矮化砧或矮化中间砧可使嫁接在其上的普通型品种树体矮小紧凑。这种矮化途径是目前世界上果树矮化栽培中采用最多、收效最显著的一种。矮化砧木不仅能限制枝梢生长、控制树体大小,又能促进果树早结果、多坐果、产量高、品质好,而且矮化效应持续期长且稳定。还可根据不同的立地条件、栽培要求选用不同矮化效应的砧木。

4.5.2.2　利用短枝型品种

短枝型品种是指树冠矮小,树体矮化,密生短枝,且以短果枝结果为主的矮型突变品种。它主要包括两方面的含义,即生长习性方面的矮和结果方面的短果枝结果。现有的短枝型品种都是由普通型品种变异而来的,其特点是枝条节间短,易形成短果枝,树体矮小、紧凑,只有普通型树体的 1/2～3/4 大小。此外,还具有结果早、果实着色好等优点。若选择适当的砧穗组合,将其嫁接到矮化砧木或矮化中间砧上,树体更矮小,更适于高密度栽植。由于短枝型品种自身具有矮化特性,可以选用适应性好的砧木,因而有广泛的应用前景,国内外都很重视。

4.5.2.3　采用矮化栽培技术

利用栽培技术致矮,主要包括三方面。一是创造一定的环境条件,以控制树体生长,使其矮化;二是采用致矮的整形修剪技术措施;三是采用化学矮化技术。

1）环境致矮

选择或创造不利于营养生长的环境条件,如易于控制肥水的砂质土壤,利用浅土层限制垂直根生长;适当减少氮肥,增加磷、钾肥用量,控制灌水等,以此控制树体生长,使树体矮化。

2）修剪致矮

致矮的修剪技术措施很多,如环状剥皮、环割、倒贴皮、绞缢、拉枝、拿枝、扭梢、短枝修剪和根系修剪等。

3）化学致矮

在果树上用喷施植物生长延缓剂,如矮化素、马来鲜肼和多效唑等,可以通过抑制枝梢顶端分生组织的分裂和伸长,使枝条伸长受阻,达到树体矮化的作用。

4.5.3　果树矮化的生理机制

4.5.3.1　矮化果树生长发育特点

1）生长特点

（1）根系:成年的矮化砧果树总根量小于乔砧树,根系分布较浅;矮砧根系中骨干根较少,须根较多,对土壤环境较敏感;根系中由厚壁细胞或厚角细胞形成的死细胞少,活细胞（薄壁细胞）多,从而影响矮砧的固地性和抗寒性。

（2）地上部:矮化砧果树的树体,幼树生长较旺,与乔化砧木上的树体相差不大,但分生短枝较多。进入结果期后,生长逐渐缓慢,树冠体积明显小于乔化砧树,随着结果增多,树冠体积的差距越来越大。矮化砧上的果树,在幼龄期总枝量显著高于乔化砧树,特别是形成短枝的能力很强,因而有利于花芽的形成和提早结果。随着年龄的增长,其萌发长枝的能力越来越弱,在修剪时必须注意到这一点,以促使萌发一定量的中、长枝,保证连年丰产。

2）结果特点

由于矮化砧树和短枝型品种具有树体矮小、短枝量大、易成花等特点,其结果特性两者比较相近,但均不同于乔化砧树。与乔化砧树相比,矮化砧树或短枝型树表现出结果早、丰产性强、以短果枝结果为主的特点。

矮化砧或短枝型品种的矮化密植树,结果均较早,一般幼树定植后 2～3 年即可进入结果期。矮化砧及短枝型树还具有坐果率高,成熟早,果实大小均匀,果面光洁,色泽较好等特点。

3) 对环境条件的要求

由于单位面积种植的矮化果树株数较多、结果早、产量高,所以对环境条件的要求也较高。矮化密植果树要求有保水保肥力较好的砂壤土、壤土或黏壤土,才能保证树体的正常生长和结果,对较差的土壤最好在栽植前对土壤进行改良。在土壤条件较好的情况下,矮化砧树或短枝型品种的根系生长也较深而广,根量较多,树体生长健壮,有利于延长盛果年限。一般地说,矮化密植果园比乔化果园的需水量大,对营养物质的要求也比较高。

4.5.3.2　矮化树与乔化树的生理差异

1) 组织结构的差异

矮化砧或短枝型品种的根系皮层发达,而木质部细小,导管少而细,皮层与木质部的比率(根皮率)明显增大。同时木质部组织射线和薄壁细胞等活组织的含量较高,韧皮部中的筛管小且少。矮化砧根系的根毛粗而短,吸收能力较低。这些组织构造上的差异,一方面影响根系吸收的水分和无机盐类向地上部的供应,限制地上部的生长;另一方面影响地上部光合产物向根系输送,限制了根系的生长和吸收功能,又反过来影响地上部的生长。

2) 光能利用率的差异

矮化果树,特别是利用矮化砧的矮化树,叶片较厚,栅栏组织发达,单位叶面积内的叶绿素较多,净二氧化碳吸收率高,光合作用较强,单位面积所具有的相同重量的叶片所积累的光合产物明显高于乔砧树,而呼吸和蒸腾强度低于乔砧树,因而有利于营养物质的积累和花芽分化,并获得早产高产。

3) 树体营养分配上的差异

矮砧苹果树生长季内树体营养水平与晚秋的贮藏营养水平显著高于乔砧稀植苹果树。矮砧苹果树的氨态氮、糖、淀粉、钾含量均高于稀植苹果树,所以有利于花芽的形成。

矮砧果树光合产物较少消耗于枝干营养生长。从树体内干物质分配情况来看,乔砧稀植果树果实和枝干中分配的干物质大体相等;而矮砧密植果树,果实中干物质量比枝干中干物质量多 5 倍以上。这说明矮砧密植果树光合作用形成的同化物质大量输送于果实生长,较少消耗于枝干营养生长,所以矮化密植树生产效率比乔化稀植树高。

4) 生长抑制物质含量的差异

嫁接在矮化砧木上的品种,其脱落酸含量较高,而赤霉素含量较低,并且矮化砧中脱落酸的含量与矮化程度呈正相关,极矮化砧、矮化砧和半矮化砧苹果树脱落酸的含量分别为乔化砧的 5 倍、3 倍和 2 倍。脱落酸是生长抑制物质,能抑制细胞分裂和伸长,从而抑制枝梢的生长和根的分根,使树体矮化。

5) 相关酶含量及活性的差异

与果树矮化性状密切相关的酶是吲哚乙酸氧化酶和过氧化物酶及其同工酶。吲哚乙酸氧化酶的作用是将吲哚乙酸氧化,使其失去生理功能,抑制树体的生长。有人认为矮化砧的枝皮具有分解吲哚乙酸的能力,从而减少了地上部向下运输吲哚乙酸而导致树体矮化。过氧化物酶也是一种与生长相关的酶,高水平的过氧化物酶也可将吲哚乙酸氧化,同时加速木质化进程,使细胞生长滞停,由此使树体表现矮化。因此,过氧化物酶的活性可以作为矮化苗木的预选指标。

4.5.4　果树矮化栽培技术

4.5.4.1　繁育矮化苗木

利用乔化砧木嫁接短枝型品种进行矮化栽培时,砧木可用实生种子播种繁殖。有些果树的矮化砧也可用种子繁殖,但目前多数矮化砧是通过无性繁殖而来。利用无性系矮化砧繁育果苗时,首先,建立矮化砧母本圃。其次,繁育自根矮化砧果苗。第三,矮化中间砧果苗的繁育。

4.5.4.2　栽培方式及密度

矮化密植栽培,大多采用长方形栽植,宽行密植,行向一般采用由南北向,植株配置有双株丛栽、单行密植、双行密植和多行密植等方式,其中单行密植是主要栽植方式。

栽植密度主要取决于砧木、接穗品种、立地条件和采用的树形。

1) 矮化树型

目前生产上常采用的矮化树形有自由纺锤形、细长纺锤形、圆柱形以及自由篱壁形等。它们的共同特点是低干、矮冠、树体结构简单、中心干上直接着生结果枝组。这些树形的冠内通风透光良好,树势缓和,容易形成花芽,故结果较早、果实着色好、品质优。由于树冠矮小,故修剪技术简单,花果管理方便,容易操作。

2) 修剪技术

矮化密植果树整形修剪的原则,和乔化砧稀植果树相同,但在方法上有如下特点:矮化砧密植树需考虑砧穗组合,骨干枝分枝部位必须降低,分枝级次少,严格控制中心干及骨干枝延长部位开花结果(柑橘除外),合理控制花量,及时更新枝组,适当加重修剪量,使结果部位靠近植株中央不外移过远,重视夏季修剪。

4.5.4.3　土肥水管理

1) 土壤管理

矮化密植果园由于单位面积上的株数较多,产量又高,所以对土壤要求也较高。在栽培上应创造矮化树根系生长的良好土壤条件,必须重视果园的土壤改良,保证有1m左右深度的活土层,疏松、通气、保肥、保水,含较多腐殖质,并使根系分布层内温度春季上升快,秋季降低慢,夏季不过高,冬季冻土浅,昼夜温差小,保证根系有适宜而稳定的温度。同时矮化砧果树群体根系的密度大、树冠矮,栽后进行土壤深翻的操作比较困难,所以在栽植以前改良土壤、深翻熟化最好一次完成。

2) 施肥

矮化密植果园,单位面积内枝叶多,产量高,所以单位面积内的需肥量较多,但是又要注意土壤溶液浓度不能过高。基肥以秋施为宜。追肥可在开花前后、春梢停长、果实膨大、秋梢停长时进行。

根外追肥和土壤施肥结合,前期以氮肥为主,中期磷肥、钾肥结合,后期氮肥、钾肥结合。施肥量要根据土壤和植株叶分析来确定,配方施肥。

4.5.5　花卉矮化栽培技术

花卉致矮的传统技术主要有以下 3 方面。

一是人为地控制花卉的根系生长。如通过盆栽和阻断根系的方法来限制根系的伸展和吸收范围,从而限制花卉地上部的生长。

二是人为地控制花卉冠径的生长。采用盘扎法和多次短截法;对某些秋季开花的草本花卉多次摘心,使之形成矮化丰满的株型,增加花量,如一串红、秋菊等。

三是通过适控氮肥、适当干旱法控制花卉的冠径生长和促进成花。

4.6　花果调控

4.6.1　花果数量的调控

4.6.1.1　花量的调节技术

植物开花数的多少取决于花芽分化的数量和质量,因此,与花芽分化有关的各种内外因素均影响成花的数量及花发育的质量,生产上调节花数时,主要有下列几项技术措施。

1) 加强肥水管理

观花或采果的园艺作物,对肥水要求高。它们前期多以营养生长为主,后期则以生殖生长为主,因此前期宜多施氮肥,后期以磷钾肥为主。花芽分化期调控是这些植物管理的关键期之一,它对水分要求是适度干旱,因此不宜灌水。

2) 整形修剪

整形修剪是调节花、果数量的重要手段。常用的正向手法包括拉枝、长放、环剥、环割、圈枝等;负向手法包括短截等。

3) 植物生长调节剂的应用

应用植物生长调节剂来提高鲜花品质,花卉上有些成功案例。如使用三十烷醇处理菊花,可增加鲜重,并使优质花的比例增加 1 倍以上;再如在菊花现蕾后 3～8 周内喷 2.5% 的比久(B9),可延长鲜花寿命 5 d。

4) 人工疏花

疏除过密花、畸形花及所处位置不当的花,可以减少养分的消耗,集中养分供给余下的花朵,对于提高坐果率、促进果实的生长发育及当年花芽的形成有重要作用。

4.6.1.2　果量的调节技术

1) 果实负载量的确定

确定果实负载量的标准包括:不影响当年产量和品质,不影响当年花芽形成的数量和质量,不影响当年树势。过量负载或欠量负载均会影响果树的营养生长和生殖生长平衡、地上部和地下部生长平衡、树体的局部平衡等,导致大小年现象严重,结果不稳定,优质果偏少,市场需求难保障。

2) 保花保果

对于花芽形成数量少、不宜坐果的树种和品种而言,多留花果可以合理地增加果实负载量,利于树体平衡和提高果园产量和品质。一般弱树、老树、弱果枝等多采取该措施。

3) 疏花疏果

对于花芽容易形成、坐果率高的树种和品种而言,需要适度疏花疏果。疏花疏果的原则是:疏果不如疏花,疏花不如疏花芽,晚疏不如早疏。

4.6.2　果实品质的调节

果实品质包括外观品质、内在品质和储藏加工品质等。

4.6.2.1　果实大小

1) 提供合理的环境条件

根据不同树种果实发育的特点,最大限度地满足其生长发育所需的环境条件尤其是满足其对营养物质的需求。果实的增长规律是在增长前期完成主要的细胞数量增长,而在中后期则是细胞体积的膨大,因此,提高果实大小首先应关注生育前期的环境条件,其次确保果实体积膨大的环境条件。

2) 人工辅助授粉

这是确保果实受精质量的关键,它对提高果实大小具有基础性作用。另外,人工辅助授粉还可提高坐果率,端正果形。

3) 疏花疏果

植株果实负载量过多是果个变小的主要原因之一。因此,根据品种和树势特点,确定合理的负载量是保证果实大小的关键。

4.6.2.2　果实色泽

果实色泽主要是各种色素数量、比例和细胞液条件相互组合的结果。增进色度的常用方法如下。

1) 合理修剪,改善光照条件

光照正常,色素合成的重要调控因子,如花青素需要一系列的结构基因和调节基因的表达,而它们中很多的表达起始需要光诱导。因此合理修剪、改善光照条件,可以促进着色。

2) 加强土、肥、水管理

果实色素合成中需要各种不同的营养元素。它们除少量来自空气外,多数来自土壤,因此增加土壤营养的供应,包括水、肥、气、热等,对提高果实着色十分关键。

3) 果实套袋

套袋是目前改善果实外观品质的关键。套袋为果实提供了合理的微域环境,确保了细胞的活力,为后期增加各类色素或促进其他色素向需求色素的转化及改变细胞液环境等提供了良好条件。

4）树下铺反光膜

对于一些通过修剪等手段,改善了光照条件但仍然十分有限的植物来讲,树下设置反光膜,可以有效利用反射光,增加果实着色。

4.6.2.3　果面光洁度

提高果面光洁度可从以下几个方面入手。

1）果实套袋

正确套袋为果实提供了良好的微域环境,促进了细胞的良好发育;同时,它也隔离了外部的病菌虫卵及机械伤害,因此提高了果实的光洁度。

2）合理施用农药和叶面喷肥

农药污染和叶面喷肥对果实光泽度存在影响,它们往往刺激果实表面粗化。因此合理施肥、施药对提高果实光泽度具有一定效应。

3）喷施果面保护剂

部分果树上的研究表明,喷施高脂膜或石蜡乳剂,可减少果面锈斑或果皮微裂。

4）洗果打蜡

清除果实表面污物,涂上蜡层,可以改善果面光泽。

4.6.2.4　果实风味

果实品质的形成与生态环境有密切关系。因此只有依据作物生长发育特性及对立地条件、气象条件的要求,适地适栽才能充分发挥品种固有的品质特性。土壤质地、有机质含量、矿质营养对瓜、果品质有明显的影响;温度和降雨也都直接影响果实风味。

4.6.2.5　果实裂果的控制

裂果是果实发育后期出现的一种生理失调现象,主要是果皮生长不能适应果肉生长引起的。裂果严重影响果实的外观品质,降低商品价值。生产上应采取有效措施防止或减少裂果现象的发生。

栽植抗裂果品种是防止裂果的基本措施之一。因为裂果率的高低因种类、品种不同而异,是由遗传特性所决定的。

防止果实淋雨、防止果树根际水分剧烈变化可有效避免裂果,如葡萄避雨栽培、园艺作物的设施栽培等。控制氮肥用量以及喷布一些化学物质(如钙盐)也可防止裂果。

4.6.3　花质量及性别的调控

4.6.3.1　鲜花品质的调控

鲜花品质包括花朵大小、数量、花色等。它们的调控措施如下。

1）加强肥水管理

花朵作为植物的生殖器官,生长状况与植物的营养生长和营养积累十分密切。为保证鲜花质量,合理施肥灌水十分关键。

2）环境因子调控

光、热、湿等环境因子是影响植物正常生长的地上环境。它影响体内光合产物的积累、运转和利用。为保证鲜花质量,根据植物特性,加强环境因子调控十分关键。

3）病虫害防治

保证花芽完整、花朵不受损害,是提高鲜花品质的重要一环节。机械损伤和病虫危害是该环节的主要控制对象。

4）植物生长调节剂的应用

用 1.5～6 mg/L 赤霉素在栽植后 1～3 d 及 3 周后各喷 1 次,能增加菊花的茎长。使用三十烷醇处理可增加菊花鲜重,并使优质花的比例增加 1 倍以上。在菊花现蕾后 3～8 周内喷 2.5% 的 B9,可延长鲜花寿命 5 d。

4.6.3.2 花色的调控

1）花的成色作用

花色是光线照射到花瓣上穿透色素层时部分被吸收、部分被海绵组织反射折回,再度通过色素层而进入人们眼帘所产生的色彩。因此,它与花瓣细胞中的色素种类、色素含量(包括多种色素的相对含量)、花瓣内部或表面构造引起的物理性状等多种因素有关,但花色素起主要作用。与花成色有关的色素包括叶绿素、类胡萝卜素、花色素苷、类黄酮、水溶性生物碱及其衍生物五大类群,其中水溶性的类黄酮可产生从浅黄到蓝紫的全部颜色范围。花的成色作用还受以下因素的影响。

（1）细胞内 pH 值:酸性条件下,花色多为红色,而碱性条件下多为蓝色。

（2）分子堆积作用:包括分子间的自连和辅助着色作用。花色苷与辅助色素结合呈现增色效应及红移,产生紫色到蓝色。该现象受酸碱性影响较大。

（3）螯合作用:色素常与细胞液中的镁、铁、钼等金属离子螯合,螯合后花色在一定程度上有所改变,往往偏向紫色。

（4）花瓣表皮细胞的形状:细胞形状可以改变光线的反射效果,增深颜色。

2）花色的调控措施

（1）选择适宜的种类及品种:花色首先受遗传决定,因此,特定的种类和品种决定了特定的颜色。生产上应依据对色泽的要求,选择种类或品种。

（2）加强树体营养,促进碳水化合物的积累:植物的体内营养可以在数量上改变色泽,因此,增加体内糖的合成、积累和转运,会促进花色好、花质优。

（3）改善花卉生长的生态条件:光照、温度、湿度均对花色有一定影响,尤其是温度,低温可促进花色素苷的出现,高温则红色出现少。

（4）加强肥水管理:增施钾肥和适当干旱会改善花色。

4.6.3.3 花性别的调控

植物性别表现受遗传因子及环境因子两方面的控制,基因控制性别是基本的,环境因子对性别表现也有较大的影响。在性别决定过程中光周期、温度、营养条件或其他环境因子的暗示是必要的,植物接受这种暗示或诱导后,体内相应发生一系列联式中间生化反应过程,其中激素的作用及平衡在此过程中起决定作用,当其将植物接受的诱导信息积累到足以导致不可逆转的成花反应时,相应的特定区域的 DNA 开始复制形成性别器官。花性别与许多雌雄异花园艺作物果实产量及品质密切相关,生产上需要采取一些措施来调节雌雄花的比例。

1) 选择适宜的品种

性别由植物的遗传特性决定。植物的进化导致了雌花具有鲜艳、大气等特征,生产上应注意选择雌花比例高的品种。

2) 改善生态条件

许多植物生长调节剂会影响园艺作物的雌雄性别比例,尤其是赤霉素和乙烯利效果最为明显。但它们的作用效果因作物种类不同而异,如赤霉素促进菠菜雌花、乙烯利促进雄花的形成;而在黄瓜上却与此相反,在黄瓜中用于促进雌花的激素有萘乙酸、B9、乙烯利等。

在荔枝上使用多效唑,能促进秋梢成花,并改变雌雄花的比例,增加雌花形成数量,如叶面分别喷施多效唑 800 mg/L、1 200 mg/L 和 1 600 mg/L,秋梢成花率分别比对照增加 8.6%、17.8% 和 17%,雌雄花比分别提高 20.5%、75.6% 和 66.7%。

4.6.3.4　生物技术与花果调控

1) 花色调控的基因工程

杂交育种在花色改良中作出了重要的贡献,但其远缘杂交亲和性差,难以打破生物物种生殖隔离和某些基因连锁。染色体重组时交换量小,育种周期长,效率较低。最近二三十年来,不断成熟的生物技术为花卉性状的改良提供了全新的思路,如人类将外源基因转入花卉中并得到表达,定向修饰花卉的某个性状而不改变其他性状。目前,许多重要的花卉都已建立稳定的遗传转化体系,获得了一批转基因花卉。通过基因改变其适应性或观赏性状,将有助于花卉产业的发展。

2) 果实品质改良的基因工程

基因工程技术在改良作物品种个别性状时具有特殊的优越性,因为它避免了杂交育种存在的连锁累赘和清除供体亲本遗传背景的困难;通过基因工程对果实品质进行改良在未来农业发展中具有巨大的潜力,并将最终实现果实品质的定向改良。

4.7　产期调控

4.7.1　产期调控的意义、技术途径及依据

4.7.1.1　产期调控的意义

1) 概念

园艺作物的产期调控是指园艺产品收获期的调节,即利用改变栽培环境、使用化学药剂和(或)采用适当的栽培技术措施,改变园艺作物自然生育期,使其开不时之花、结不时之果,生产出比自然产期的产品供应期更长的园艺产品。包括促成栽培和抑制栽培。

促成栽培:产期比自然产期提前的栽培方式。

抑制栽培：产期比自然产期延后的栽培方式。

2）意义

产期调控的目的在于根据市场或应用的需求按时提供产品，丰富节日或经常的需要，达到周年供应的目标；同时，在产期调控的过程中，由于准确安排栽培程序，可缩短生产周期，加速土地利用周转率；通过产期调控以做到按需供应，可获取较高的市场价格。因此，产期调控具有重要的社会意义和经济意义。

4.7.1.2　产期调控的技术途径

（1）控制温度、光照等影响生长发育的气候环境因子。

① 温度与光照对产期调控的作用。在特殊的温度或光周期条件下使植株加速通过成花诱导、花芽分化、休眠等过程而达到促进开花、提早结实的目的。可使植物保持营养生长，保持休眠状态，延缓发育过程而实现抑制栽培。

② 作用：调节植物的生长发育，在适宜温度和光照条件下则生长发育快，而在非适宜条件下则生长发育缓慢。

（2）施用生长调节剂等化学药剂。

（3）使用其他栽培技术措施，如修剪、摘心、调节种植时间等。

（4）调节土壤水分、养分等栽培环境条件，对产期调控的作用较小，可以作为产期调控的辅助措施。

4.7.1.3　确定产期调节技术的依据

（1）充分了解栽培对象的生长发育特性，如营养生长、成花诱导、花芽分化、花芽成熟、果实发育与成熟等的进程和所需要的环境条件，以及休眠与解除休眠的特性与要求的条件等，才能选定采用何种途径达到产期调控的目的。

（2）对某植物进行人工产期调控栽培时应根据栽培类型选定适宜的栽培品种，如促成栽培宜选用花期或果实成熟期早的品种，而抑制栽培则应选用晚花或晚熟品种，可以简化栽培措施，降低生产成本。

（3）调控栽培中，有时一两种措施就可以达到产期调控的目的，如月季的周年开花主要通过温度调节并结合修剪措施就可以达到。但通常许多种类的促控栽培中需要多项技术措施运用，如菊花的延迟栽培需要调节扦插育苗期、摘心定头时期，采用长日照处理，以及覆盖保温甚至加温等多项措施。

（4）在利用环境的改变来促、控产期时，应充分了解各环境因子对栽培对象所起作用的有效范围和最适范围，并分清质性作用范围和量性作用范围，同时应了解各环境因子之间的相互作用，是否存在相互促进、相互抑制或相互代替的性能，以便在必要时相互弥补。

（5）控制环境实现产期调控经常需要加光、遮光、加温、降温以及冷藏等的设施、设备，在实施栽培前应预先了解或测试设施、设备的性能是否能满足栽培要求，如难以满足则可能达不到栽培的目的。

（6）控制环境调节产期应尽量利用自然季节的环境条件，以节约能源及设施，如春季开花的一些木本作物如需要低温打破休眠，可以尽量利用自然低温。

（7）促控栽培必须有明确的目标和严格的操作计划，根据需求确定产期，然后按既定目标制订促成或抑制栽培的计划及措施程序,并随时检查,根据实际进程调整措施。在控制发育进程的时间上要留有余地,以防意外。

(8) 促控栽培需要在土壤、肥料、水分以及病虫害防治等方面的管理相配合,甚至比常规自然产期栽培更严格的要求。

4.7.2 产期调控的措施

4.7.2.1 光周期处理

1) 日长的周年变化及光周期处理的时期计算

我国,4～10月昼长夜短,且越往北越明显;11月至第二年3月,则昼短夜长,且越往北越明显。这种年复一年的周期性变化称为光周期,植物因此也对其形成了特定的周期反应。根据植物的临界日长和所处地理位置,可以调节植物的光周期。如某地10月份的昼长10 h,为促进临界日长大约12 h的植物开花,就需要在此期间补光,植物才能开花。需要提及的光周期中的日长时数是从日出前20 min到日落后20 min计算的。

2) 长日照处理

在长日植物的促成栽培和短日植物的抑制栽培中,常使用长日照处理,包括彻夜照明法、延长明期法、暗中断法、间隙照明法、交互照明法等。目前较多采用的是延长明期法和暗中断法。一般的长日植物有菠菜、萝卜、白菜、甘蓝、芹菜、甜菜、胡萝卜、金光菊、山茶、杜鹃、桂花、天仙子等。

3) 短日照处理

在日出之后或日落之前利用黑色遮光物如黑布或黑色塑料膜等对植物进行遮光处理,用于短日植物的促成栽培和长日植物的抑制栽培。一般的短日植物有草莓、菊花、秋海棠、蜡梅、日本牵牛花等。

4.7.2.2 温度调节

(1) 解除(或延长)花芽或营养芽的休眠,促进(或延迟)其开放或萌发生长,提高(或降低)休眠胚或生长点的活性。

温度对花果生长发育具有重大影响。有的植物由于温度太低不能开花,有的则要经过一个低温阶段才能开花,否则处于休眠状态而不开花。

根据不同情况,采取相应措施。如在入冬前将果树或花卉放入温室培养,一般都能提前开花,瓜叶菊、旱金莲等常采用这种方法催花。桃树、樱桃、碧桃等一些春季开花的木本植物,在温室中进行促成栽培,可将花期提前到春节前后。

降低温度,延长休眠,可把花期推迟。早春将植物移入约5℃的冷室,根据预定开花时间和植物习性移到室外,逐渐增加阳光,可延迟开花。

(2) 花芽分化和发育:花芽分化需要通过一定范围的适宜温度,不同的园艺作物种类需要的适宜温度范围不同,可以参考相关章节内容。黄瓜花芽分化期的温度还影响雌花数量和比例。

(3) 影响花茎的伸长:有些园艺作物种类(特别是需要低温春化的类型)花茎伸长需经一

定时间低温的预先处理,然后在较高的温度下才能进行。以大花蕙兰为例,大花蕙兰原产我国西南地区,野生于溪沟边和林下的半阴环境,喜冬暖和夏凉的气候。生长适温为 15～25℃,夜间温度大于 10℃,叶片呈绿色,花芽生长发育正常,花茎正常伸长,在 2～3 月开花。若温度低于 5℃,叶片呈黄色,花芽不生长,花期推迟到 4～5 月,而且花茎不伸长,影响开花质量;若温度在 15℃左右,花芽会突然伸长,1～2 月开花,花茎柔软不能直立;如夜间温度高达 20℃,叶丛生长繁茂,影响开花,形成花蕾也会枯黄。

4.7.2.3　化学调节

1) 赤霉素

(1) 打破休眠:如马铃薯,常用浓度 0.5～1 mg/L 的赤霉素溶液浸块茎 10～20 min 处理来促进其秋播发芽,以提高前期产量和总产量。

(2) 促进花芽分化:赤霉素可代替低温完成春化作用,例如从 9 月下旬起用 10～500 mg/L 的赤霉素处理紫罗兰 2～3 次,即可促进开花。

(3) 促进花茎伸长:赤霉素对菊花、紫罗兰、金鱼草、报春花、仙客来等有促进花茎伸长的作用,一般于现蕾前后处理效果较好,如果处理时间太迟会引起花梗徒长。

(4) 抑制成熟,推迟采收:如香蕉的货架期短,在运输过程中很快成熟,在生产上可用 GA4＋7 来延长出口香蕉保持绿色的时间。

2) 生长素

吲哚丁酸、萘乙酸、2、4-D 等生长素类生长调节剂对开花有抑制作用,处理后可推迟一些观赏植物的花期。例如秋菊在花芽分化前用 50 mg/L 萘乙酸每 3 d 处理一次,一直延续至 50 d,即可推迟花期 10～14 d。

3) 细胞分裂素类

可促使某些长日植物在不利日照条件下开花。促进侧枝生长,如月季能间接增加开花数。6-苄氨基嘌呤(6-BA)是应用最多的细胞分裂素,它可以促进樱花、连翘、杜鹃等开花。

4) 乙烯利

促进果实成熟,提早采收。如有色葡萄品种(如 ToKay、Emperor)在成熟始期喷洒 100～200 mg/kg 乙烯利,可加速上色,提早采收,而不改变浆果大小和糖酸比;芒果在果实如豌豆大小时喷布 200 mg/kg 的乙烯利可使果实提前 10 d 成熟。

5) 植物生长延缓剂

丁酰肼、矮壮素、多效唑、嘧啶醇等生长延缓剂可延缓植物营养生长,使叶色浓绿,增加花数,促进开花。如用 0.3％矮壮素土壤浇灌盆栽茶花,可促进花芽形成;用 1 000 mg/L 丁酰肼喷洒杜鹃蕾部,可延迟开花达 10 d 左右。

4.7.2.4　栽培措施调节

(1) 设施栽培:设施栽培是指采用各种材料建造一定的空间结构,通过调节温、光、水、气等技术措施,生产出露地常规季节无法生产的反季节园艺产品。

(2) 种植时期(或茬口)的安排。

(3) 修剪处理:月季可以在生长期通过修剪来调控花期,由于温度、品种等的不同,从修剪至开花需 40～60 d,一般如需"十一"开花,大多品种可在 8 月上中旬修剪。

（4）水肥控制：玉兰、丁香等木本花卉，可人为控制减少水分和养分的供给，使植株落叶休眠，再于适当的时候给予水分和肥料供应，以解除休眠，并促使发芽生长和开花。高山积雪、仙客来等开花期长的花卉，于开花末期增施氮肥，可以延缓衰老和延长花期，在植株进行一定营养生长之后，增施磷、钾肥，有促进开花的作用。

（5）品种搭配：合理搭配早、中、晚熟品种，能有效地延长鲜果的市场供应期。如苹果早熟优良品种早捷、贝拉等可在 6 月下旬采收，而优良晚熟品种红富士是在 10 月中下旬上市；南方水果，如荔枝品种中，已经发现一些优质稀有的特晚熟品种（如广东的马贵荔、福建的东刘 1 号），栽种这些品种，能延长荔枝鲜果的供应期。

思考题

1. 何谓根外追肥？根外追肥具有哪些优点？
2. 园艺作物需水临界期水分的供应需要注意哪些问题？
3. 目前常用的灌溉方式有哪些？哪些途径可以做到节水栽培？
4. 园艺作物施肥时期确定的主要依据是什么？
5. 整形修剪的目的、依据及其在园艺作物生产中的作用是怎样的？
6. 整形修剪的方法有哪些？各有何特点？
7. 植株调整的目的和主要内容有哪些？
8. 果树与观赏树木主要有哪些树形？
9. 草木植物植株调整的主要内容是什么？

5 园艺产品的周年生产与供应

【学习重点】

　　通过本章的学习,要求学生了解蔬菜、花卉及果树淡旺季形成的原因及克服的主要措施;蔬菜花卉及果树区域化生产的特点及案例,掌握部分蔬菜、花卉及果树的设施栽培技术要点。

　　园艺产品是人类每天必不可少的消费品,能否周年均衡地供应质优、价廉、无污染、种类齐全的园艺产品,是关系人民身体健康和生活水平,影响社会主义现代化建设和社会安定的大事。改革开放以来,园艺产业迅速发展,2009 年全国蔬菜播种面积 1 820 万 hm²,总产量 6.02 亿吨,人均蔬菜占有量 463 kg;水果面积 1 114 万 hm²,产量 20 395 万 r。各地以自己的资源优势,形成了一些大的园艺产品专业性生产基地,如山东寿光蔬菜生产基地、海南省蔬菜生产基地、云南鲜切花生产基地、山西水果生产基地等。园艺产品一地生产,异地供应的全国大流通格局已经形成,基本实现了周年均衡供应。但是,我国人口众多,幅员辽阔,各地的气候条件与消费习惯差异较大,且始终存在城市园艺产品消费的集中性和农村园艺产品生产分散性的矛盾。因此,我国各地要根据各自的实际情况,以园艺产业化建设为主线,稳定发展园艺产品生产基地,以服务城市、富裕农民为目标,以园艺产品的大生产、大市场、大流通为发展方向,真正建成几个大型的国家级园艺产品生产基地,逐步形成符合我国国情的园艺产品产供销新体系,以满足人们日益增长的园艺产品消费水平的需要。

5.1 园艺产品生产季节性与供应淡旺季形成

5.1.1 蔬菜生产季节性与供应淡旺季形成

5.1.1.1 蔬菜生产的季节性与淡旺季

　　起源于热带和亚热带的蔬菜种类,在长期的系统发育过程中,形成了喜温怕冷的特性。而起源于温带的蔬菜种类具有喜凉怕热的特性。由于蔬菜作物对适宜生育温度范围的特定要求,结合中国的具体气候条件,形成了各地不同的蔬菜生产季节性。而且由于设施栽培的应用,使得蔬菜生产的季节性更加复杂。

淡季是指生产数量不足、品种单调,出现供不应求的季节;旺季则是指生产总量相对过剩的季节。对每一地区来说,全年既有淡季又有旺季,不同季节蔬菜在数量和品种上存在着不平衡现象。

占我国辽阔地域 1/3 的东北、内蒙古、西北和青藏高原地区,冬长夏短,全年无霜期 90～150 d,蔬菜的露地栽培主要集中在夏秋季节,即使利用设施栽培,一年中也只能达到两主作,在冬季只有部分的温室生产。

包括辽东半岛在内的华北地区,全年无霜期 200～240 d,冬季露地可生产多年生宿根蔬菜和耐寒性强的种类,冬季设施栽培可生产种类繁多的蔬菜;春、秋两季是一年中生产的旺季,而夏季的高温多雨与茬口交替,易出现一个明显的淡季。

在长江流域,全年主要栽培三大季,露地除春、秋两季外,冬季也可以栽培一茬越冬蔬菜,夏季时很多蔬菜不能正常栽培,因此常出现冬季和夏季时的淡季。这一地区的设施栽培所具有的特点与北方不同,冬季需要防寒保温,而夏、秋季节则以防暑避雨为主。在越冬二年生蔬菜抽薹开花前,常会出现一个小旺季,而后在夏菜大量上市之前会出现一个小淡季。

至于华南和西南地区,冬季基本无霜雪,四季长青,甚至在冬季也会出现旺季,属一年多主作区,除越冬菜抽薹开花后的小淡季外,高温干旱或高温多雨的夏秋季节也会出现一个淡季,而在其他季节均可能成为旺季。

5.1.1.2 蔬菜供应淡旺季形成的原因

蔬菜生产系统中涉及诸多因素,如自然气候条件、品种现状、生产计划、生产条件、栽培制度、栽培技术水平、贮运、加工及经营管理等。这些因素均会对蔬菜生产的淡旺季形成产生一定的影响,但从其根源来说,蔬菜种类和品种对不良气候条件的不适应是最基本的原因。

我国地跨温带、亚热带和热带气候区,其光、热、水、土、大气资源构成了蔬菜生产的自然条件。由于地理纬度差异较大,地形复杂,因此不同区域的气候条件有着明显不同的特征。我国属于东亚季风气候区,夏季高温多雨,南北差异不大;但各地在不同季节的温度和降水量变化明显,旱、涝、台风、暴雨、冰雹、寒流和干热风等灾害性天气时有发生,尤其是冬季的低温寒流、夏季的高温暴雨,是限制蔬菜作物生产的重要因素。

如长江流域 1 月的平均气温接近 0℃,部分耐寒性较强的叶菜类、根菜类和葱蒜类蔬菜虽可露地越冬,但植株生长缓慢,同时这个时期的低温条件易使二年生蔬菜通过春化阶段,因此在天气转暖时会迅速抽薹开花,均显著影响冬春蔬菜的高产稳定。由此区域向北,纬度越高,冬季土地封冻时间越长,因此可适于露地生产的时间越短,即使在设施栽培条件下,总体趋势也是一致。冬季的低温是造成冬春淡季的主要原因。

至于形成秋淡季的主要原因,一方面是由于夏秋之交,高温暴雨或干旱等灾害性气候的影响;另一方面是由于春秋茬的交替形成青黄不接。如江南地区 7～8 月的平均气温在 30℃左右,短期可达 35～40℃,近地表温度可高达 50℃以上。在这样的季节里,不仅一般的叶菜和根菜类不适宜生长,就连一些喜温蔬菜也会出现生长不良或落花落果,加之夏季高温常伴有台风、暴雨、干旱和病虫害,造成 8～9 月蔬菜产量低而不稳,从而形成淡季。华北地区虽然夏季高温时间短,月均温也较南方低且昼夜温差大,但仍存在秋淡季。相对而言,造成秋淡季的主要原因是高温多雨和春秋茬交替形成的青黄不接。

5.1.1.3　克服蔬菜淡旺季的途径

1）加强对蔬菜产销工作的指导

认真贯彻党和国家对蔬菜的产业政策,以市场为导向是实现蔬菜周年均衡供应的基本保证。为了解决居民的吃菜问题,国家和各地方开展了"菜篮子"工程建设,各行业积极配合,制订有关政策法规,狠抓菜田基本建设,根据市场消费需求规律调整种植方案,取得了显著成绩。

2）建立现代化蔬菜商品生产基地

建立具有良好基础条件的蔬菜商品生产基地,是实现蔬菜高产稳产的物质基础;结合各地的自然资源特点,按照生态要求建立区域蔬菜商品基地,同时发展高效设施蔬菜栽培,提高蔬菜生产中对不良环境的调节能力,实现蔬菜生产的高产、优质和高效益,由此推动蔬菜周年均衡供应的实现。

3）增加蔬菜种类和品种

不同生态型品种对全年各个季节气候条件的适应性有很大不同,一般蔬菜种类和品种多,早、中、晚熟品种配套;结合设施栽培提高蔬菜生产的复种指数,可有效降低蔬菜生产的淡旺季矛盾。因此,近年来广泛开展的生态育种选育出的一些耐热、抗寒和设施栽培专用品种,在蔬菜的周年生产中起到了积极作用,如长江流域的越夏栽培品种矮杂系列普通白菜、"津研"系列的黄瓜、广东"青皮冬瓜"的栽培,使各地 8～9 月的淡季程度得到不同程度的缓和;一些早熟、抗性强的品种在冬季日光温室中的大量应用,使冬季北方地区的蔬菜供应状况得到了根本性好转。与此同时,各地在蔬菜的引种栽培上发展很快,这对解决淡季蔬菜市场供应花色品种单调问题有着积极意义。

4）建立蔬菜流通市场

建立国家级的和区域性的蔬菜流通市场,促进蔬菜商品大流通,促进全国蔬菜周年均衡供应。

在目前体制下指导蔬菜生产时,应注意以下两方面的问题。

（1）大宗品种:大宗品种是指一定季节内市场消费需求量比较集中的蔬菜种类。对一个地区来说,蔬菜的生产安排中,大宗品种所占的地位是很重要的,其上市量的多少对实现蔬菜供应的相对均衡有着不可动摇的作用;而对于农户来讲,这些种类的种植在价格上相对平衡,栽培上以高产、优质和收获的均衡为主要特点,从经济利益角度看,市场需求大,生产的风险较小。

（2）反季节生产和淡季品种的季节性生产:采用设施栽培进行蔬菜的反季节生产,是解决淡季蔬菜市场供应的有效途径。反季节生产包括夏菜的冬季生产,叶菜类、根菜类等的周年生产等。针对各地淡季出现的时期和上市品种规律,有计划地进行淡季市场供应品种的生产,不但可以解决当地的蔬菜供应问题,而且可以增加生产者的经济效益。

5）适当发展蔬菜贮藏加工

由于蔬菜鲜食对保持蔬菜的色、香、味和营养价值都优于贮藏、加工菜,中国传统的蔬菜干制、罐制、腌渍与豆制品,只能作为淡季调剂品种,在继承和保留传统工艺和风味的基础上,适当发展速冻、即食蔬菜加工品,对淡季以至各个季节的蔬菜均衡供应都会有积极的作用。

6）积极组织调运

随着蔬菜全国大流通和蔬菜产业化水平的提高,以及现代交通运输的发展,在就近供应的基础上,积极地进行蔬菜调运。这是促进区域性蔬菜商品生产基地发展的基本条件,也是实现各地区蔬菜市场周年均衡供应的有效手段。我国国家级的蔬菜商品生产基地,就是利用南北、东西之间季节、气候上的差异,以有效的计划调运为特色而建设起来的,它们在实现全国范围内蔬菜周年均衡供应方面起到了重要作用,同时也推动了我国蔬菜商品化进程,还促进了农业产业结构调整,提高了农民的收入。

7) 提高蔬菜种植水平

目前我国蔬菜生产的格局已发生了根本性的转变,在城郊型蔬菜生产的基础上,农区蔬菜产业蓬勃兴起,并成为生产的主流,同时在某些地区,庭院蔬菜业也得到了较大发展。对一些新的菜农来说,技术水平还不是很高。因此,不断提高蔬菜生产者的技术水平,充分利用自然资源和生产设施,提高我国蔬菜生产的整体水平,实现蔬菜的周年均衡供应,是一项长期而艰巨的工作。

在对农民进行技术普及教育和技术推广的同时,应着重抓好以下几个方面的工作:实施种子工程,加大力度打击伪劣假冒种子坑农害农的行为;加强菜田灌溉和排水设施以及菜田保护设施的建设,提高对自然灾害的有效抵御能力;采用综合防治病虫害技术,改善蔬菜生产的生态环境。

5.1.2　果树生产季节性与供应淡旺季的形成及解决方法

5.1.2.1　果树生产季节性与供应淡旺季的形成

改革开放以来,我国果品生产持续快速发展,年递增率高达 10% 以上,总产量在 1994 年已跃居世界首位。苹果、梨、桃稳居世界第一;特产果树,如山楂、猕猴桃、枣等更是独占鳌头;核桃、板栗总产量位居世界第二;柑橘排名第三。我国已成为果品生产大国,果品年总产达 5 953 万 t,占世界果品总产量的 13.39%。虽然我国果品的总产量很高,但是由于整体发展速度过快、面积偏大、树种选择太偏、品种配置较杂、苗木繁育太滥、管理水平低下、平均单产不高、优质高档果太少等诸多原因,致使果品生产的经济效益并不乐观。尤其是在近几年出现了结构性、季节性、地域性果品相对过剩,大宗果品滞销,价格下跌等一系列的问题。加之市场开拓不力、流通渠道不畅,采后处理滞后,产业化水平较低等,使小生产与社会化大市场的矛盾更加突出,市场需求与生产发展严重不相适应。但让人感到欣慰的是,有关部门已注意到这个现象,并且已着手从调整果品的结构来加以解决。以我国的三大水果来说明我国果品生产遇到的一些问题。

20 世纪 80 年代以来,我国三大水果生产突飞猛进,树种结构、品种结构以及区域布局都有了较大的改变,但仍存在一些不足,主要表现在两个方面:一是苹果、柑橘和梨三大树种比例偏大,名优稀新产品明显不足。1978 年,三大水果的产量占水果总产量的 63.5%,但到 2000 年这一比重仍高达 60.4%,同期其他小水果的产量份额也始终在 26% 左右波动。二是水果早、中、晚熟品种不配套,成熟期过于集中,导致旺季过旺、淡季过淡。具体而言,苹果早熟品种不足,晚熟品种比例偏大,且主要集中在几个主栽品种上;柑橘中不耐贮运的宽皮柑橘占 70% 以上,且品种成熟期主要集中在 11～12 月,而 10 月以前和 12 月以后成熟的早熟和晚熟品种少;梨也存在同样问题。总之,水果成熟期的集中导致了水果上市的高度集中,使得水果季节性供大于求非常严重,果品销售不畅,严重影响了果农收益。

根据国家 2010 年苹果产业统计数据,全国苹果面积达到 214 万 hm²;苹果总产量 3 326 万吨,比上年增加 158.2 万 t,增幅 4.99%。各省产量见表 5-1。

表 5-1　近年来各个主产省苹果的产量

排序	省(自治区)	2009 年产量(万 t)	2010 年产量(万 t)	2011 年产量(万 t)
1	陕西	805	856	增产
2	山西	770	799	持平或略减
3	河南	389	409	增产
4	河北	277	272	持平
5	山西	238	257	增产
6	辽宁	195	209	增产
7	甘肃	186	202	增产
8	江苏	57	57	持平
9	新疆	54	66	减产
10	四川	41	43	持平

全国苹果面积最大的为山西省临猗;产量最多的县市为山东省栖霞;整体质量最好、市场收购价最高的县市为山东省蓬莱、陕西省洛川、甘肃省静宁。

我国苹果出口数量下降。2011 年上半年鲜苹果出口 48.3 万 t,比上年同期下降 12.1%;出口额 4.4 亿美元,同比增长 12.6%。由于目前苹果汁的国际市场价格上涨超过 2 000 美元一吨,预计生产量和出口量增加,对加工果的需求量将有较大幅度增加。

近年来苹果价格持续增高,抑制消费。以一二级苹果为例,2011 年产地收购价为 6.60 元/kg。经过人工分选包装、纸箱、长途运输、正常损耗、银行利息,不计收益,从产地到南方销售地,每先克加 2.20 元,批发成本为 8.80 元/kg。苹果的终端消费果品店为 12 元/kg 左右,超市 16~18 元/kg 非常普遍,现在苹果真正成了“贵族果”,高消费。

柑橘为中国第二大水果,近年来我国柑橘栽培面积和产量增长很快。2004 年我国的柑橘生产量为 1 500 万 t。我国的柑橘产量仅次于巴西,是世界第二大柑橘生产国。2008 年栽培面积 3 046.2 万亩(203.08 万 hm²),总产量 2 331.3 万 t。我国柑橘面积和产量分别约占世界总面积和总产量的 34%、28%,目前,我国柑橘面积和产量位居世界首位。

我国是世界最大产梨国。自 1998 年我国梨生产面积和产量逐步上升。2009 年我国梨果种植总面积约 107.47 万 hm²,产量 1 353.84 万 t,约占世界的 62%。单位面积产量达到了创纪录的 12.6 t/hm²,首次高于世界平均单产(12.2 t/hm²)的水平,但远低于发达国家的平均单产水平。从近年产量、面积的发展趋势看,面积趋于稳定,单位面积产量不断上升,随着单产的增加,梨的总产量势必继续增加。

由于我国梨产量增长较快,梨的价格也表现为明显的下降趋势,根据相关资料分析结果表明,梨产量对价格的影响系数也为负值,即梨产量提高,梨价格趋于下降。在年度内梨价格(以鸭梨为例)也表现为明显的季节波动趋势,即鸭梨价格从元月开始逐步提高,到 6 月达到最高,然后迅速下降,至 10 月达到最低,最后又缓慢上升,完成一个波动周期。

5.1.2.2　果品周年供应的实施

为了解决果品生产上出现的这些问题,进行果树品种的战略性调整是唯一的出路。调整的主要目标体现在适当调减大宗水果的栽培面积,适当扩增小杂果的栽培面积,以新优纯品种取代老劣杂品种,发挥地方名特优稀资源的优势,果品档次由产量型向质量型、高档优质型转化。由鲜果常规供应型向超时令反季节供应转化,大力发展果树的设施栽培,由旺淡季大反差型向周年相对均衡型、多种加工产品供应转化。产后处理要由人工处理向现代化自动流水线处理转化,重视产品加工增值。在果品营销方式上,由单一传统的小农户经营型向多元化、多模式经营转化,由产销分离型向产供销一条龙转化,由分散的个体型向"龙头"带动的产业化经营方向转化。通过这样的一系列措施,使果品能够做到周年均衡供应,最大限度地满足人们对果品的消费需求。

5.1.3　花卉生产季节性与供应淡旺季的形成

5.1.3.1　花卉生产季节性与供应淡旺季

我国是具有悠久栽培历史及瑰丽文化传统的文明古国,被赞誉为"世界园林之母",是世界上花卉原产地八大分布中心之一,也是世界花卉栽培种和品种的三个起源中心之一。我国既拥有热带、亚热带、温带、寒温带花卉,又有高山、岩生、沼泽及水生花卉。

花卉原产地因纬度、海拔高度、降水量、地形条件以及季节特点等不同,温度条件也不同。温度的季节变化影响着花卉的生长发育。我国大部分地区属亚热带和温带,春、夏、秋、冬四季分明,一般春、秋季平均气温为 10～22℃,夏季均温高于 22℃,冬季均温多低于 10℃,形成了中国气候型的四季名花如春兰、夏荷、秋菊、冬梅等的特色分布。此外不同地区均存在温度变化的昼夜周期性,即日出前气温最低,随日出气温逐渐上升,正午 13:00～14:00 时达最高点后,再逐渐下降至最低点。因此,温度变化的季节及昼夜周期性均影响着花卉的分布,形成花卉生产的季节性。

云南是我国最重要的花卉主产区,其花卉产品销往全国 70 多个大中城市和东南亚周边部分国家(地区),而每天花卉上市量的多少直接影响着全国各地花卉市场的价格波动,这也是造成淡旺季的主要因素。云南大部分花卉产区从每年 3 月份起气温开始回升,各类花卉生长速度快、产量高;10 月底气温开始下降,花卉生长周期延长,产量相对减少,尤其是每年 12 月和 1月气温为全年最低,也是产量最少的时候,如果遭受雨雪天气,还会造成大面积减产。

目前国内花卉消费市场属典型的"应节式"消费和集团消费,进入千家万户成为居民消费仅仅才开始。花卉消费呈现东部沿海发达城市消费高于中西部城市;城市居民消费高于农村消费的特点。而每年自"中秋节"开始,重大节日便一个接着一个,中秋节、国庆节、圣诞节、元旦节、春节、元宵节、情人节,这些中国传统节日或是外国的"洋节日"几乎全部集中在 9 月至翌年 3 月这段时间里。围绕这些节日的各种开张开业、周年庆典、结婚喜庆等活动此起彼伏,用鲜花来装扮、点缀等成为各类大小活动中必不可少的内容,对花卉消费需求达到全年最旺。鲜切花如此,而其他时令盆花、配枝配叶也如此。

从全年来看,花卉市场淡旺季非常明显。从国外成熟的花卉市场来看也同样有明显的淡旺季之分。而淡旺季又是相对的,就某些花卉品类来说其淡旺季的变化规律会有差别,一些花卉品类处于销售淡季时另一些花卉品类则是旺季。如康乃馨这一主导产品,除了具备上述的市场变化规律外,还表现出自身的一些特点。每年 5 月的第一个星期日为著名的"母亲节",市场消费热点集中在康乃馨上,因此,在每年4月其他花卉开始进入销售淡季时,这一品类反而进入阶段性的旺季。这种因市场需求变化(节日消费高峰)形成的阶段性销售旺季一般会在节后迅速转入销售的低谷。

另外,生产的周期性变化造成整体上市量的起伏,通常在进入淡季时也会出现阶段性的旺季特征。如玫瑰在每年"情人节"过后进入销售的淡季。因此,各花卉产区把冬季的产花期集中调节到"春节"和"情人节",造成3月份产量骤减,除云南外的其他花卉产区玫瑰此时尚未上市,3月份云南玫瑰仍保持一个较旺的销售势头,此时,淡季不淡。这种阶段性的因产量的因素形成的销售旺季在整个夏季会每隔一个多月出现一次。除玫瑰外,康乃馨、非洲菊也有同样的现象。相反,在通常的旺季也会因某一花卉品类上市量的过于集中而造成阶段性的淡季出现。

就全球花卉市场来看,花卉的淡旺季差异非常大,如南北半球的季节差异所导致的淡旺季使各地花卉市场具有非常强的互补性。

5.1.3.2 花卉产品周年供应的实施

花卉是一种时尚消费品,与其他日用品一样,要求源源不断地供应市场,才能形成稳定的消费队伍,作为花卉生产者,花卉的反季节生产往往也是获取高额利润的时候。周年稳定地供应市场,既有利于生产者又有益于消费者。因此,克服花卉生产的季节性而达到花卉的周年稳定供应便成为花卉生产的重大课题。

1) 周年供应的前提条件

作为新鲜的花卉产品,要做到周年供应,除了技术上的要求外,必须有相应的栽培设施,包括温室、冷库及其他附属设施,以便在淡季生产出鲜花供应市场。

2) 周年供应的技术要求

花卉的周年供应需要技术的可靠保证,生产者应充分掌握每一种花卉的生态习性及生物学特性,给予相应的最佳栽培条件,使花卉依人们的意志而生长,花卉的栽培过程中,通过促成或抑制措施以调控植物的花期,从而达到适时供应市场的目的。

3) 花卉周年生产的管理

一般露地花卉的周年管理具有明显的季节性变化。但作为周年供应的保护地生产,其管理的季节性不强,但管理的专业性很强。这一方面表现在全天候温室内一年内可周而复始地进行播种、育苗、栽培、采收、分级、包装、贮运等工作。另一方面,由于每个环节的技术性都很强,所以每一步操作都必须严格按照操作规程进行,只有这样,才能提高栽培水平,提高产品的产量和质量。

4) 全国范围内的周年供应体系

在有充分保护地及全天候温室的条件下,任何地方均可实现花卉的周年供应,只是成本不同而已。

我国地域辽阔,各地气候差异悬殊,同一种花卉在不同地方的自然花期便有较大差异,由南到北,其花期将形成一种自然的周年性,因而进行这种形式的周年供应将是一种多快好省的方式。

5.2 园艺产品的区域化生产

5.2.1 蔬菜产品的区域化生产

5.2.1.1 蔬菜产品生产基地的特点

1) 具有一定的生产规模,其产品能够形成一定的市场辐射能力

在市场经济发展的今天,一家一户的小农式经营与社会化的大需求形成了鲜明的对照。蔬菜生产的产业化是蔬菜生产基地运行中的根本出路。对于一个包含众多生产单元的蔬菜生产基地来说,基地总体应具有较大的规模,在主要收获季节能够提供较大数量的蔬菜产品,这样易于形成产地市场而使产品有一个稳定的销路。

2) 技术装备水平高,设施配套

基地内的土地、设施和其他生产资源优势明显,设施之间相互配套,整体生产水平才能提高,而且能够使资源优势得以发挥,生产效率高而成本低廉。因此基地所生产的产品在市场上有竞争能力。

3) 利用优势自然条件,生产具有一定特色

可利用各地的自然气候优势,在当地特定的季节中生产出适宜的蔬菜产品,避开了其他地区的过度竞争,并可获得较高的经济收益。

4) 实行专业化生产,提高管理水平

蔬菜生产基地经营得好坏,取决于生产要素在基地内时间和空间上的科学配置。以市场为导向,总体和局部的合理布局,切实可行的计划与有效的管理体系获得基地运行的高效性。

5.2.1.2 蔬菜产品生产基地的类型

1) 按照生产基地的位置与经济属性分类

(1) 城郊型蔬菜基地:这是中国经济建设初期形成的历史产物,是在一些消费人口相对集中而且数量较大的城镇、工矿区发展起来的蔬菜生产基地。这个类型的生产基地具有其他基地所不可比拟的优势:一是技术基础较好;二是距离城市较近,市场信息较为灵便,产品销路较好,宜发展一些高产值和技术含量高、不耐运输的蔬菜生产。

(2) 农区型蔬菜基地:由于产业间相互经济效益比较的结果,蔬菜在农区被作为一个优势产业得到迅速的发展,并促进了蔬菜产品的全国大流通。农区型蔬菜基地所生产的产品,一部分就近供应,而大部分供给外地市场。基地具有土地资源、劳动力资源丰富,生态环境因素得到充分的利用,产品成本低的特性。

2) 按照上市蔬菜种类特点分类

(1) 山区特产蔬菜基地:我国山区面积大,出产许多人们喜食的传统蔬菜种类如竹笋、金针菜、蕨菜、食用菌类等。其产品既可鲜食,也可干制,便于运输,需求量大。立足山区优势,较大规模地发展山区特产蔬菜的人工栽培,形成山区特产蔬菜基地。特别在人们对蔬菜无公害要求越来越高的今天,很多山区特产蔬菜需求量有增长趋势,如浙江的竹笋,甘肃的金针菜,东

北的猴头菌、木耳和薇菜等,在出口量增加的同时,国内消费量也有增加。

(2)香辛辣蔬菜基地:葱、蒜、姜等一类蔬菜,既可鲜食,又是不可缺少的调味品。在一些历史悠久的主产区,已形成了产量高、质量好的专业化基地。这一类蔬菜的出口量较大,是我国蔬菜外贸的传统品种。如山东的莱芜姜、章丘大葱等,销售地区范围较广、效益也高。

(3)西北特产蔬菜基地:西北地区地处高原,气候干旱,降水量少,太阳辐射强,日照充足,昼夜温差大,所产的甜瓜、西瓜、百合等特产蔬菜,品质优良,驰名中外。

(4)水生蔬菜基地:我国的水生蔬菜资源丰富,长江中下游地区,气候温暖湿润,加之河流、湖泊纵横,水生蔬菜的产量和品质均闻名于世,如茭白、莲藕、菱、荸荠、慈姑、水芹、芡实、莼菜等。发展水生蔬菜栽培,不仅能解决南方地区夏秋淡季蔬菜供应问题,而且对于丰富中国各地的蔬菜种类和出口贸易有积极的作用。

(5)加工原料基地:由于食品加工业的发展,罐藏蔬菜和速冻蔬菜的出口数量迅速增加。作为加工原料的蔬菜主要有番茄、辣椒、青豌豆、菜豆、甘蓝、洋葱、胡萝卜、黄瓜、食用菌、芥菜、牛蒡、萝卜、菊芋、草石蚕等。原料基地的生产相对稳定,销路单一,随着我国蔬菜加工业的发展,加工原料的生产也应同步纳入规划。

3)按照上市蔬菜的季节特点分类

(1)越冬叶菜基地:主要分布在华南和长江流域地区。华南地区在1～2月份,长江流域在3～4月份可大量生产芹菜、菠菜、白菜、莴苣、甘蓝、花椰菜等多种叶菜,产量高,质量好。这一基地的产品被调运到华北、东北和西北地区。

(2)越冬果菜基地:在云南的元江、元谋和广东的湛江和海南,温暖无冬,适合于冬季生产果菜类蔬菜,构成了果菜"南菜北运"的主要产地。与此相对,北方地区在发展日光温室越冬果菜生产后,也出现了大量的越冬果菜基地。南方基地的生产成本极低,但对供应地的运输距离较远,产品运输保护难度比北方基地大。

(3)高寒地区夏淡蔬菜基地:东北地区、内蒙古和西北地区的部分省区,夏季日照充足,雨量相对集中,昼夜温差大,干物质积累多,喜温蔬菜与冷凉蔬菜可同季种植,8～9月可生产的蔬菜种类多、数量大,利用调运对解决南方地区的夏淡季有较大的市场空间。

5.2.2　花卉产品的区域化生产

5.2.2.1　花卉产品的产业结构

1)切花

切花要求栽培技术较高,以多产高质量的切花或切叶材料为目的。我国切花的生产相对集中在经济较发达的地区,但在生产成本低的地区也应布点组织生产。

2)盆花及盆景

盆花包括家庭用花、室内观叶植物、多浆植物、兰科花卉等,是我国目前生产量最大、应用范围最广的花卉产品,应是目前花卉产品的主要形式。

盆景广泛受到人们的喜爱,加之我国盆景出口量逐年增加,可在出口方便的地区布置生产。

3)草花

包括一二年生花卉和多年生宿根、球根花卉。应根据市场的具体需求组织生产,一般来说,经济越发达,城市绿化水平也愈高,对此类花卉的需求量也就越大。

4) 种球

种球生产是以培养高质量的球根类花卉的地下营养器官为目的的生产方式,它是培育优良切花和球根花卉的前提条件。国外种球的生产由专门的公司组织,已形成了庞大的产业,在我国,种球的生产将来也会有较大发展。

5) 种苗

种苗生产是专门为花卉生产公司提供优质种苗的生产形式。所生产的秧苗要求质量高、规格齐全、品种纯正,是形成花卉产业的重要组成部分。

6) 种子生产

国外有专门的花卉种子公司从事花卉种子的制种、销售和推广,并且肩负着良种繁育的重任。我国目前尚无专门从事花卉种子生产的公司,但不久的将来必将成为一个新兴的产业。

5.2.2.2 花卉生产区划的原则

(1) 适地适花,在保证产品质量的前提下能降低生产成本。当地气候及土壤条件能满足花卉生产的需要。

(2) 在生态条件相似的前提下,应坚持就近原则,如城市用花应在城市附近组织生产。

(3) 花卉生产地区必须有便利的交通和通讯条件。

(4) 要有充分的水源、能源供应,保证花卉生产的正常进行。

(5) 花卉生产应安排在人才或科技力量相对集中的地区,以便提高栽培及经营管理水平。

5.2.2.3 花卉生产的区域化

花卉区域化布局就是根据全国各地的自然条件、农业传统和经济特点,确定其生产花卉的主要类型和发展方向,专门生产一种或几种花卉产品,形成主导产业和拳头产品,以形成地区花卉业比较优势。

根据花卉区划的原则,我国应在全国范围内形成整体的布局,以降低生产成本,提高产品质量,增强市场竞争力,为出口作好准备。

各类花卉都有其自身的生态习性,宜将最适合的花卉放在最佳的场所进行栽培,有利于花卉的生育和降低生产成本。全国范围的布局还包括同一种花卉不同季节在不同地区分别设点生产,以满足周年供应的需求。

种子生产和种苗生产也可在全国范围内分片设点建设,形成覆盖全国的种子和种苗生产布局。

目前,我国花卉业区域布局明显优化,基本形成了以云南、北京、上海、广东、四川、河北为主的切花生产区域;以山东、江苏、浙江、四川、广东、福建、海南为主的苗木和观叶植物生产区域;以江苏、广东、浙江、福建、四川为主的盆景生产区域;以四川、云南、上海、辽宁、陕西、甘肃为主的种球(种苗)生产区域。一些我国特有的传统花卉产区和产品——如洛阳、菏泽的牡丹,大理、金华的茶花,漳州的水仙花,鄢陵的蜡梅,天津的菊花等,得到了进一步巩固和发展。

就江苏省而言,花卉的生产形成了几大主产区,即以吴县、吴江、宜兴和无锡郊区为主的环太湖花卉区,以武进、金坛为主的太湖花卉区,以江浦、丹阳为主的丘陵花卉区,以如皋、江都为主的沿江花卉区,以淮安、沭阳、新沂为主的淮北花卉区等。这些花木生产区域面积占到全省花卉总面积的80%左右。从布局上看,农区以观赏苗木和草坪草为主,城郊地区以盆栽花卉为主,盆景则主要集中在沿江地区,切花生产主要分布在连云港一线。

5.2.3　果品的区域化生产

根据我国自然地理特点及果树对生态条件的适应程度,中国果树区(带)可分为8个果树带。

5.2.3.1　耐寒落叶果树带

位于我国东北部,即沈阳以北至黑龙江的黑河。主要果树为:小苹果、秋子梨、李、杏、山楂、榛子、越橘、山葡萄、树莓、醋栗、穗醋栗等。根据此带的自然条件,其南部可发展秋子梨、小苹果、山楂、李及杏;北部可发展小苹果、李、树莓、醋栗、草莓、越橘、山葡萄等。

5.2.3.2　干旱落叶果树带

位于我国北部,包括内蒙古自治区、新疆维吾尔自治区、河北承德和怀来及北京怀柔以北、宁夏回族自治区吴忠、甘肃兰州、青海西宁以北地区。分布最广的果树为杏、梨,其次为沙果、槟子、海棠,再次为葡萄。此外,桃、苹果、洋梨、李、核桃、枣、石榴、无花果、扁桃和阿月浑子等也有一定数量的栽培。

5.2.3.3　温带落叶果树带

主要落叶果树均在此带内集中生产。其界限在干旱落叶果树带和耐寒落叶果树带以南,包括辽宁南部、西部,河北、山东、山西、甘肃、江苏和安徽部分、河南中北部,陕西中北部以及四川西北部。栽培最多的果树为:苹果、梨、枣、柿、葡萄、杏、桃、板栗、山楂等;核桃、石榴、银杏、樱桃等也有较多栽培;在沿海宜大力发展甜樱桃、洋梨、无花果、草莓等水果;华北平原及黄河故道的沙荒碱地可发展梨、枣和葡萄;山区则宜发展板栗、核桃、杏、柿等干果。

5.2.3.4　温带落叶、常绿果树混交带

由温带落叶果树带向南,至30°N线左右。其南界东起浙江钱塘江,西经江西上饶、南昌、湖南岳阳,沿长江西北行至湖北宜昌,再西经四川苍溪、茂县,而至汉源一线。本带内仍以落叶果树为主,主要树种有:桃、梨、枣、柿、李、樱桃、板栗、石榴等,苹果、山核桃也有少量生产栽培。还有部分常绿果树,如柑橘、梅、枇杷、杨梅、香榧等。重点可发展桃、柑橘、李、梨、樱桃等果树。

5.2.3.5　亚热带常绿果树带

位于落叶、常绿混交带以南,东起我国台湾的台中向西经福建的泉州、漳州,再经广东潮汕、佛冈至广西梧州、桂平,西至云南开远、临沧,南界大致在23°N左右。本带内果树大宗为柑橘、龙眼、荔枝、枇杷、橄榄和杨梅;热带果树如菠萝、香蕉;落叶果树中沙梨、枣、柿、李、板栗等均有少量栽培。

5.2.3.6　热带常绿果树带

位于我国台湾、海南及南海诸岛。本带主要栽培热带果树,以香蕉、菠萝为主,尚有番木

瓜、芒果、树菠萝、黄皮、番荔枝、椰子、人心果、油梨、韶子(红毛丹)等少量栽培。发展重点为菠萝和香蕉。

5.2.3.7 云贵高原落叶、常绿果树混交带

包括贵州全部、云南绝大部分以及四川凉山州。海拔一般在 1 500～2 000 m 之间。一般在海拔 800 m 以下的河谷地带栽培热带果树,如香蕉、菠萝、芒果、椰子、番荔枝、番木瓜等果树;海拔 800～1 000 m 地带为亚热带果树栽培区,有柑橘、荔枝、龙眼、枇杷、石榴;海拔 1 300 m 以上则为温带落叶果树,如苹果、梨、桃、李、核桃、板栗等。

5.2.3.8 青藏高原落叶果树带

位于我国西南边陲,包括西藏全部、青海绝大部和四川昌都地区,海拔多数在 4 000 m 以上,有野生的光核桃等少量果树。栽培果树主要分布在青、藏的河谷地带,栽培着少量的苹果、桃、核桃、李、杏等。西藏东南部 2 000 m 以下低海拔的河谷中有少量亚热带和落叶果树栽培,如柑橘、梨、枇杷、石榴、葡萄等。

5.2.4 果品区域化生产实例

下面以我国的苹果、梨、柑橘、桃为例来介绍果树的区域化种植。

5.2.4.1 苹果生产区划

1) 极北高寒区

包括黑龙江、吉林、内蒙古的一部分、新疆的准噶尔盆地南部。年平均气温低于 6℃,绝对最低气温可达－30℃以下。只有少量中、小苹果栽培。

2) 北、西部干寒区

包括吉林西南部,辽宁西北部,西经长城内外一线,沿河西走廊至新疆伊犁盆地和塔里木盆地边缘;还包括青海湟水下游各县及西藏山南地区。特点是低温、少雨,年平均温度 7～8℃,冬季低于－20℃的持续天数超过 24 d 以上,但 1 月平均气温一般不低于－14℃。苹果的早中熟品种可正常生长,偏北地带有时有部分冻害。

3) 西北冷凉半干区

包括黄河中游的黄土高原,山西、陕西中部,宁夏,甘肃东南部,四川阿坝、甘孜两州。年平均气温 8～11℃,6～8 月平均气温仅 20～22℃,年降水量 600 mm 左右。苹果栽培于陕甘宁晋的海拔 1 000～1 500 m 的区域,四川境内海拔 1 500～2 500 m 的地区。

4) 渤海湾温凉湿润区

华北平原滨海部分,包括辽南、辽西,燕山以南,太行山以东,以山东鲁中山地为其南界。年平均气温 9～13℃,6～8 月平均气温≥22℃,年降水量 650～800 mm,日照充足,是我国最大的苹果生产基地。

5) 中部温润区

东起江苏连云港,西迄陕西宝鸡,东部为黄河故道和淮河以北地区,西部为岭北麓的渭河滩地,河南西南部、湖北北部也属此区。年平均气温多数在 13～15℃之间,年降水量大于 700 mm。

6) 西南高山凉湿区

包括云贵高原,西藏东南部河谷地,四川的凉山州,广西百色地区。温度年差小,日差大,垂直分布明显,1月平均气温2~9℃,6~8月平均气温20℃左右。苹果多栽培于海拔1500~2700 m之间,成熟早,色泽好。

7) 南部暖湿区

凡长江以南地区均为该区。多为山区,年平均气温在15~17℃以上,6~8月平均气温高达26~28℃,年降水量大于1000 mm。苹果有零星栽培,如浙江湖州、金华,福建政和,湖北兴山,湖南永顺等地,在海拔600~800 m以上一般尚能正常生长。

5.2.4.2　梨生产区划

主要栽培种有白梨、沙梨、秋子梨与洋梨。梨的生产区划主要有两个气象要素,即温度与降水。白梨的适宜温度范围为年平均气温8.5~14.0℃,其南限为年平均15℃以上地区。沙梨的适宜温度范围为年平均气温15~23℃,秋子梨最耐寒(-30~35℃),适宜栽培的年平均气温为8.6~13℃,其南限为年平均气温13℃,年平均温度高于15℃的地区则不适宜生产栽培。对需水量而言,沙梨最需水,适应年降水1000~1800 mm的地区;白梨、洋梨则适应600~900 mm的地区;秋子梨可适应500~700 mm的地区。白梨、沙梨、秋子梨及西洋梨的种植区分如下。

(1) 黄河流域以北、沿长城内外,为秋子梨与白梨混交区,以白梨为主;此线以北则为秋子梨栽培区。

(2) 黄河流域以南至长江流域以北,为沙梨和白梨栽培混交区,以沙梨为主;黄河流域则为白梨主要栽培区。

(3) 长江流域及其以南地区,为沙梨主栽区。

(4) 辽东、胶东两半岛则为洋梨主要栽培区;黄河故道、新疆也有少量分布。

5.2.4.3　柑橘生产区划

温度、降水和日照等气象条件是制约柑橘生产栽培的主要因素。-9℃为柑橘生存的临界低温;而花蕾、果实则不耐-3℃的低温。积温对品质有重要的影响,甜橙需≥10℃年积温达5000~8000℃品质最好。柑橘需年降水量1000 mm以上。

1) 根据生态条件对柑橘的适宜程度划分

(1) 最适宜区:无冻害,丰产、稳产、优质,能充分表现品种的固有特性。

(2) 适宜区:基本无冻害,即仅对当年略有影响;正常年份果实色泽好、优质、耐贮藏,唯含酸量较高。

(3) 次适宜区:5~10年间有1~4级冻害发生,1~2年内可恢复正常,果实含糖低、含酸高,品质稍差,但外观好。

2) 生产区划

柑橘种类、品种繁多,抗寒、耐热的程度不同,生产区划如下。

(1) 华南丘陵平原甜橙、宽皮柑橘主栽区。包括沿海丘陵平原柳橙、新会橙、蕉柑亚区和华南中北部丘陵甜橙良种亚区。

(2) 南岭和闽浙沿海低山丘陵甜橙、宽皮柑橘主产区。

(3) 江南丘陵宽皮柑橘主产区。

(4) 四川盆地甜橙、宽皮柑橘主产区。

(5) 云贵高原中低山和干热河谷柑橘混合区。

(6) 亚热带北缘边缘柑橘混合区。

5.2.4.4 桃生产区划

按品种类群集中栽培的分布可分为以下区域。

1) 西北高旱桃区

包括新疆、陕西、甘肃、宁夏等省（自治区），是桃的原生地。年降水量 250 m 左右，绝对最低气温 −20℃以下，无霜期 150 d 以上，本区甘肃桃、新疆桃、毛桃有大片野生群落。我国著名黄桃集中于此区。白桃为北方桃系，汁少味甘，肉质致密，耐贮运。南疆盛产李光桃，甜仁桃。

2) 华北平原桃区

除华北大平原外，还包括辽南、辽西及苏皖北部。年平均气温 10～15℃，年降水量 700～900 mm，年日照 2 400～3 000 h，无霜期 200 d 左右。根据气候差异又可分为大陆性亚区、海洋性亚区及暖温带亚区（黄河故道南北）。是我国北方桃的主要经济栽培区，著名品种有肥城佛桃、深州桃、五月红、春蜜等。

3) 长江流域温湿桃区

处于长江两岸，包括苏南、浙北、上海、皖南、赣北、湘北、湖北大部及成都平原、汉中盆地。年平均气温 14～15℃，年降水量 1 000 mm 以上，年日照较少，一般为 1 350～2 200 h，尤以水蜜桃、蟠桃久负盛名。

4) 云贵高原桃区

包括云南、贵州和四川的西南部。纬度低，海拔高，垂直分布显著，桃多栽培于 1 500 m 左右半山区。夏季凉爽多雨，冬季温暖干旱，年降水量 1 000 mm 左右。是我国西南黄桃主要分布区。著名品种有呈贡黄离核、大金蛋、黄心桃、波斯桃等；白桃有二早桃、草白桃、泸定香桃等。

5) 青藏高寒桃区

包括西藏、青海大部、四川西部。系高寒地带，海拔高达 4 000 m 以上，年日照大于 2 500 h，桃树栽植于海拔 2 600 m 以下。属硬肉桃区系。

6) 东北寒地桃区

41°N 以北，小气候较好的地方，有桃树的少量栽培，吉林延边有耐 −30℃低温的毛桃。

5.3 园艺产品设施栽培

5.3.1 概述

园艺产品设施栽培，是指在露地不适宜园艺产品生长的寒冷和炎热、多暴雨的季节，利用特定的保护设施，人为地创造适宜园艺产品生长的良好环境条件，以获得园艺产品优质、高产、高效益的栽培方法。

我国园艺产品设施栽培历史悠久，以蔬菜设施栽培出现的最早，面积最大，效益最好。番茄、黄瓜等蔬菜基本能做到周年栽培、周年供应。蔬菜设施栽培的不断发展,据不完全统计,至2009年底,我国蔬菜设施栽培面积达335万 hm² 以上。果树的设施栽培已有100多年的历史,我国自20世纪70年代由黑龙江省利用温室成功地生产葡萄,此后果树设施栽培在设施类型、水果种类上不断丰富。到目前为止,我国设施栽培的果树约10万 hm² 以上,其中约有大棚及温室葡萄6万 hm²、草莓46万 hm²,栽培面积较大的有辽宁、山东、河北等省。花卉的设施栽培最早出现在荷兰、美国等西方经济发达国家,改革开放后我国人民的生活水平不断提高,花卉的消费量日益增加。花卉的设施栽培应运而生,特别是鲜切花和高档盆花的大棚、温室栽培面积逐年增加。目前,全国花卉生产面积已达14.75万 hm²(包括苗木等相关产业),销售额160亿元。

目前我国设施栽培的主要形式有:塑料棚覆盖(小棚、中棚、大棚)、温室(塑料、玻璃、PVC等),与之相配套的是新材料、新的配套技术不断出现,如遮阳网覆盖、防雨棚、无纺布、防虫网等新型覆盖材料得到了大面积推广应用;20世纪80年代后期至90年代,我国哈尔滨、北京、上海、南京等大城市,先后从荷兰、以色列、美国、日本等国家,引进了一批由计算机控制操作的全自动现代化大型玻璃温室,在蔬菜生产、花卉生产工厂化方面进行了应用与研究。园艺产品设施栽培在我国得到了相当快的发展,是园艺业发展中的重要亮点。

5.3.2　设施栽培在园艺产品周年供应中的作用

5.3.2.1　利用设施进行反季节栽培

高温、暴雨、寒冷的季节不适合大多数园艺产品的生产,而利用设施进行反季节栽培,如冬季进行喜温蔬菜栽培、夏季进行喜冷凉蔬菜栽培,冬季月季的栽培等,可增加市场的供应,调剂花色品种。

5.3.2.2　利用设施进行春提前、秋延后栽培

可以延长园艺产品的生育时间,提早上市,提高产量。如春番茄、春黄瓜、春四季豆的提前栽培,上市期比露地栽培的提早1~2个月,产量提高30%~50%;葡萄可比露地提前2~4个月。秋辣椒延后栽培可采收至12月至翌年1月。利用设施进行春提前、秋延后栽培延长了园艺产品的供应期。

5.3.2.3　利用设施栽培可提高园艺产品的品质

由于在设施内能很好地控制园艺作物生长的温度、水分、土壤、气体、病虫等环境条件,设施栽培的园艺作物品质明显好于露地栽培的园艺产品品质。如用现代化温室生产蝴蝶兰,进行温度、湿度和光照的人工控制,是解决长江流域高品质蝴蝶兰生产的关键。

5.3.3　大棚春番茄栽培技术

5.3.3.1　品种选择

大棚春番茄栽培一般选择耐低温、耐弱光、早熟、高产品种。如上海合作903、江蔬番茄3

号、苏抗 8 号、苏抗 9 号、东农 704 等。

5.3.3.2　育苗

育苗设施主要有小棚、大棚＋小棚＋草帘或大棚＋小棚＋电热线＋草帘等。每 667 m² 大田秧苗需种子 30～40 g，床土要及早耕翻晒垡，达到疏松通气、营养全面、酸碱适宜。苗床温度，出苗前 25～30℃，出苗后 20～25℃，夜温 15℃左右，2 片真叶分苗，移入口径 10 cm 的营养钵中。春夏番茄定植前进行低温锻炼。苗龄应掌握在 70 d 左右，达到 9 片真叶，现大蕾。

5.3.3.3　整地施基肥

以腐熟的有机肥为主，化学肥为辅，氮、磷、钾配合。结果期勤补肥。667 m² 施入腐熟的堆肥或厩肥 4 000～5 000 kg，氮磷钾复合肥 50 kg，有机生物菌肥 50 kg，整地作畦。畦筑成宽 1.5～2 m、高 20～30 cm 的高畦。

5.3.3.4　定植

先盖棚，待暖棚 1 周后再定植。为了消灭杂草，铺地膜前应喷除草剂 48% 氟乐灵乳油，喷后铺膜，2～3 d 后定植。定植深度以子叶与地面相平为宜。定植后要求浇透水。小架早熟栽培一般行距 40～50 cm，株距 23～26 cm，667 m² 栽 5 000～6 000 株。小架中熟栽培行株距为 50 cm×(26～33)cm，667 m² 栽 4 000 株左右；大架中晚熟栽培行株距为 66 cm×33 cm，667 m² 栽 3 000 株左右。

5.3.3.5　田间管理

1）肥水管理

(1) 提苗肥：待秧苗活棵后，施稀薄的粪水提苗，667 m² 用 500 kg。

(2) 催果肥：当第 1 穗果有核桃大小时，施催果肥。一般 667 m² 施稀粪 1 000 kg，或尿素或复合肥 10～20 kg。

(3) 盛果期肥：第 1 穗果采收以后，第 2、第 3 穗果迅速膨大，此时番茄进入盛果期，需养分较多。667 m² 施尿素或复合肥 15～20 kg，深施结合浇水。此时气温高，最好不用粪水。用磷酸二氢钾 0.2%～0.3% 溶液，或尿素 0.2%～0.3% 溶液叶面喷施，有健秧及提高品质、增加产量作用。搭架前一般水肥结合，水中加肥。搭架后如遇干旱天气，特别是后期干旱，应及时浇水，保持土壤湿润，不可漫灌。如遇雨水过多要及时排除田间积水，注意不过干、过湿。

2）植株调整

(1) 整枝打杈：常用的方法主要有单干整枝、双干整枝、一杆半整枝。

(2) 摘心、去老叶：当植株长到一定高度，着生的果穗和果数已达到一定数量后，将植株的顶芽掐去，称摘心或打顶。植株基部的老叶失去光合功能，影响通风、透光，易引起病害，故在后期要摘除老叶，改善植株的生长环境。

(3) 疏花疏果：对于某些花数过多的品种，每序花应去掉一部分，使每穗保留 4～5 朵花。疏去多余幼果对生长和发育有较大的促进作用，一般早熟品种留 3 穗 11 果(3、4、4)，中熟品种留 4 穗 14 果(3、4、4、3)为宜。

(4) 搭架绑蔓：搭架时间一般在苗高 25～30 cm 时进行。主要方式有单干支架、"人"字架、喜鹊窝,绑蔓方法多用"8"字结,防止扣扎过紧,影响增粗。近来也有吊绳的,第一次吊绳应系在第一花序上方主茎上,以后随着植株的生长,吊绳结不断向上移动。多用在温室、大棚栽培中。

(5)落花落果及其防止措施:由于温度过低、过高而引起的落花可应用植物生长调节剂。常用的生长调节剂有2,4-D和防落素(PCPA),2,4-D使用浓度为$(6\sim15)\times10^{-6}$,2,4-D对嫩芽及幼叶药害较重,使用时避免碰及。PCPA的适宜浓度为$(30\sim50)\times10^{-6}$,PCPA药害较轻,可作喷花处理,在一序花有一半开放时喷。但也要注意不能喷到嫩叶,以免造成药害。两种生长调节剂使用浓度随气温而变,气温低浓度高,气温高浓度低。留种株不用生长调节剂处理,以免形成无籽果实。

5.3.4 大棚春黄瓜栽培技术

5.3.4.1 品种选择

可选择津春1、5号,宁丰3号,中农5号等。

5.3.4.2 播种育苗

每667 m²需用发芽率90%以上的黄瓜种子100～150 g。播种前可用55℃温水温烫浸种,也可用多菌灵等药剂拌种,用药量为种子重量的0.4%。播种到出苗,适当高温高湿。棚内温度尽可能保持在25～30℃,并经常检查床土。如床土干,要在晴天中午浇水。电热线育苗的,昼夜温度控制在28～30℃为宜。当有60%左右种子弓腰时,揭去地膜,揭膜后逐步将温度降至25～28℃。黄瓜子叶长足了即可移苗至盆径8 cm的营养钵中。具3～4片真叶,子叶肥大完好,茎粗0.5～0.6 cm,根系发达,无病害为壮苗标准。定植前注意低温炼苗。

5.3.4.3 定植

黄瓜定植宜选土层深厚、疏松,有机质含量高,较肥沃,排灌方便,3年以上未种瓜类的田块。定植前要施足基肥,每667 m²可施腐熟有机肥4 000～5 000 kg、草木灰100 kg、过磷酸钙25～30 kg,要求深沟高畦,一般畦长10～13 m、宽1.3～2.0 m,畦沟宽33～50 cm、深33 cm。定植前1～2 d扣棚、铺地膜,以利提高土温。

5.3.4.4 田间管理

1)肥水管理

黄瓜需肥量大,施肥浓度不宜过大,应结合浇水进行,实行勤施薄施。开花结瓜前,结合浇水每667 m²追施硫铵10 kg。开花结瓜期每采收1～2次追肥1次,每次每667 m²施碳酸氢铵20～30 kg或三元复合肥10～15 kg,或磷酸二铵10～15 kg,或人畜粪1 000～2 000 kg,最好上述肥料交替使用。此外还可增施二氧化碳气肥和喷施钛微肥、光合微肥和喷施宝等。黄瓜定植初期10 d左右,要求高湿,应注意勤浇水。缓苗至采收初期(根瓜收获前后的40～50 d内),促根控秧,一般情况下不浇水。采收初期至结果盛期需水量最大,应保证有充足的水分供应。

2)搭架、整枝绑蔓

植株长出卷须,幼苗具6～7片蔓叶,植株易倒伏,应及时搭架或吊绳引蔓。架形可采用

"人"字架或单排架。每株黄瓜插1根竹竿。吊绳则先在棚内两头立柱上系铁丝,再往铁丝上吊绳引至瓜根部,每瓜1绳。插架或吊绳后及时绑蔓,以后基本上每周进行1次。绑蔓时注意使各植株的生长点朝向一致,并逐次交替变换方向。蔓均按一个方向(顺时针或逆时针)向上缠绕在吊绳上。结合绑蔓,摘除卷须和根瓜下部所有侧蔓。中上部有侧蔓长出,可在侧蔓上留1瓜,并在瓜上留1叶摘心。主蔓长到支架顶时根据品种结瓜习性及时落蔓或摘心。在生育的中后期,要摘除植株下部的老叶和黄叶,以利通风透光。

5.3.4.5　收获

黄瓜通常于雌花开花后8~18 d采收,春黄瓜一般在定植后30~45 d即可采收上市,初期每3~4 d采收1次,后随温度升高,2~3 d采收1次。盛果期、连续晴天,要天天采收。

5.3.5　葡萄设施栽培

以江苏地区为例,葡萄的设施栽培技术如下。

5.3.5.1　葡萄设施栽培的方式

葡萄设施栽培的主要方式有促成栽培和避雨栽培,主要设施有塑料大棚。

5.3.5.2　肥水管理

定植后浇1次水,待苗高30~40 cm时开始追肥,以后每30~50 d追一次肥,每次每株施50 g复合肥。秋季每667 m² 施基肥4 000 kg。从果实膨大期开始,每10 d结合打药喷1次磷酸二氢钾,共3~5次。萌芽前、果实膨大期、冬前要浇透水。采收前半个月土壤要保持干燥。

5.3.5.3　枝蔓及果穗管理

定植后当年培养2个健壮主蔓,主蔓长至1.2~1.5 m时摘心,主蔓上40~60 cm以下的副梢全部抹除,以上的副梢留2片叶反复摘心。如梅雨季节长势过旺,可喷200倍15%的多效唑2~3次。冬剪视主蔓健壮程度,在1.2~1.5 m处剪截,两主蔓呈水平双臂式绑缚。

结果第1年,每株留结果枝5~10个,每枝留1花序,弱枝不留果。开花前在花序以上留5~7片叶摘心,营养枝留4~5叶摘心。摘心后发出的副梢只留顶端1~2个,每个副梢留2~4片叶反复摘心,卷须要及时去除。

开花前1周疏花序,壮枝留1~2穗,中庸枝留1个花序,弱枝、畸形花序及多余花序去除。特大花序疏去副穗和上部2~5个小分枝,每序留15~20个小分枝,较长的小分枝去掉尖端部分,再去除穗尖;中等花穗去副穗、穗尖,留20~22个小分枝,较长的小分枝同样去掉尖端部分,小花序基本不疏。掐穗尖要根据花序大小酌定,一般去掉花序1/5~1/4。

谢花后20 d,去掉形状不正、过密、部位不当、有伤痕或挤压的果粒,每穗留30~50粒。特别是京秀,要严格疏穗、疏粒。疏粒后,喷一次杀菌剂,然后套袋,一般在5月20日前结束。

5.3.5.4　温、湿度控制

萌芽前最低温度应控制在5℃以上,最适温为15~18℃,最高不超过20℃。前期升温一定要缓慢,否则枝条将会抽干或影响花芽分化,导致产量降低或绝收。如温度超过20℃,要及时通风降温。覆膜至萌芽一般需30 d左右,为使发芽整齐,可于扣膜前10～15 d,用5倍石灰氮液涂抹结果枝。萌芽至开花,温度最低10℃,白天不超过20℃,此期需15～20 d。花期应控制温度在15～20℃,白天最高不宜超过25℃。湿度控制,发芽至花序伸出期为80％左右,花序伸出后降为70％,开花至坐果65％～70％,坐果后保持75％～80％。棚室内高温低湿是避免葡萄病害的关键,可采用铺地膜和加强通风来解决。

葡萄是喜光植物,对光敏感,光照不充足时,节间细长,叶片薄,光合产物少,易引起落花落果,浆果质量差、产量低。为增加光照,宜采用无滴膜,必要时铺反光膜等辅助增光。

5.3.5.5　病虫害防治

(1) 萌芽前喷3°～5°Be石硫合剂,铲除植株上病菌。

(2) 发芽至花序分离期喷1 500倍10％氯氰菊酯混加0.5％的磷酸二氢钾防治蓟马及增加植株营养。

(3) 花前喷800倍70％代森锰锌防黑痘病。

(4) 果实生长期两次喷1:0.5:200波尔多液。

(5) 采收前半月喷2 500倍12.5％烯唑醇混加0.5％的磷酸二氢钾。

(6) 有条件时大棚罩防虫网,杜绝虫、鸟危害。

5.3.5.6　生产无籽果实及增糖增色技术

花前7 d左右用$50×10^{-6}$赤霉素+$200×10^{-6}$链霉素浸果穗,花后5～7 d用同样的浓度再浸一次。花前浸果穗最迟不超过7 d,否则果穗轴伸长过大,增粗过快,果粒疏松,果形不好看。花后第2遍浸穗若晚于7 d,则易落粒。京亚品种也可在落花后10 d浸1遍$100×10^{-6}$赤霉素+$200×10^{-6}$链霉素获得无籽果实。经过上述方法处理,无籽果粒可达95％以上,而且果穗紧凑,果粒大小均匀、着色一致。

5.3.6　油桃设施栽培

以江苏地区为例,油桃的设施栽培技术如下。

5.3.6.1　油桃设施栽培的方式

油桃设施栽培的主要方式有促成栽培,主要设施有日光温室和塑料大棚。

5.3.6.2　品种选择

品种选择的正确与否是设施栽培成功的关键。桃树设施栽培的目的是提早上市,因此应选择早熟品种,以果实发育期60～70 d的为宜,最多不超过80 d,并要求自然休眠时间短、对低温的需求量少(7.2℃以下累积低温在850 h以下)、花粉量大、自花结实率高、果个大、形美色艳、品质优良等。如早花露、雨花露、安农水蜜、霞晖1号、春丰、春艳,以及早红2号、曙光、五月火、早美光等甜油桃等,都是设施栽培的理想品种。在同一温室内选栽2～3个花期相近的品种,以利相互授粉,提高坐果率。

5.3.6.3 苗木定植

桃树设施栽培,可在扣棚当年的春季或头年秋季定植苗木,通过两年的精心管理,当年扩冠并形成花芽,秋后建棚,冬季覆膜扣棚,翌春便可开花结果。苗木定植时应注意:一要栽植大壮苗,砧木最好用毛樱桃。用毛樱桃嫁接的桃树,具有显著的矮化性、早果性、早熟性、抗逆性,并能提高果实品质,是桃树设施栽培的理想砧木。二是确定适宜的株行距。由于桃树的年生长量较大,扩冠快,一年的露地生长,可达到理想的覆盖率,所以一般不提倡采用前期密植后期间伐的变化性栽植方式,而以(1.0~1.5)m×(2.0~2.5)m的株行距进行一次性的定植为宜。三是栽前用901生物肥蘸根,栽后树盘覆盖地膜,以提高苗木的成活率和促进植株生长。

5.3.6.4 整形修剪

1)定干

苗木定植后要及时定干,高度30~40 cm,如采用一面坡温室要注意掌握南低北高。

2)树形

目前设施栽培中采用较多的树形主要有两大主枝开心形、多主枝自然形和纺锤形。两大主枝开心形,即在30 cm左右的主干上反向着生两大主枝,主枝上着生结果枝组。多主枝自然形,树体无中心干,在主干上留4~6个大枝,在大枝上着生中小型结果枝组。纺锤形,类似于苹果的纺锤形,中央领导干强壮直立,其上自然着生8~12个小主枝,或大中型结果枝组。

3)修剪原则

设施栽培桃树的修剪更应以生长季节为主,冬季为辅。当新梢长到20 cm左右时反复摘心,促发二、三次枝,同时及时疏除直立枝和过密枝,改善光照条件,促进花芽形成。冬季修剪要以更新、回缩、疏枝、短截相结合,疏除无花枝、过密枝、细弱枝,尽量多留结果枝,并适度轻截,多留花芽,适当回缩更新,控制树势、稳定结果部位。

5.3.6.5 温、湿度调控

1)温度的调控

桃树的自然休眠期比其他果树相对较短,大多数品种为30~40 d,需低温时间850 h以下,一般12月底至翌年1月初便可通过自然休眠期。此时可扣严棚膜,关闭通风口。白天打开草帘升温,夜间盖好保温。室温管理有两个关键时期必须严格加以控制:一是开花期,要求白天温度20~25℃,夜间不低于5℃;二是果实膨大期,要求白天控制在25℃左右,不超过28℃,夜间不低于10℃。室温可通过开关通风口和揭盖草帘来调控。

2)湿度的调节

温室内的湿度一般指空气的相对湿度,从扣膜到开花前,空气相对湿度要求保持在70%~80%,花期保持在50%~60%,花后到果实采收期控制在60%以下。湿度过大,可通过放风或地面覆膜来调节;湿度过低,可进行地面洒水、喷雾或浇水。

5.3.6.6 花果管理

桃是自花结实的风媒花,在温室内缺乏传粉条件,并且有的品种本身无花粉或少花粉,须进行异花授粉;除配置好授粉树外,还应进行人工辅助授粉,以提高坐果率,增加产量。辅助授粉可采用人工点授法和鸡毛掸滚授法,还可在温室内放蜂进行授粉。

疏花疏果也是提高坐果率和果品质量的重要措施。设施栽培的桃树,花期常受温度、湿度、光照、传粉等因素的影响,坐果不稳定,应本着"轻疏花重疏果"的原则进行疏花疏果。疏花最好在蕾期进行,只摘除过密的小花小蕾。疏果应在生理落果后能辨出大小果时进行,具体可根据桃树的树龄、树势、品种、果形大小等疏去并生果、畸形果、小果、发黄萎缩果等,保留适宜的果量。

5.3.6.7　土、肥、水管理

土壤的管理主要是松土、除草,每次灌水后应适时划锄,松土保墒。施肥时应注意基肥和追肥配合使用。基肥一般在9～10月秋季落叶前施,以鸡粪、圈肥等有机肥为主,加入适量的速效钾、磷等肥。追肥可根据桃树各物候期的需肥特点和生长结果情况灵活掌握,一般在萌芽前、开花后、果实膨大期、摘果后追施二胺、硫酸钾等速效肥。也可结合病虫害防治进行叶面喷布3～4次光合微肥、稀土多元复合肥、氨基酸复合微肥、磷酸二氢钾等。灌水的时期和次数与追肥基本一致,即根据土壤湿度结合追肥,在萌芽前、开花后、果实膨大期、采果后等重要物候期适当灌水,因桃树较抗旱而不耐涝,所以要防止土壤过湿,雨季要注意排水。

5.3.6.8　病虫害防治

温室桃的病虫害主要有蚜虫、红蜘蛛、潜叶蛾、细菌性穿孔病、炭疽病、根癌病和根腐病等。桃蚜可在芽萌动初期用速灭杀丁2000倍液或一遍净1500倍液或硫丹1500倍液防治。红蜘蛛可用螨死净或尼索朗2500倍液或蛾螨灵2000倍液防治。潜叶蛾用灭幼脲3号或蛾螨灵2000倍液防治。细菌性穿孔病和炭疽病,可在发芽前喷波美4°～5°石硫合剂,花后喷65%的代森铵500倍液2～3次,果实成熟前喷甲基托布津1000倍液进行防治。根部病害可用600～800倍液甲基托布津或1500倍液多效灵灌根防治。温室内湿度大、通风差,药液干燥慢、吸收多,因此不能按露地的常规浓度使用,一般宜稀不宜浓,最好用较安全的农药,以免产生药害而引起落花落果,造成经济损失。

5.3.7　月季设施栽培

5.3.7.1　生产类型及品种

1) 生产类型

根据设施情况,我国切花月季生产有以下3种主要类型。

(1) 周年型:适合冬季有加温设备和夏季有降温设备的温室,可以周年产花;但耗能较大,成本较高。

(2) 冬季切花型:适合冬季有加温设备的温室和南方广东一带的露地塑料大棚生产。此类生产以冬季为主,花期从9月到翌年6月,是目前切花生产的主要类型。

(3) 夏季切花型:适合长江流域及其以北地区的露地及大棚切花生产。产花期4～11月,生产设施简单,成本低,是目前常见的栽培类型。

2) 主要品种

各色月季适于切花生产的常见品种如下。

（1）红色系：Carl Red、Samantha、Kardibal、Americana 等。

（2）粉红色系：Eiffel Tower、First Love、Somia、Bridal Pink 等。

（3）黄色系：Golden Scepter、Peace、Silva、Alsmeer Gold 等。

（4）白色系：White Knight、White Swan、Core Blanche 等。

（5）其他色系：橙色的 Mahina、蓝月亮（Blue Moon）、杂色的 President 等。

5.3.7.2　生长习性及对环境要求

（1）喜阳光充足、空气相对湿度 70%～75%、空气流通的环境。

（2）最适宜的生育温度为白天 20～27℃，夜间 15～22℃，在 5℃左右也能极缓慢地生长开花，能耐 35℃以上的高温。

（3）喜排水良好、肥沃而湿润的疏松土壤，pH 值以 6～7 为宜。

（4）大气污染、烟尘、酸雨、有害气体都会妨碍切花月季的生长发育，应注意避免。

5.3.7.3　栽培技术

1）定植前的土壤准备

由于月季栽植后，要生产 4～6 年或更长的时间，因此栽前应深翻土壤最少 30cm，并施入充足的有机肥以改良土壤。

整好的土壤应用蒸汽或化学药品消毒，以杀死病菌、虫卵、杂草种子等。

2）栽植

（1）定植时间：栽植的时间从冬季到初夏均可。

（2）定植方式：为了操作（如修剪、采花）方便，一般采用两行式。即每畦两行，行距 30 cm 或 35 cm，株距依品种的不同而采用 20 cm、25 cm 或 30 cm。

（3）定植后的管理：新栽植株要修剪，留 15 cm 高；栽植芽接口离地面约 5 cm，上面应覆盖 8 cm 腐叶、木屑之类有机物；刚栽下一段时间，一天要喷雾几次，保持地上枝叶湿润，如已入初夏，要不断地用低压喷雾，以助发芽；新植的苗室内温度不可太高，以保持 5℃为宜，有利于根系生长，过半个月后可升温至 10～15℃，一个月后升至 20℃以上，若与原来月季同在一个温室，则按原来月季要求进行温度管理。

3）修剪与摘心

（1）修剪：常规操作与管理同露地栽培，在温室中修剪方式可采用以下两种。

① 逐渐更替法：即第一次采收后，全株留 60 cm 左右，一部分使它再开一次花，一部分短截，等短截的新枝开花后，原来开花的一部分再短截，这样轮流开花，植株不致升高太快，采花的工作也可全年进行。

② 一次性短截法：即 6～7 月采收一批切花后，主枝全部短截成一样高的灌木状。如是第一年新栽植株，留 45 cm，其他留 60 cm，以后进入炎热夏季，停产一段，到 9、10 月再生产新的产品。

（2）摘心：月季摘心的主要作用是促进侧枝生长，改变开花时间。

4）温度的管理和控制

（1）夜温：一般品种要求夜温 15.5～16.5℃。夜温过低影响产量、延迟花期。

（2）昼温：一般阴天要求昼温比夜间高 5.5℃，晴天要高 8.3℃，如温室内人工增加二氧化碳浓度，温度应适当提高到 27.5～29.5℃，才不致损伤花朵。夏季高温季节，温度以控制在 26～

27℃最好。

（3）地温：在昼温 20℃、夜温 16℃条件下，生长良好。当地温提高到 25℃时可增产 20％，但若只提高地温而降低气温，则会生长不良。

5）光照的调节

月季是喜光植物，在充足的阳光下才能得到良好的切花。在温室栽培中，强光伴随着高温，就必须进行遮阳，遮阳的目的是降温。若室内光强低于 54 klx，要清除覆盖物上的灰尘，9、10 月（根据各地气候情况而定）应去除遮阳。

冬季日照时间短，又有防寒保护，使室内光照减少，但月季可照常开花。如果用灯光增加光照，可提高月季的产量。

6）切花的采收和处理

一般当花朵心瓣伸长，有 1～2 枚外瓣反转时（2°）采收，但冬天采收可适当晚些，在有 2～3 枚外瓣反转时采收。

采后的切花应立即送到分级室中在 5～6℃下冷藏、分级。不能立即出售的，应放在湿度为 98％的冷藏库里，保持 0.5～1.5℃的低温，可保存数日。

5.3.8　蝴蝶兰设施栽培

5.3.8.1　设施要求

蝴蝶兰是一种高温温室花卉，对环境条件的要求比较严格，不适宜的环境条件会直接影响蝴蝶兰的花期甚至导致全株死亡。因此，大规模栽培蝴蝶兰的设施应具有良好的调节温度、湿度、光照的功能，最好使用现代化智能温室。

5.3.8.2　栽培方式及环境控制

1）栽培方式

蝴蝶兰既可盆栽，也可吊养。盆栽可用素烧盆、瓷盆、塑料盆或蛇木盆，而吊养可用蛇木板、蛇木柱、木块、树段等。

2）环境控制

蝴蝶兰的生长发育对环境条件的要求较高，其中最主要的是温度、湿度和光照。

（1）温度：蝴蝶兰适宜栽培温度为白天 25～28℃，夜间 18～20℃，幼苗夜间应提高到 23℃左右。在这样的温度环境中，蝴蝶兰几乎全年都可处于生长状态，尤其是幼苗生长迅速，从试管中移出的幼苗一年半即可开花。蝴蝶兰对低温十分敏感，长时间处于平均温度 15℃时则停止生长。夏季应注意通风降温，32℃以上的高温会使其进入休眠状态，影响花芽分化。

（2）湿度：由于蝴蝶兰原产地空气湿度大，叶表面角质层薄，抗干旱结构比较差，蝴蝶兰栽培设施内应维持比较高的空气湿度。一般来说，全年均应维持空气相对湿度 70％～80％。

（3）光照：蝴蝶兰是兰花中较耐阴的种类，需光量一般是全光照的一半左右，强光直射会造成损伤。可根据季节不同调整光照强度，一般情况下，夏季需光照 20％～30％，春、秋季节需光照 40％～50％，冬季需光照 70％～80％。蝴蝶兰不同苗龄对光照强度的需求也不同。刚出瓶的小苗软弱，光线最好能控制在 10 klx 以下，并保持良好的通风条件，中大苗的日照可提高到 15 klx 左右,成株的最强日照(尤其在冬天)可提高到 20 klx。调整光照强度的方法一般是遮阳,选择遮光适宜的遮阳网。

5.3.8.3 栽培技术

1)品种选择

常见栽培的蝴蝶兰品种分为粉红花系、白色花系、条花系、黄色花系、点花系五个系列。

2)栽培管理

(1)换盆:这是一项重要的栽培管理工作,长期不换盆会造成栽培基质老化,苔藓腐烂,透气性差,致使根系向盆外生长,严重时引起根系腐烂,导致全株死亡。

换盆的最佳时期是春末夏初,花期刚过、新根开始生长时。换盆时的温度太低,植株恢复慢,管理稍有不慎,易引起植株腐烂,冬季温度太低时不能换盆。换盆宜根据生长情况逐步换大盆栽培,切忌小苗直接栽在大盆里。

(2)浇水:适当浇水是养好盆栽蝴蝶兰的条件。一般来说,蝴蝶兰的根部忌积水,喜通风和干燥,水分过多容易引起根系腐烂。生长旺盛时期浇水量要大,休眠期浇水量小。温度高,植株蒸发、吸收水分快,应多浇水,温度低应少浇水。温度降至 15℃ 以下时严格控制浇水,保持根部稍干。刚换盆或新栽植的植株,应相对保持盆栽基质稍干,少浇水,以促进新根萌发,也可避免老根系腐烂。冬季是花芽生长的时期,需水量较多,只要室温不太低,一旦看到盆栽基质表面变白、变干燥,就应及时浇水。

(3)施肥:蝴蝶兰生长迅速,需肥量比一般兰花稍大。最常用和使用最方便的是液体肥料结合浇水施用,掌握的原则是少施肥、施淡肥。春天只能施少量肥,开花期完全停止施肥,花期过后,新根和新芽开始生长时再施以液体肥料。每周 1 次,喷洒叶面或施入盆栽基质中,施用浓度为 2 000~3 000 倍。营养生长期以氮肥为主,进入生殖生长期,则以磷钾肥为主。

3)盆花上市和切花采收

由于蝴蝶兰花期长,从花开始显色时即可上市,至盛花期观赏价值更高。切花在花序上最后一朵花蕾半开时采收,花梗基部斜切,采后立即在烫水中浸沾 30 s,然后按品种、品质分级包装,并用含水的塑料管套住保鲜。

思考题

1. 如何通过调节园艺作物的生长季节解决其淡旺季问题?
2. 简述果树生产的季节和淡旺季解决方法。
3. 简述花卉生产的季节性和淡旺季解决方法。
4. 月季设施栽培的方法是什么?

6 现代农业园区规划

【学习重点】

通过本章的学习,要求学生了解现代农业园区的类型、内涵及基本特征,掌握发展现代农业观光园的意义和现代农业观光园的区域分工、景观布局规划、生产栽培规划及服务设施规划等。

6.1 现代农业园区概述

现代农业园区是指在特定区域内建立起来的以农业为背景,以农业、文化资源为载体,以城乡居民为服务对象,围绕生产、加工、示范、观光、休闲、娱乐和教育培训等功能而开发的各类产业特色明显、科技含量高、运行机制活、带动农民增收能力强的农业园区。园艺作物中,果树、蔬菜、花卉、苗木、茶的生产、加工、消费、文化是当前的主导资源载体。

现代农业园区是发展现代农业的重要载体,它能有效提高农业综合生产能力、增加农民收入、协调经济与生态关系、实现农业可持续发展,现代农业园区伴随现代农业进程的推进迎来了新的发展契机。据 2010 年统计,2005～2007 年间,江苏省的现代农业园区面积已由 80 万 hm² 发展到了 133 万 hm²。

6.1.1 现代农业园区的类型

6.1.1.1 农业科技园区

农业科技园区又称高效农业示范园、持续高效农业示范园等。其主要功能是示范和教育,把农业新技术、新成果、新的运行机制和新的管理体制应用到农业园区,为农业、养殖业等带来优质、安全、高产等效果,向农民示范和推广。

6.1.1.2 农业旅游园区

这类园区包括观光农业园、休闲农业园、采摘农业园(水果采摘园、蔬菜采摘园、垂钓园等)、生态旅游园、民俗观光园、保健农业园、教育农业园等。农业旅游园区的主要功能是以农业资源、农村特色、农村自然景观和天然风光为内容,以城市居民为目标市场,开展观赏、体验农作、品尝、购物、休闲、娱乐、度假、健身等各种旅游活动,从而提高农业经济效益,丰富市民的物质和文化生活。

6.1.1.3　农业产业化园区

产业化反映在各个农业产品领域,如粮食生产产业化、肉类生产产业化、奶业生产产业化、温室业产业化等。农业产业化园区的功能是以一类农产品为核心,投入较高的资金,进行生产、加工、销售一体化的活动,以市场为导向,以提高经济效益为中心,形成一个产业体系。该体系对本地区的主导农产品实行专业化生产、系列化加工、企业化管理、一体化经营、社会化服务,使农业走上自我发展、良性循环的现代农业产业链生产模式。

6.1.1.4　城市型生态农业园

城市型生态农业园在农村是以农民为主体经营的生态农庄,在城市可称作市民生态农园。它是将农林生产用地以园区空间形式整合,发挥集聚效应,以优良品种、先进的农业生产技术,实现资源利用和生态保护,改善城市生态环境,增加景观功能、休闲和农业教育功能。园区一般以种植业为主产业,利用田园风光和自然生态资源,依托都市内部的经济辐射和都市市场需求,建设融生产性、生活性、生态性于一体的现代化农业体系。

6.1.1.5　农产品物流园区

根据国家标准《物流用语》(GB/T18354-2001)对物流的定义,物流是指物品从供应地向接收地的实体流动过程,其中包括配送。但在现实的农产品物流中,具有配送功能的企业较少,尽管也有一些农产品配送公司,如农产品批发市场、粮食批发市场、蔬菜批发市场、水产品批发市场等。完善的现代农产品物流园是农产品流通的枢纽,它把农产品以最快的速度从田间及时送到消费者的手中,并在农产品的数量、质量、安全、新鲜、花色和品种上满足消费者的要求;同时保证农产品的畅通销售渠道,减少农户生产的盲目性,降低农户的经营风险,保证农民的收入。农产品从产地到消费者手中要完成收购、运输、储存、装卸、搬运、包装、配送、流通、加工、分销、产品质量监控和信息活动等一系列环节。

6.1.2　现代农业园区的内涵及其特征

6.1.2.1　现代农业园区的内涵和作用

所谓现代农业,是针对传统农业而言的,是中国农业发展的一个全新阶段,其基本内涵是农业生产经营的现代化,其中包括物质装备现代化、科学技术现代化、经营管理现代化和资源环境优良化等四方面的内容。即用现代工业技术装备农业,用现代农业科技代替传统农业技术,用现代经营管理方法取代自给半自给的生产方式,用资源永续利用和环境的优化来实现高产优质高效的目标。我国农业生产正由传统分散型向现代集约型发展过渡,逐步实现农业现代化,现代农业示范园区的设立和建设正是这一发展过程的需要,不仅是试点和探索,同时也可以起到以点带面的作用。因此,现代农业示范园区的真正内涵是作为一种新型农业组织形式,是进行农业结构调整、农业科技革命、农业集约化生产和企业化经营的示范窗口,通过试验示范、产品展示、科技培训及成果转化,实现辐射扩散效应,带动园区所在地的农业产业和农村经济全面发展,实现农业和农村现代化。

6.1.2.2 现代农业园区的基本特征

现代农业示范园区作为我国农业由传统方式向现代集约化发展转变的新型农业组织形式和先导发展区域,与其他农业经济形式相比,具有科技、装备、组织和环境四方面的显著特征。

1) 科技先导

科技是促进农业生产力提高的关键要素。作为现代农业发展的先导区域,现代农业示范园区应是所在地区农业生产力发展新的制高点,各种农业科技新成果首先在园区中孵化、示范、推广,有些园区还拥有科技研发和培训交流平台。

2) 装备先进

园区建设的一个重要内容就是物质装备现代化,包括大量的基础设施、人工智能温室、机械化的管理设施等农业工程技术和设施的应用。

3) 组织化程度较高

现代农业示范园区克服了传统农业生产经营的障碍,采用现代经营管理体制(如现代集约式经营、企业化管理、公司加农户、农民经济合作组织等),具有较高的组织化程度,能够适应现代农业发展的趋势和要求,更好地推进农业现代化建设。

4) 生态环境优良

减轻污染,保护环境,做到"清洁田园、清洁水源、清洁家园",已成为许多地方发展的一个重要目标。作为农业发展的先进典范,现代农业示范园区建设应做到生态环境质量优良。

6.1.3 发展现代农业园的意义

6.1.3.1 有利于扩大农业经营范围和规模,拉长农业产业链条,减少农产品运销环节,增加农民收益

发展休闲观光农业,把农产品直接销售给消费者,"就地销售、就地增值",解决部分农产品运销层次多的问题,避免了运销商的中间获利,无形中增加了农民的收益,并且农民又可以从提供休闲服务中获取合理的报酬,增加收入。

6.1.3.2 增加农村就业机会,缓解三农发展困境

现代观光农业将农业由单一产业向第三产业扩展,扩大了农业的经营范围和服务领域,为农村剩余劳动力提供了更多的就业机会。现代观光农业的发展,不但带动了地方经济的发展,而且有效地带动了周边农民收入的增加,如南京市江心洲通过举办"葡萄节",在两个多月的时间里,就带动了全州3 000多个农村闲散劳动力就地转化。

6.1.3.3 有利于缩小城乡差别,促进经济社会的协调发展

现代观光农业可以增加农民与城市居民之间的交流与沟通;同时,旅游开发为农村带来了

客流和信息流,有利于促进农村经济的发展和农村面貌的改善,提高农民的素质和生活品质,缩小城乡差别,促进农村社会的进步和城市乡村的共同繁荣与发展。如南京市江心洲以发展农家乐为契机,大力进行村庄环境整治、村庄道路改造,不但使农民的经济收入得到很大提高,也使农民的生活环境、公共设施得到了较好的改善。

6.1.3.4　促进农业形态保留、合理开发、利用和保护农村自然、文化资源

农业一直被认为是个弱势产业。市场经济的发展,要求农业改变面貌、扩大经营范围、提高附加值就成为农业的一个主要的发展方向。观光农业为这种转变提供了一条有效途径。它不仅能提高农产品商品率,而且能把农业的生态效益和民俗文化等无形产品转化为合理的经济收入,从而大大提高农业的经济效益。观光农业扩大了农业经营范围和规模,使农业由第一产业向第三产业跨越,它强化了旅游观光功能,其结构和内容受市场的导向作用较为明显,使农业用最小的资源成本获得最大的经济效益和社会效益。消费者的直接参与,加强了生产、加工、销售一体化的经营体制,为农村经济找到了新的增长点,从而使农业及耕地能在地位日益弱化的情况下得以保存和发展。现代观光农业除了提供采摘、销售、观赏、垂钓、游乐等活动外,其部分劳动过程可以让旅游者亲自参与、亲自体验;农村丰富的乡土文物、民俗古迹等多种文化资源,可供参观,通过寓教于乐的形式,让参与者更加珍惜农村的自然文化资源,激起人们热爱劳动、热爱生活、热爱自然的兴趣,也进一步增强了人们保护自然、保护文化遗产、保护环境的自觉性。

6.1.3.5　提供新的活动场所,为旅游业的产业延伸提供契机

随着城市人口的集中,经济的发展和都市化程度的不断提高,身居城市的人们逐渐被"水泥丛林"所包围,被"柏油沙漠"所环绕,被"三废"和噪声污染所困扰,"都市综合征"随之而来。现代观光农业集农业劳动、农产品生产及休闲、度假于一体,给人们增加了内容丰富、形式多样的活动内容,为人们提供了新的活动空间,有利于人们的身心健康。这一新的游憩场所的出现,还为减轻传统旅游热点景区的黄金周客流压力提供了缓冲场所,为旅游产业的可持续发展提供了新的平台。

6.2　现代农业园区规划的总体定位

要进行现代农业园区项目规划,首先对现代农业园的区域地位、发展模式、发展目标进行合理定位。通过调查、分析,对园区自身的特点作出正确的评估,然后对现代农业园项目进行总体定位。农业园项目的总体定位主要从以下几个方面来考虑。

6.2.1　确定区域地位

从社会、经济、文化、生态等方面对现代农业园在区域发展中的战略地位作出准确判断,从而可以正确认识项目的性质,为后续的规划设计工作作出指导。因此,对区域地位的主要研究内容包括:项目对于当地农业产业结构调整的意义,项目对于当地农业生态环境改善将起到的

作用,项目对于当地城乡社会协调发展将起到的作用,项目对于当地乡土文化的保护和发展的意义,项目在当地旅游业发展中的战略作用等。

6.2.2　确定发展模式和发展目标

现代农业园区规划应以市场需求为导向,突出农业景观为特色,与观光和旅游相结合,以可持续发展园区为建设目标。将观光农业园景观和其所属大区域范围内的景观联系起来,成为城市旅游体系景观的重要节点;继承传统农业文化和发扬现代农业文化,提倡与农业有关的休闲娱乐活动,发展生态旅游;进行科学研究和科技示范,推广先进的农业技术,加强公众教育,普及农业科技知识;建立生态循环体系,探索现代农业园可持续发展的营造模式。

因此,在现代观光农业园规划过程中,在确定了发展模式和发展目标后,同时要注意以下几个问题,可有利于保证农业园区的可持续发展。

6.2.2.1　正确选择园区建园位置

现代观光农业园的建设是伴随着城市化进程的加快,人们对农业景观偏好的加强和认识,以及对田园生活的渴望而迅速发展的。正是因为现代观光农业园具有以上诸多优点,加上具有"野趣"、"乡趣"独特魅力,许多城镇将现代观光农业园的建设列入了规划建设的日程表。然而,现代观光农业园有其存在的地理基础、客源市场、交通条件和资金保障等要求。建设者如果忽视这些要求,盲目选址,将有可能导致园区难以生存和发展。

6.2.2.2　景观面貌丰富有特色

有景观规划者简单认为,现代观光农业园就是果园、生产大棚加农舍,开发建设处于初级状态。景观规划上没有体现自身特色,使园区未能融入旅游市场的主流。农业景观的魅力是由其独特的生态系统模式发挥出来的。因此,评价一个现代观光农业园的景观规划成功与否,是否形成良性循环的农业生态系统应该是一个重要的评价指标。

6.2.2.3　游憩活动富有农业、农村特色

游憩活动城市化是许多现代观光农业园失去吸引力的重要原因之一。随着城市工作和生活环境中活动场所的增加和活动设施的改善,人们更多的是需要在一个静谧、安宁的环境中放松身心。现在许多农业园建设成为大型游乐园,喧闹的游憩活动引入园中,打破了自然安逸的环境氛围,使农业观光黯然失色,丧失了其独特魅力。

6.2.2.4　充分发挥农业园区的教育功能

现代观光农业园作为城市青少年儿童对农业认知的科普基地,在规划上要充分发挥园区的科普教育功能。在西方发达国家,"郊野教育"成为学校教育的必要补充。现代观光农业园在旅游开发的同时必须加强对青少年儿童的农业科普知识的教育,同时通过加强教育功能开拓更为广泛的客源市场。

6.2.3 现代农业园区规划的重要环节

6.2.3.1 规划理念的凝练

理念的凝练是园区规划工作的重要环节,并影响到整个规划过程和规划成果的质量。规划理念要能体现现代农业发展和农业现代化的要求,要综合考虑园区自身的交通区位、功能定位、发展目标、产业特色、市场潜力等各种因素,凝练出园区建设与发展规划的全新思想理念。

6.2.3.2 规划目标定位

园区规划具体要解决的首要问题是目标定位。区域位置不同,社会经济背景不同,特色产业不同,其定位有着较大的差距。如园区地处经济发达地区,或在大中城市郊区,且交通便捷、旅游资源丰富,可注重都市服务功能,定位成旅游观光型的示范园区。其他地区则宜以科技推广和生产示范为主,着重建设现代化的农业产业化基地。

6.2.3.3 产业选择与项目设置

产业内容的选择与特色产业项目设置是园区规划的重要环节。不同的产业结构体系和项目内容与规模,体现了示范园区以及所在地区现代农业的发展方向。

6.2.3.4 产业布局与功能分区

合理的产业布局和功能分区关系到园区建设和运行是否高效。影响园区产业布局和功能分区的因素很多,包括土地利用现状、总体发展定位、产业关联程度、运行管理服务等。规划时要充分考虑这些因素,做出科学合理、易于操作实施的产业分布和空间安排。

6.2.3.5 基础设施规划

道路交通与沟渠水电等是现代农业示范园区建设不可缺少的基础性设施,能否建立完善的基础设施关系到园区今后的运行效率,并影响到具体组织生产和经营过程。因此,做好道路交通等基础设施专项规划,是现代农业示范园区建设规划的一个重要环节。

6.2.3.6 新农村人居环境建设

现代农业示范园区建设已经和社会主义新农村建设密不可分,新农村人居环境建设规划成为新形势下园区规划需要重视的环节之一。很多农业示范园区,特别是大型现代农业示范园区往往包含了许多农民居住点,园区建设发展规划不仅要考虑产业生产环境,同时也要重视农村居民生活居住环境的改善和提高。

6.3 现代农业园区的选址规划

现代农业园区的选址首先要考虑当地资源,因地制宜地营造具有地方特色的农业园区。

现代农业园区的选址主要由区位条件、立地条件、资源条件及社会经济和人文条件等决定。

6.3.1　区位条件

现代农业建园地的区位条件是决定现代农业能否建设及建设成功与否的首要因素。从旅游区位理论可以看出,决定观光农业建园的区位条件主要有客源市场条件和交通条件。

6.3.1.1　客源市场条件

客源市场是指旅游目的地对地域相异的游客的吸引力及旅客的出游能力,包括人口密度、人均收入、消费水平、闲暇时间、出游形式、旅游偏好等。客源市场条件是观光农业建园成功与否的决定性因素之一,客源市场及潜在客源市场的规模、类型是观光农业建设能否进行的首要因素,也是确定旅游项目的依据。

6.3.1.2　交通条件

游客的出游在很大程度上取决于目的地的交通条件,交通条件的好坏往往与游客的多少存在一定正相关关系。影响现代农业建园的交通条件因素主要体现在两个方面,一是离城市的远近直接关系到建园地游客的数量和相应配套设施的健全;二是建园地与客源市场的交通便捷程度是游客出游考虑的条件之一,直接影响到游客数量。

6.3.2　立地条件

立地条件是指现代农业建园地的情况,主要包括自然环境条件和农业基础条件两个方面。立地条件对现代农业的建园具有直接的影响,关系到项目的可行性、布局、工程投资大小等,还关系到规划用地开发利用的适用性和经济性。

6.3.2.1　自然环境条件

建园地范围内的自然环境条件是建设现代农业必须考虑的重要因素。良好的自然环境是现代农业的必备条件,也是增强旅游资源吸引力的基础条件。现代农业建园地的自然环境条件主要包括植被状况、气候状况、水文水质状况、空气质量以及地形地貌类型五个方面。一般来说,具备丘陵和平原相间的地貌和温暖湿润的气候条件等,地下水充沛、地表水丰富、水质优良、土壤肥沃、植被丰富的地区对观光农业的开发建设有利。

6.3.2.2　农业基础条件

建园地所在地域主要农副产品生产和供应的种类、数量和保障程度对现代农业的旅游开发有较大的影响。总的来说,农业的种类、产量和商品率与现代农业旅游开发呈正相关关系。只有对建园地所依托地区的农业基础条件进行仔细地分析和研究,才能确定观光农业旅游开发的主要方向。

6.3.3 资源条件

观光农业的建设还要考虑建园地所具有的自然景观资源和人文景观资源。

6.3.3.1 自然景观资源条件

选择建设观光农业的地区必须具备一定的自然景观资源,在具备自然景观资源条件的地区建园要比花大量人力改造建设观光农业更能节约资金,并能实现所建观光农业的持续发展。另外,由于观光农业具有强烈的地域性,建园地所在地区的综合自然景观资源条件在一定程度上决定了观光农业的开发类型和发展方向。

6.3.3.2 人文景观资源条件

农村的生活习俗、农事节气、民居村寨、民族歌舞、神话传说、庙会集市以及茶艺、竹艺、绘画、雕刻、蚕桑史话等都是农村旅游活动的重要组成部分。这些观光农业旅游活动中的重要人文景观不仅增强了观光农业旅游者的文化价值,而且还能提高观光农业旅游者的文化品位,从而吸引更多的游客前来观赏、研究。

6.3.4 社会经济条件

影响观光农业开发建设的社会经济条件主要包括建园地的区域经济、基础设施和旅游发展水平。

6.3.4.1 区域经济条件

涉及经济基础、经济发展水平、资金、技术等多方面。区域经济条件对观光农业的开发建设是十分重要的。处在较好经济环境下的观光农业优势突出,发展潜力巨大,对该地的发展具有推动作用;反之,则潜力小,制约该地的发展。衡量一个区域经济发展水平的重要指标主要有当地的消费能力和投资能力。

6.3.4.2 基础设施条件

主要包括水、电、能源、交通、通讯等设施。这些基础设施是观光农业开发,特别是观光农业技术建设中不可缺少的条件和因素,并直接影响到观光农业开发建设的难度和投资金额。

6.3.4.3 旅游发展条件

观光农业旅游的开发与本地区内旅游发展的情况密切相关。有良好旅游发展条件的地区,其旅游业的发展必将带来大量的游客,从而带动观光农业向可持续方向发展,实现创收。

6.4 现代观光农业园的分区规划

现代观光农业园的分区规划主要指功能分区这一形式。功能分区是突出主体,协调各分区的手段。观光农业园的功能分区是根据结构组织的需要,将园区用地按不同性质和功能进行空间区划,它对于合理组织园区建设和设置游憩活动内容具有重要意义。园区功能布局要与产业布局结合,并确定农业产业在园区中的基础地位。在规划农作物良种繁育、生物高新技术、蔬菜与花卉、畜禽水产养殖、农产品加工等产业的同时,提高观光旅游、休闲度假等第三产业在园区景观规划中的决定作用。园区产业布局必须符合农业生产和旅游服务的要求。

6.4.1　现代观光农业园典型功能分区

功能区的设置应根据农业观光活动的需要,典型观光农业园可以分为六大功能区,即农业生产区、农业科学技术示范、农业观光(景光)、农产品销售区、游憩体验区和服务休闲区(表 6-1)。观光农业园的功能分区没有一个绝对的模式,需要根据园区的发展模式、发展目标和现状条件因地制宜地进行划分,以实现资源的优化配置。

表 6-1　农业观光园的典型功能分区

分　区	占园区面积(%)	用地要求	内容构成	功能特点
农业生产区	40～50	土壤、气候条件较好,有排水、灌溉等基础农业生产设施	农作物生产;果树、蔬菜、花卉园艺生产;畜牧区;森林经营区;渔业生产区	为园区提供农业景观背景,提供服务需要的农产品,作为农业运转的一个稳定的收入来源
农业科学技术示范区	15～25	土壤、气候条件较好,有较先进的农业生产设施	农业科技示范;生态农业示范;科普示范	以浓缩的典型农业或高科技模式,传授系统的农业知识,增长教益
农业观光(景观)区	30～40	地形多变,农业景观资源丰富,质量较好	观赏型农田、瓜果园;珍稀动物饲养;花卉苗木	身临其境感受田园风光和自然生机
农产品销售区	5～10	临园区外主干道	乡村集市;采摘、直销;民间工艺作坊	使游客通过参与获得新鲜农产品,增加农产品收益
游憩体验区	20～30	场地较平坦、开阔,交通便捷	民俗娱乐活动,农事体验,垂钓,骑马等	体验乡村生活,为个人和团体提供娱乐活动,增加园区收入
服务休闲区	10～15	农业景观资源丰富,质量较好,基础设施条件较好	乡村度假设施,乡村餐饮设施	营造游人深入其中的乡村生活空间,参与体验,实现交流

6.4.1.1　农业生产区

农业生产区通常选择在土壤、气候条件良好,有灌溉和排水设施的地块上。该区占园区总面积的40%～50%,生产区的主要经营项目有农业作物生产,果树、蔬菜、花卉园艺生产,畜牧业、渔业生产等。生产区是为农业园区提供现实产品项目的区域,也是让观光者了解农业生产过程,参与农事生产同时体验生产的重要区域。

6.4.1.2　农业科学技术示范区

与农业生产区相似,农业科学技术区也要具备良好的土壤、气候条件。此区占园区总面积的 15%～25%。主要为生态农业示范、农业科普教育、农业科技示范等。通过对典型农业项目的浓缩来展现农业的推广以及宣传,同时将农业独具魅力的一面展示给游人,从而使人们对农业加深了解,促进现代农业的发展。

6.4.1.3　农业观光(景观)区

农业观光区通常位于地形丰富多变、园区景观资质好的地带,占园区总面积的 30%～40%。景观区内可以设计有观赏农田、瓜果园、观赏花卉园、滨水游戏园等。农业观光园可以使现代农业园增加游客,从而实现收入以及让人们享受大自然风光,成为人们放松休闲的好去处,同时也让人们感受了农业的魅力。

6.4.1.4　农产品销售区

农产品的销售一般设置在园区的入口处等交通便利且位置明显处,占总面积的 5%～10%。在这个项目的经营上要突出园区特有农产品、当地民间工艺品以及特色民俗纪念品等。通过产品的销售增加收入,从而促进现代农业园区向更优秀的方向发展,同时也达到了宣传现代农业园区的效果。

6.4.1.5　游憩体验区

游憩体验区主要是向游人提供农事体验活动,让游人亲自参与到农耕活动中。游人在该区域既可以租赁小院养殖家禽,又可以租赁土地种植瓜果、蔬菜,参与体验犁地、种植、施肥、修枝、除草、采摘等劳作。

6.4.1.6　服务休闲区

服务休闲区一般靠近园区主入口或主干道,主要是为游人提供住宿、餐饮、娱乐及会议场地,让游人能够更加深入地感受乡村生活氛围,体验一系列乡村风情活动,享受农业休闲带来的乐趣。

6.4.2　园区规划原则

6.4.2.1　参与性原则

参与是农庄最为推崇的原则,也是最为显著的特色。园区不仅给游人提供身临其境的机会,更希望每个来到农庄的人都可以融入其中。参与不仅体现在农事活动上,也可以体现在对农庄的规划建设之中,别墅旁庭荫树的种植,湖面上竹筏的排列,只要游人愿意,都可以参与其中。

6.4.2.2　经济性原则

既然是以营利为目的园区,经济性原则当然是必不可少的。在充分利用现有的可保留和挖掘的资源、节省开发成本的基础上,创意创新出多种经济效益和经济价值颇高的景点和服务,以求最大获利。

6.4.2.3　生态型原则

享受自然的前提一定是保护自然,农业生态观光园更应如此。农庄的农产品基本能达到自给自足,在保证绿色、环保的前提下,利用高新技术提高耕地使用率,力求达到全绿色、高循环、零污染、零排放的生态目标。

6.4.2.4　文化型原则

农庄不仅是一个休闲旅游、体验农业的好地方,更是一个充满文化气息的新型农业园。农庄的每个区域都配有相关历史文化信息的介绍,让人们在农庄渡过假期之后,回到城市,回到家中,亦能想起关于农业文化、关于农庄生活的点点滴滴,品味农庄,品味农业,品味生活。

6.5　园区道路及景观规划

现代农业园区一般建设在城郊,与城市公园不同,现代农业园区往往与周围的风光接近,出入口不明显。因此,对现代农业园来说合理解决外部和内部的交通问题成为园区建设的一大重要课题。现代农业园区的道路规划设计包括外部引导线规划、出入口规划设计和内部道路规划设计三个方面。这三方面的功能不同,其规划的方法也不同。

6.5.1　外部引导线规划设计

外部引导线指由其他地区向园区主要入口处集中的外部交通,通常包括公路、桥梁的建造、汽车站点的设置等。通往观光农业园的路线是一条隐含着信息的线。它起着引导作用、预先提醒、愉悦和振奋游人,并预示出观光农业园的性质、规模以吸引游人。

引导路线设计要有收有放,形成变幻多样的立体空间。在视觉安全和风景优美之处开敞,在需要屏蔽之处围合;不断变化空间格局用以吸引游人且使游人放松。引导路线及道路景观的形状、色彩、质感是形象的物质要素,包含了天然的和人工的、静态的和动态的要素。起伏的地形,弯曲的道路,浓郁的绿草,高低错落的小树和野花,构成了前后起伏的空间层次,激发游人的游兴。

大部分观光农业园吸引游人的方式是利用行进路线上的标志牌。引导路线应控制和诱导游人的行进,不宜直截了当,应结合田园风光,利用道路空间本身的特质,形成探寻式的模式。必要时可以利用标牌的导向作用,目的是便于识别观光农业园,它不单是简单的文字指引,还应该结合观光农业园主题设置,成为其象征,具有较高的艺术形象。

观光农业园外部引导路线的长度要加以控制,根据游人乘坐机动车行进的心理感受,以及徒步行进的心理体验,观光农业园的标志物宜在距离它几千米之外就出现,常常在公路上设置。如果条件所限,至少在 $3\sim7$ km 之间要设置观光农业园的标识,每隔 $300\sim500$ m 应该有大的形态上的节奏变化,形成重复或渐变的韵律美。而距离观光园 500 m 之内,是进入园内之前最关键而微妙的一段路程,可以采用突变式的美学构成法则,给游人留下深刻且向往的印象。

6.5.2 出入口规划设计

现代农业园的出入口十分重要,是游人到农业园来的第一个高潮,常常是吸引游人前往参观游览的重要因素之一。出入口可分为主要入口、次要入口、专用入口3种。

现代农业园出入口,在功能上具有交通枢纽和"门户"作用。在主入口范围内应布置缓冲人流的场地,作为游人休息的场所,特别是留有足够的停车空间,设计提示或暗示观光主题的文化型景观。

6.5.2.1 主要入口

现代农业园主要入口的选位要得当,要与城市主要干道、游人主要来源方位以及现代农业园用地的自然条件等诸因素协调后确定;为了突出主入口的景观效果,还应选择易于被发现、风光秀丽、背风向阳的位置。

现代农业园入口大门的设计不应效仿城市公园,而应体现地域文化特征。贵在得体、朴实、典雅、大方、有文化特色。在距离主入口500 m的区域内,可不设园墙或只设通透性的围栏,这是一种有效的暗示性景观。好的入口设计还能成为整个园区的重要标志。

6.5.2.2 次要入口

现代农业园为方便附近居民或为次要干道的人流服务,还应设置辅助性的次要入口,为园区周围农民提供方便,也为主要入口分担人流量。次要出入口设在园内有大量人流集散的设施附近。

6.5.2.3 专用入口

专用出入口根据园区管理工作的需要而设置,为方便管理和生产及在不妨碍园景的前提下,应选择在园区管理区附近或较偏僻不易为人所发现处。

6.5.3 内部道路规划设计

现代农业园的内部园路是园区的骨架和脉络,是联系各景点的纽带,也是构成园景的重要因素。农业园的园路一般根据园区来设置,包括入内交通、主要道路、次要道路及游憩道路。

6.5.3.1 入内交通

指园区主要入口处向园区的接待中心集中的交通。如萧山的山里人家就把入内交通设为马车之旅。

6.5.3.2 主要道路

主要道路以连接园区中主要区域及景点,在平面上构成园路系统的骨架。在园路规划时应尽量避免让游人走回头路,路面宽度一般为4~7 m,道路纵坡一般要小于8%。

6.5.3.3　次要道路

次要道路要伸进各景区,路面宽度为 2～4 m,地形起伏可较主要道路大些。

6.5.3.4　游憩道路

游憩道路为各景区内的游玩、散步小路。布置比较自由,形式较为多样,对于丰富园区内的景观起着很大作用。

6.5.3.5　内部道路

在规划时,不仅要考虑内部道路对景观序列的组织作用,更要考虑其生态功能。比如廊道效应。特别是农田群落系统往往比较脆弱、稳定性不强,在规划时应注意其廊道的分隔、连接功能,考虑其高位与低位的不同。

6.5.3.6　游憩小路

观光农业园园路的特色在于路线的形状、色彩、质感都应与周围乡村景观相协调,突出农村质朴的特色。游憩小路是园区的线性景观构成要素,在形状上应以自然曲线为主,依地势高低起伏或以田垄为基础,勾勒出农田的脉络,反映农业文化。游憩小路可根据情况不做铺装,展现农村朴素的乡野气息,同时有利于雨水的自然渗漏,保护生态环境。

6.5.4　内部交通组织

内部交通主要包括车行道、步行道等。观光农业园一般面积较大,各活动区域之间的距离长,应适当采用交通工具,提供各游览区间快捷的联系方式。交通工具还可以起到增加游园趣味、渲染游乐气氛的作用,无形中把交通时间转化为旅游时间。

6.5.4.1　地面交通

可采用马车、驴车、牛车、电瓶车等。马车、驴车、牛车等具有农村特色的游览交通工具,对游人有较强的吸引力,应大力提倡采用。电瓶车的特点是安静、低速、尺度小、无污染、趣味性强,也是适合观光农业园采用的交通工具。

6.5.4.2　水上交通

主要由各式木筏、皮筏、竹排、游船等构成,并设置相应的游船码头。由于人们对水有天生的趋向性,水上旅行是颇受欢迎的一种游览方式。坐在船上,可以欣赏田园风光,观荷采莲,参与垂钓、捕捞。

6.5.5　道路景观设计

6.5.5.1　线性设计

道路走向一般在设置道路线时是沿着等高线布线的,这样使路线与环境比较协调,而且在建路的时候也比较经济,在生产区建路一般采用直线或者规则的走线方式,而在多变地形的观光区一般采用曲线流畅的形式。

6.5.5.2 材质设计

在道路的材质上一般采用毛石、大理石、水泥、砖石等,有的也可以直接为土壤,要做到不同的材质适应不同的需要,当然对于生产区一般采用比较耐耗损的材质。而在一些观光的地方则采用具有景观效果的材质,如大理石、汉白玉等。

6.5.5.3 道路绿化设计

道路两旁通常种植一些树木、花草,来完善园区的整体美以及空间层次。在设计中应充分利用乔木、灌木、花、草的不同高度,体现层次感,如道路两旁设置花坛,同时在花坛中植以乔木或灌木。

6.5.5.4 辅助设施的景观设计

道路辅助设施包括栏杆、指示牌、廊架等。栏杆可以用修剪的树枝代替,这样就具有了原生态的感觉,同时也节省了资金,最终达到了美观的效果。指示牌应融入到园区的特色中,一般设置在视线的焦点处,指示牌可以为参观者提供园区的线路信息、区域方位等。在设计指示牌的时候一般融入园林小品的理念,做到与环境相和谐。对于廊架,一般是作为园林小品进行设计,体现其观赏用途,同时也可以转化为农业生产的一个设施,比如在廊架上种植一些攀援水果,如葡萄、百香果、苦瓜等,既合理利用了资源,又有美化道路的作用。

6.5.6 景观结构规划

现代农业园的景观规划须体现出乡村风景资源的特色,利用当地乡土的自然景观对观光农业园的景观结构进行规划,有利于建设结构合理、特色浓郁、环境优美、自然景观和人文景观交融的园区环境,具体包括景区划分、轴线设置、边界处理等园区内景观资源的空间组织方式。

现代观光农业园景区划分,是指通过对园区内景观资源的归纳分析,根据游赏需要,有机地整合为一定范围的各种景观地段,形成具有不同景观特色和境界的景区。景区划分可根据空间特点、季相特点或其他景观特色进行。

6.6 现代观光农业园景区划分的原则

(1)应与功能使用要求相配合,增强功能要求的效果,但又不一定与功能分区范围一致,可根据实际情况灵活布置,达到既特色鲜明又使用方便的效果。

(2)注意主从协调,详略得当,避免贪大求全导致的结构混乱。

(3)注意体现本地区农业环境的风貌。现代农业园的景观组织应充分利用自然山水条件,以自然风景和乡村风光为主体,以提炼过的农业景观设计为核心,布置景区、场地、设施,融入生态美学情怀,建设成为景观丰富优美的多功能景观结构,并与外部生态环境紧密联系,成为良好的生态环境结构。在局部可以利用农田设施或村落街道形成规则式的景观轴线,使其在体现地域文化的同时,增强景区、景点间联系的便捷性。

6.7　生产栽培规划

对栽培植物的审美在我国已有悠久的文化心理积淀,无论观叶、观花或观果,主要是欣赏它们的季相美。农业生产与季节息息相关,观光农业园又以植物为主要构景元素,因而通过种植规划体现出农业景观的生态美,并使观光农业园能够以丰富多变的季相美吸引更多的游人,对于园区建设非常重要。园区内的植物可分为栽培植物和绿化植物两类,但由于观光农业园属于生产性园林,因此,栽培植物尤其重要。

6.7.1　露地栽培规划

露地农田的栽培不仅要提高农业产量质量,给人们带来采摘的快乐、丰收的喜悦,还必须注意其景观点、线、面要素构成,色彩与质感的处理,注意层次深远、尺度宜人等美学原理的应用,提高其艺术性和观赏性。

农田种植的作物及绿化植物应使季相、构图保持乡土特色。适当增加植物种类以丰富景观,调整落叶、常绿植物的比例,增补针叶树、阔叶树及其他观赏植物。田缘线和田冠线是种植区景观处理的重点。田缘线指农路、农田的边缘绿化,它是农田与道路过渡的交界线;田冠线是指植被顶面的轮廓线。田缘线应以自然式曲线为主,避免僵硬的几何或直线条;应合理选择栽培作物,使田冠线高低起伏错落,形成良好的景观外貌。

在观光农业园的生产栽培规划中可根据植被的生态特色进行分区,也可根据植被的功能进行分区。

按园区植被的生态特色可分为草本区、木本区、草木本间作区三类。草本区:包括大田作物型(旱地作物与水田作物)和蔬菜作物型植被的区域;木本区:包括经济林型、果园型和其他人工林型植被的区域;草木本间作区:包括农、林间作与农、果间作型植被的区域。

根据不同植被的功能又可分为生态保护区、观赏(采摘)区、生产区等区域。生态保护区:包括珍稀物种生境及其保护区、水土保持和水源涵养区;观赏(采摘)区:一般位于主游线、主景点附近,处于游览视域范围内的植物群落,要求植物形态、色彩或质感有特殊视觉效果,其抚育要求主要以满足观赏或采摘为目的。如果范围内有生态敏感区域,还应加强生态成分,避免游人采摘活动,这时则作为观赏生态林;生产区:是观光农业园的内核部分,以生产为主,限制或禁止游人入内。一般在规划中,生产区处在游览视觉阴影区、地形缓、没有潜在生态问题的区域。

6.7.2　设施栽培规划

观光农业园设施栽培运用现代农业科学技术进行栽培管理。现代农业科技可使温室环境四季如春,周年常绿。温室内的作物栽培必须考虑将现代农业与艺术有机结合,可对栽培棚架做适当艺术造型处理,同时结合棚架栽培各种作物达到瓜果满棚,融观赏性、趣味性、科教性于一体的效果。要合理分析棚架的高低层次,使温室内的栽培产生空间上的层次变化,同时注意作物的色彩搭配,丰富温室空间的艺术层次。在植物品种的安排上,可选择时鲜蔬菜、食用菌、名优花卉、根菜、叶菜、果菜等进行栽培。要使温室四季常绿,周年瓜果满棚、鲜花盛开,应突出栽培品种新、奇、特的特点。在季节的安排上要充分考虑每个品种的生物学特性。

生态农业示范区的景观设计以不同的植物品种进行划分,设置不同季节蔬菜瓜果的采摘活动,通过让游人参与采摘活动,为游人提供丰富有趣的农活体验,加深游人对农作物的了解。苗木花卉生产区采用简洁明快的设计,以新优品种的展览与展示为主要功能,作为主育苗生产科研的场地,在设计上保持最大的土地利用率。特色林带起到分割空间,衔接和过渡周围自然景观的作用。

6.8　服务设施规划

现代农业园的服务设施包括餐厅、宾馆、茶室、农产品市场等,为游人的住宿、餐饮、购物、娱乐等休闲活动提供舒适的场所。垂钓区主题定位为在自然中寻求钓鱼的乐趣,设计依托地形和自然生态环境,结合植物配置塑造功能完善、形式新颖的国际化垂钓区;商业的休闲区包括综合服务中心、生态餐厅与花卉超市几个板块,设计突出整体协调性和人性化,体现购物、餐饮、休闲娱乐等功能,以满足消费者多层次多方位的需求;应依据农业园区的性质、功能、农业景观资源、游人的规模与结构以及用地、水体、生态环境等条件,配备相应种类、规模的服务设施。服务设施规划应考虑以下原则。

(1)服务设施规划应从客源分析、预测游人发展规模的计算入手,协调考虑服务设施与相关基础工程、外部环境的关系,实事求是地进行,避免过度建设造成的浪费。

(2)服务设施布局应采用相对集中与适当分散相结合的原则。应方便游人,利于发挥设施效益,便于管理和减少干扰。

(3)在选址时应注意用地规模的控制,既接近游览对象又应有可靠的隔离;应具备相应的基础工程条件;靠近交通便捷的区域,避开农业生产区域,避免造成相互干扰。

(4)服务设施尽量与农业环境相融合,不对景观造成生硬的割裂,减少对生态环境造成干扰。

6.9　旅游规划

旅游是现代农业园服务于城市居民的方式,其收入是园区及所在乡村的重要经济来源,进行全面的旅游规划是提高现代农业园效益的前提条件。农业旅游活动既能让游人观赏到优美的田园风光,又能满足游人参与的欲望,并且最后还能购得自己劳动的成果。日本发展观光农业较早的小岩井农场,农场主修建一系列的农业观光游览项目,如观赏各种家畜在自然怀抱中的娇憨之态,参观各种稀奇古怪的农具,观看手工挤奶表演,参观牛奶、奶酪、饼干等土特产品的生产。使旅游者玩得开心,购物满意。

6.9.1　旅游产品的特点

现代农业园本身作为一种旅游产品,具有以下特点,需根据其特点制订适当的旅游发展策略。

6.9.1.1　消费时间的集中性

这是由城市居民共同的休闲时间所决定的。乡村旅游消费一般集中于周末。一方面这一时间可以聚集亲朋好友,另一方面这一时段允许人们进行短途旅游。虽然旅游地的季节性会影响人们对出游地点的选择,也会造成一定的旅游消费时间的集中,但无论什么季节,周末是农业观光最为集中的时段。

6.9.1.2　消费水平的大众性

这一特点表现出供需双方对该类产品的共同要求。城市居民去农村体验"乡村"的生活方式,其消费心理限度原本就不高,同时,中低档价位客观上保护了这种消费的持续性和经常性;观光农业园的经营者和拥有者(供方)由于自身资本的有限和对第一产业的保护,以及农业观光消费选择的易变性等原因,投入量不大,成本较低。

6.9.2　旅游客源市场

随着社会经济生活的发展,观光农业园的客源市场逐渐趋于特定范围,主要有如下几种。

6.9.2.1　学生旅游市场

现在的青少年对农村的环境氛围和传统的农业生产方式都了解较少,一般只限于书本或电视上所介绍的一些情况。观光农业旅游有助于青少年增长见识、开阔视野,可以让青少年学习到很多农业知识,这也是观光农业教育功能的一个体现。而且学生的经济条件和出行范围有限,位于城市郊区、价位中低的观光农业园恰好适合这部分人群的需要。

6.9.2.2　职员旅游市场

公司或其他机构的职员有一定的收入,但生活忙碌、工作紧张、假期少,周末去观光农业旅游对他们来说是很有吸引力的。观光农业旅游景点分布在城市郊区,距离较近,职员们周末出游,当天就可以返回,或停留一天再返回,不影响工作。观光农业以乡村优美的自然环境为背景,宁静的农村生活、淳朴的风土人情和传统的农事活动等,与城市里忙碌、紧张、单调的工作状态形成了强烈的反差,构成了对职员们的重要吸引力。再加上一些参与性强的游乐项目,可以使他们放松身心,体会到不一样的田园风情。

6.9.2.3　自驾车旅游市场

汽车作为一种现代化的交通工具,已经成为人们生活的一部分。汽车使得人们的移动性大为提高,也缩短了路程时间。在人们旅游出行时,汽车已经成了重要的交通工具。自驾车旅游早已是流行于欧美等发达国家的一种旅游方式,随着我国经济的发展,自驾游在我国也日渐兴盛,成为现代都市人向往的一种旅游方式。对于位于城市郊区的观光农业园,自驾车旅游市场无疑是一块重要的市场。

6.9.2.4 家庭旅游市场

家庭旅游能使家庭成员之间的感情更加融洽,也有利于社会秩序的稳定和社会的进步。城市长大的孩子,没去过农村,不了解农业,家庭旅游可以达到教育孩子的目的。家长带孩子到郊区进行观光农业旅游,既可以舒缓孩子课堂学习的压力,又可以让孩子了解农村,学到很多书本上没有的农业知识。家里的老人一般都在小区周围的一些固定场所活动,生活较为单调,陪老人到郊区旅游休闲,既有益于老人的身体健康,也减少了老人的寂寞。开发家庭旅游市场,可以有效地带动"两端"市场。

6.9.3 旅游组织设计

让游客在乡村经历丰富多彩的活动,获得完整的农业观光感受,需要事先对游览组织进行全方位的设计,使游人在自然、轻松的心境下自然地完成游览活动。游览组织设计以功能区块为基础,以各式活动及项目为核心,串联成主题分明、动静结合、主从有序的旅游活动。在设计过程中,需要注意以下五个方面。

6.9.3.1 确定游线

游线有大尺度和小尺度之分,大尺度游线表现为与外界交通的联系,小尺度游线则为内部游径。首先必须保证与外界交通联系的畅通、便捷;其次要保证足够数量的停车位和停车服务,特别是对于日益扩大的自驾车客源。确定景区内部游线时,要遵循主题原则,合理利用资源原则,保持产品多样性,并不断推陈出新。各类主题活动可以形成全年式、时点式、阶段式系列,让游客能感到活动生动、活泼、有趣,但每次游玩又意犹未尽,经常有适合不同季节、不同主题的项目推出,游人不可能一次性完全享受到其中的乐趣,从而吸引回头客。

6.9.3.2 安排有序

多数观光农业园淡旺季分明,一天之内时有"井喷"现象发生,与园区和服务设施的接待能力不成比例。究其原因,与农业观光产品层次过浅、活动内容欠丰富有关,但是与观光农业园的经营、园区各种功能间协调也有很大关系。因此,在丰富产品体系、拓展产品线、增加活动内容的基础上,更应在规划中注入现代化管理,建立整个园区的统一管理组织和运行制度,重点优先加强主要景点和活动的建设。

6.9.3.3 激励参与

许多游客都有参与的愿望,可是受限于不完备的设施和不足的知识,无法实现愿望。观光农业园要激励游客参与,除了准备好丰富的活动内容供游客选择外,还要准备好足够的设施,更要有专门的人员对游人进行简单培训,使他们能够很快进入角色,进入到真实的情境和实质中,真正体验其中的滋味。观光农业园的规划既要达到视觉愉悦的效果,又要具有动态参与的可能性。除了考虑景观的静态效果外,还要强调它的动态景象,即机械化劳作或游人在采摘、收获果实的活动参与过程中所形成的动态景观。比如一片绿油油的野菜地,令人赏心悦目,置身其中挖野菜,更是其乐无穷。

6.9.3.4 增知益智

心灵满足与增知益智相结合的规划思路,也就是游人在参与劳作的过程中,心灵得到满足的同时,又学到了知识。比如在游人参与采茶、制茶的过程中,了解到不同地区、不同民族的茶叶生产、加工,以及泡茶、饮茶的习俗;或者游人在珍奇瓜果园内,看到一个硕大无比的大南瓜,在视觉及心灵上受到强烈震撼的同时,又被激发起是哪种技术培育出这样奇特景象的好奇心。

6.9.3.5 游览服务

游览中服务也是重要的一环,但是观光农业园的服务与游人在城市感受到的高档次服务应有所区别,观光农业园中的服务应既质朴大方、又亲切周到。通过标准化管理和检查制度的推行,规定服务的多方面内容,对经营人员和服务人员进行培训,摒弃违反服务要求的行为。不论在园区的总体形象上,如道路交通、水利设施、生产设施、环境绿化、建筑造型与风格及服务配套设施等硬件方面,还是在园艺生产的内涵上,如种质优良性、技术先进性、经济高效性等软件方面,都应高起点、高标准、高水平、高要求、上档次。同时,本着统一规划、分步实施、立足当前、树立形象、有利招商的精神,先行完善道路、水利、防护林网等基础工程,并优先启动果园及花木场等产业项目和管理服务等配套项目。此外,为便于建设,节省投资,建筑物和设施应尽量相对集中和靠近分布,以便在交通组织、水电配套和管线安排等方面统筹兼顾。

总而言之,农业观光园的规划与开发是研究观光农业的重要内容,也是观光农业理论研究与实证研究的桥梁。目前,我国农业观光园规划与开发的实证研究比较少,而且理论研究的成果常常较少应用于实证研究中,观光农业的开发往往依赖于个人实践经验的积累,缺乏针对性和可操作性。景观生态学与园林艺术设计理念为生态农业观光园设计提供了一系列的思路、方法和经验,观光园的几条规划设计原则为设计者的规划与设计确定方向,有利于更好地研究与开发生态型农业观光园。

思考题

1. 现代农业园区有哪些类型?
2. 发展现代农业观光园有何意义?
3. 现代观光农业园景区划分的原则是什么?

参 考 文 献

[1] 沈其荣. 土壤肥料学通论[M]. 北京:高等教育出版社,2005.

[2] 李光晨,范双喜. 园艺植物栽培学[M]. 北京:中国农业大学出版社,2007.

[3] 章镇,王秀峰. 园艺学总论[M]. 北京:中国农业出版社,2004.

[4] 夏仁学. 园艺植物栽培学[M]. 北京:高等教育出版社,2008.

[5] 马凯. 园艺通论[M]. 北京:高等教育出版社,2006.

[6] 张玉星. 果树栽培学总论[M]. 北京:中国农业出版社,2003.

[7] 曾骧. 果树栽培学[M]. 北京:北京农业大学出版社,1987.

[8] 河北农业大学. 果树栽培学各论[M]. 北京:中国农业出版社,1987.

[9] 果树卷编辑委员会. 中国农业百科全书(果树卷)[M]. 北京:中国农业出版社,1990.

[10] 俞益武,张建国,朱铨,等. 休闲观光农业园区的规划与开发[M]. 杭州:杭州出版社,2007.

[11] 王先杰. 观光农业景观规划设计[M]. 北京:气象出版社. 2009.

[12] 王浩. 农业观光园规划与经营[M]. 北京:中国林业出版社,2003.

[13] 徐胜,姜卫兵,翁忙玲,等. 江苏省现代农业园区的建设现状与发展对策[J]. 江苏农业科学,2010,(3): 465-468.

[14] 刘嘉. 农业观光园规划设计初探[D]. 北京:北京林业大学,2007.

[15] 张琳. 农业观光园的规划理论研究「D]. 哈尔滨:中国学位论文全文数据库,2006.

[16] 郭焕成. 休闲农业园规划设计[M]. 北京:建筑工业出版社,2007.

[17] 张振贤,周绪元,陈利平. 主要蔬菜作物光合与蒸腾特性研究[J]. 园艺学报,1997,24(2):155-160.

[18] 舒英杰,周玉丽. 蔬菜植物光合作用研究进展[J]. 长江蔬菜,2005,(10):34-38.

[19] 闫世江,张继宁,刘洁. 黄瓜光合作用研究进展[J]. 长江蔬菜,2010,(16):10-13.

[20] 吕家龙. 蔬菜栽培学(南方本)[M]. 北京:中国农业出版社,2008.

[21] 郭世荣. 无土栽培学[M]. 北京:中国农业出版社,2003.

[22] 宛成刚,赵九州. 花卉栽培学[M]. 上海:上海交通大学出版社,2002.

[23] 包满珠. 花卉学(第二版)[M]. 北京:中国农业出版社,2003.

[24] 苏金乐. 园林苗圃学[M]. 北京:中国农业出版社,2003.

[25] 李式军,郭世荣. 设施园艺学(第二版)[M]. 北京:中国农业出版社,2011.

[26] 李汉扬. 植物学[M]. 上海:上海科学技术出版社,1998.

[27] 郭维明,毛龙生. 观赏园艺学概论[M]. 北京:中国农业出版社,2001.

[28] 杨世杰. 植物生物学[M]. 北京:科学出版社,2003.

[29] 曹卫星. 作物栽培学总论[M]. 北京:科学出版社,2006.

[30] Davies WJ, Zhang J. Root Signals and the Regulation of Growth and Development of Plants in Drying Soil [J]. Annual Review of Plant Physiology and Plant Molecular Biology 1991,(42):55-76.